GUANGDONG SHENG JIANZHU JIENENG YU
LÜSE JIANZHU XIANZHUANG JI FAZHAN BAOGAO

广东省建筑节能与
绿色建筑现状及发展报告
（2017—2018）

● 广东省建筑节能协会　主编

华南理工大学出版社
SOUTH CHINA UNIVERSITY OF TECHNOLOGY PRESS
·广州·

图书在版编目（CIP）数据

广东省建筑节能与绿色建筑现状及发展报告 . 2017—2018/广东省建筑节能协会主编. —广州：华南理工大学出版社，2019. 10

ISBN 978 - 7 - 5623 - 6001 - 8

Ⅰ.①广⋯　Ⅱ.①广⋯　Ⅲ.①建筑 - 节能 - 研究报告 - 广东 - 2017 - 2018 ②生态建筑 - 研究报告 - 广东 - 2017 - 2018　Ⅳ.①TU111.4 ②TU - 023

中国版本图书馆 CIP 数据核字（2019）第 106000 号

广东省建筑节能与绿色建筑现状及发展报告（2017—2018）

广东省建筑节能协会　主编

出 版 人：卢家明

出版发行：华南理工大学出版社

　　　　　（广州五山华南理工大学 17 号楼，邮编 510640）

　　　　　http：//www. scutpress. com. cn　　E-mail：scutc13@ scut. edu. cn

　　　　　营销部电话：020 - 87113487　87111048（传真）

责任编辑：刘　锋　林起提

印 刷 者：虎彩印艺股份有限公司

开　　本：787mm×1092mm　1/16　印张：20　字数：499 千

版　　次：2019 年 10 月第 1 版　2019 年 10 月第 1 次印刷

定　　价：81.00 元

序

  当前我国正处于城镇化快速发展进程中，城乡建设规模持续扩大，伴随着对土地、能源、水等资源的大量消耗和对生态环境的巨大影响。以建筑节能和绿色建筑为抓手，妥善处理好城乡建设发展过程中的能源资源及环境问题，对于确保我国能源安全、提高城镇化发展质量至关重要。建筑能耗与地域气候特点、城市规划、建筑围护结构热工性能及用能设备效率、建筑使用功能及使用人用能行为等密切相关。

  广东省建筑节能协会在广东省住房城乡建设厅的全面指导下，认真贯彻党的十九大精神，以习近平新时代中国特色社会主义思想为指导，树立创新、协调、绿色、开放、共享发展理念，贯彻"适用、经济、绿色、美观"的建筑方针，积极带领全体会员在行业领域内大胆探索节约资源、保护生态、可持续发展的方法、技术、标准等，大力推进新建建筑节能、绿色建筑建设、既有建筑节能改造、可再生能源建筑应用等工作，全面提升建筑能源利用效率，提高建筑环境品质，推动我省住房城乡建设领域绿色发展，为奋力推动实现"四个走在全国前列"的总任务奠定坚实基础。有鉴于此，广东省建筑节能协会根据广东省"十三五"建筑节能与绿色建筑发展规划，结合我省绿色建筑及节能行业发展状况，在总结《广东省建筑节能与绿色建筑的现状及发展报告（2015—2016）》的基础上，组织专家和学者及有关单位共同编撰了新一年度的《广东省建筑节能与绿色建筑的现状及发展报告（2017—2018）》。

  本报告内容囊括名家名篇、总体概貌、细分行业、设计实践、地方交流、附录等六个篇章。希望报告的出版发行能对广东省建筑节能行业发展、实施绿色建筑战略起到促进作用，为广东省建筑节能从业者提供帮助和参考，同时也对国内、国外同行交流与合作起到借鉴作用。为此，我谨代表编写委员会对积极参与本报告编撰的各位专家、学者和单位表示衷心的感谢！

理事长 孟庆林

2018 年 12 月于华南理工大学

前　言

　　本书是广东省建筑节能协会继《广东省建筑节能与绿色建筑现状及发展报告（2015—2016）》后主编的第二份研究报告。

　　本书在热衷于建筑节能事业的领导、专家、兄弟协会、会员们的共同支持和帮助下编写而成，引用了社会各界提供的文献和发表的大量工程数据，也有特邀单位通过现场实测与调查得到的大量数据。衷心感谢社会各界为我们提供的这些数据。没有大家的支持，很难想像能有这份报告的出版，感谢大家无私的、真诚的支持和奉献。

　　特别感谢行业相关部门和领导的关心和大力支持，也特别感谢以下特邀单位和作者：（按篇章顺序排）

中建科技有限公司（北京）	叶浩文　李丛笑
广州市建筑材料工业研究所有限公司	杨　展　张　明　洪　波
广东省建筑科学研究院股份有限公司	杨仕超　吴培浩　陈诗洁
深圳市建筑产业化协会	邓文敏　付灿华　樊则森　江国智
深圳市铁汉一方环境科技有限公司	温庚金　罗旭荣　王　佳
深圳市广汇能绿色建筑科技有限公司	佘　飞　陈浩源
广州集泰化工股份有限公司	肖　珍
中国建材检验认证集团苏州有限公司	余奕帆
珠海兴业绿色建筑科技有限公司	罗　多　余国保
广州市设计院	屈国伦　林　辉　高嘉明
广东工程职业技术学院信息工程学院	廖恩红
广州珠江外资建筑设计院有限公司	黄国庆　陈　杰　张　进
广东无限极物业发展有限公司	谢朝国　郭志平　龚锐生
广州聚赢节能科技开发有限公司	Joseph　卢嘉琪　唐　颖
深圳市越众绿色建筑科技发展有限公司	陈　超　杨正松　张　帆
广州市卓骏节能科技有限公司	卓镇伟　冼海明　徐伟文
广东新睿建筑技术研究咨询有限公司	韦金玉
深圳市绿色建筑协会	王向昱　谢容容
深圳市建设科技促进中心	唐振忠　许媛媛
珠海市绿色建筑协会	罗　多　余国保　杨奇飞　张宏利
惠州市绿色建筑与建筑节能协会	梁志华

广东建工审图咨询有限公司　　　　梁志华

佛山市建筑节能协会　　　　　　　关旋晖　袁　幸

湛江市建筑节能协会

　　我们自 2017 年 10 月开始收集资料和征集文稿,历时一年有余,完成本书设计、组织、联络、修改、编写的全部工作。因工作量大、水平有限,难免存在纰漏和不妥之处,敬请领导、专家、会员及读者批评指正!

　　凡是人,皆须爱;天同覆,地同载。再一次感谢所有为本书付出点滴的人们!

廖远洪　陈晓

2018 年 11 月 12 日

目　录

第三篇　设计实践

第四篇　地方交流

第五篇　附录

名家名篇

绿色建造——建筑业的新时代转型发展

叶浩文　李丛笑

中建科技有限公司 北京 100070

摘要： 当前，我国经济发展由高速增长阶段转向高质量的发展阶段。面对新时期国家绿色发展的战略要求，建筑业作为国民经济的重要支柱产业，需要深化改革、创新发展，走绿色低碳产业之路，推行绿色建造则是建筑业贯彻绿色发展理念的重要举措。绿色建造涵盖了策划、设计、施工等建筑产品形成的建造活动全过程，用过程绿色保证产品绿色，提升了产品品质的稳定性。绿色建造的实现一方面依赖创新的信息化技术，先进的管理方式和新材料等创新科技，并通过一体化的建造组织方式达到资源配置效率最优，另一方面需要完善的监管体制机制和良好的市场环境作为重要保障与支撑。

关键词： 绿色建造；工业化；信息化；全过程

一、引言

改革开放以来，我国建筑业快速发展，建造能力不断增强，产业规模不断扩大，但仍然是大而不强，存在大量问题，主要表现在以下几方面：

生态环境方面，传统建造活动中能源、资源消耗较大，对生态环境也有一定的影响，尚不能适应国家倡导的绿色发展方式与绿色生活方式。工程建设组织模式方面，我国工程建设领域还未广泛推广工程总承包模式，工程建设管理的碎片化，不利于工程建造过程中成本、工期、质量与安全的管控。工程建造品质方面，传统建造项目在质量、安全、性能、健康、节能等强制性指标方面，尚不能满足新时期人民群众的获得感，我国工程建设标准水平亟需提升。科技创新方面，建筑产业目前仍是粗放型传统产业，现代化水平不高；企业在建造技术方面的自主创新能力不足，新技术推广应用力度不够，尤其是工业化、信息化、数字化技术发展进程较慢，原创性和颠覆性的技术成果较少；具有国际水平的高科技重大工程装备缺乏，制约了工程建造和城市建设管理水平的提升。监管体制机制方面，工程建设领域尚存在条块分割的现象，现行建设体制机制下的监管标准和监管要求不统一、不系统，不利于绿色建造的整体推进。行业队伍建设方面，行业队伍在专业结构和人才梯队方面存在不足，缺少高水平技术专家、高级管理人才、科技创新人才；"公司化、知识化、技能化、职业化"的产业工人队伍还没有形成，也在一定程度上制约了工程建造活动的高质量发展。

在国家绿色发展的战略要求下，我国建筑业亟需深化改革、创新发展，走绿色低碳产业之路。推行绿色建造是建筑业贯彻绿色发展理念的重要举措。

二、绿色建造简介

（一）绿色建造概念

绿色建造是指在工程建造全过程中，在保证质量和安全的前提下，充分体现绿色发展的理念，通过工业化和信息化等重要方式，使用绿色建材和先进技术工艺，最大限度地节约资源和保护环境、生产绿色建筑的工程活动。

绿色建造通过实行一体化的建造管理方式达到资源配置效率最优，通过技术的持续进步提升建造的整体水平[1]，其中装配化、信息化是绿色建造发展的重点方向，特别是以信息化融合工业化形成智慧建造，是实现绿色建造的重要技术途径。

绿色建造是在绿色、低碳、循环经济的要求下进行的，追求"环境友好、资源节约、品质保障、人文归属"，与传统的粗放式、高排放的建造方式完全不同，其基本理念是以人为本，体现人对自然的尊重，注重从人的感受、健康和需求出发提升建筑品质，将打造高品质的、人与自然和谐的、建筑与城市和文化融合的人类生存空间作为核心追求，绿色建造是一种以品质和效率为中心的新型建造方式，与高质量发展的时代主题完全契合。绿色建造打破传统项目功能、成本、周期价值三要素的观念限制，将安全、经济、舒适、健康、美学、低碳生态属性与工程管理的价值思维深度融合，其本质是建筑业生产方式的转型升级，把社会利益和环境效益最大化作为建设行业的根本出发点，形成全行业共同价值观，促进建筑业高质量发展。

绿色建造的目的是实现建造过程的绿色化和建筑最终产品的绿色化，旨在节约资源和保护环境，推进社会经济可持续发展和生态文明建设。

（二）绿色建造原则

建筑以人为本。绿色建造把增进民生福祉作为建筑产品供给的出发点和落脚点，持续提高建筑设计、建筑材料和部品、施工和运营服务的质量水平，建造出技术含量高、经济效益好、资源消耗低、环境污染小、用户体验优的高质量、高性能的建筑产品，以满足人民日益增长的美好生活需要，提升幸福感和获得感。

一体化建造。对各阶段要素的资源优化配置和组合，采用一体化建造实现建筑的全过程、全要素、全参与方的统筹与整合，以项目为核心实现设计、施工和运维等环节在同一体系下彼此包容、相互合作，取得最优效果，保障工程的质量、安全、进度、成本、性能等总体目标的高标准实现。

跨界融合。推动工业化与信息化的深度融合，以及其他不同领域的技术跨界融合，以绿色化为总体目标减少能源资源消耗和保护环境，推动绿色建造全过程、全要素升级，实现绿色建造高质量发展。

创新驱动。深入实施创新驱动发展战略，推动技术创新、标准提升和产业升级，积极引导和推动各种新材料、新技术、新工艺向建筑产品和服务的供给端集聚，提升绿色建造的质量和水平。

（三）绿色建造的要求

绿色建造涵盖建筑工程的策划、设计、建材选用、部品生产、施工、运营、拆除全生命期，应统筹规划，一体化实施，实现全过程的绿色化。

策划阶段绿色化：为保证绿色建造的全过程落实，在项目前期即开始考虑为实现绿色建造而必须面对的影响因素，综合各方面因素，提出项目的绿色建造目标，对建造全过程进行策划，并形成绿色建造策划方案。策划内容包含设计、施工、交付等项目建造全过程的策划，对实现项目绿色建造的目标、路线、要求等进行策划，形成绿色建造策划方案，供项目建造过程中各参与方执行，减少不确定性。

设计阶段绿色化：绿色设计是解决绿色建筑实施中的关键，为绿色建造一体化提供支持。绿色设计应在保证建筑物的性能、质量、寿命、成本要求的同时，优先考虑建筑物的环境属性，从根本上防止污染，节约资源和能源。此外绿色设计应考虑建筑物的整个生命期，即从建筑的前期策划、设计概念形成、建造施工、建筑物使用直至建筑物报废后对废弃物处置的全生命期环节[2]。绿色设计过程中应注重人、建筑与自然的和谐统一，首先坚持以人为本，以满足人民需求为出发点，在此基础上做到因地制宜，从建筑性能出发，通过计算机模拟等手段，以参数化、性能化的设计满足节能、节水、节地、节材和环保性能要求。

建筑材料的绿色化：绿色建材是实现绿色建造的物质基础，在材料选用中优先使用绿色建材，并以本地建材优先。合理选择建材，通过 LCA（生命周期评价）方法建立建材与建筑性能的对应关系，保障室内环境的环保健康。

部品生产的绿色化：在部品生产过程中，以节能、降耗、减排为目标，对生产过程中资源消耗、能源消耗和环境影响进行全过程污染控制；采用先进生产工艺，单位产品工业建筑能耗/水耗指标达到国内同行业领先水平，废水、废气、固废实现超低水平排放。高度融合信息化，通过 BIM 智能化平台等技术实现设计、生产和现场施工之间的数据贯通，采用 RFID（射频识别技术）等物联网技术提升工作效率，应用关键工位智能机械手提高生产线自动化、智能化水平。

施工阶段的绿色化：严格推行绿色施工，合理设置减少扬尘、噪声、污水等绿色施工目标，在保障质量、安全的基础上，因地制宜采取技术及管理措施，最大程度实现节能、节地、节水、节材和保护环境，并满足职业健康的要求。通过智慧工地等信息化技术，实现进一步的环保指标控制，提高效率；同时注重加强工人队伍的绿色施工培训，做到行为绿色。

运营阶段的绿色化：提高运营水平和技术能力，同时借助 BIM 等信息化技术，有效降低建筑的运营能耗，精细化维修保养管理，高效运营响应，倡导绿色行为方式，达到更好的社会效益和更低的运营成本。

拆除阶段的绿色化：采用环保拆除方式，实现拆除过程无噪声、无灰尘，对现场拆除产生的建筑废料进行资源最大化利用，产出再生混凝土、再生砌块、再生砂浆、再生路基及砖块等绿色建材，确保拆除工程的安全、绿色、环保、高效、可循环。

（四）绿色建造的生产方式

工业化建造方式：工业化建造通过工业化大生产方式实现最终建筑产品，以现代化、标准化技术为引领，带动设计、制造、运输、施工、装修一直到运营的全产业链的各环节，将传统建筑业分散、低质和低效的劳动密集型生产方式，逐步转变为技术密集型生产方式，实现提质增效，减少资源消耗，降低污染排放。

装配式建造通过工程建设过程中标准化设计、工厂化生产、装配化施工、一体化装修、信息化管理、智能化应用，实现了建造过程的工业化，大幅度提升了建造活动的工业化程度，是绿色建造倡导的重要方面，是建筑工业化的主要方式，也是实现建筑产业现代化的必然要求。装配式建筑系统性强，主要由主体结构、外围护结构、内装修、机电设备四大系统组成，强调建筑、结构、机电、装修一体化，设计、生产、现场装配一体化，目前以混凝土装配式建筑和钢结构装配式建筑为主要形式（图1）。

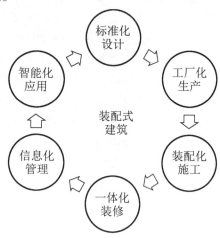

图1　装配式建筑过程

智慧建造：智慧建造是在建造过程中，充分应用 BIM、物联网、大数据、人工智能、移动通信、云计算及虚拟现实等信息技术与机器人等相关设备，通过人机交互、感知、决策、执行和反馈，尽可能地解放人力，从体力替代逐步发展到脑力增强，提高工程建造的生产力和效率，提升人的创造力和科学决策能力[3]。智慧建造不仅是绿色建造的发展方向，更是未来建筑施工行业转型升级的方向。积极开展先进信息技术和人工智能设备在绿色建造中的集成应用，能促进建筑业技术升级、生产方式和管理模式变革，塑造绿色化、工业化、智能化的新型建筑业态。

（五）绿色建造的组织形式

工程总承包：工程总承包是绿色建造实施的主导方式，能将绿色发展理念较好地融入绿色建造活动中，从工程项目总体的角度统筹资源，促进设计、施工一体化，通过建造全过程的有效控制，减少环境负影响，实现资源和能源的高效利用，从而实现综合效益最大化。工程总承包主要有以下几种模式：

EPC 模式：即设计（engineering）＋采购（procurement）＋建设（construction）。

REMPC 模式：即研发（research）＋设计（engineering）＋制造（manufacture）＋采购（procurement）＋建设（construction）。

PEPC＋全过程工程咨询模式：强调把 EPC 的管理范围向前延伸至工程立项策划（plan），向后拓展到工程的运营阶段，同时提供建造期的全过程和使用全生命期的咨询服务。

SPV 模式：项目的联合投资人，负责项目的投资—建设—运营全链条业务。

全过程咨询管理：实行全过程整体咨询集成，改变工程咨询碎片化状况，对工程建设项目前期研究和决策以及工程项目实施和运营的全生命期提供包含设计和规划在内的涉及组织、管理、经济和技术等各有关方面的工程咨询服务[4]。

三、科技创新

（一）技术创新

新时代背景下，需要加快传统建造方式与先进制造技术、信息技术、绿色节能技术等融合，通过绿色建造加快推进建筑工业化、智能化步伐，推动建筑企业转型升级，把握发展新特征，以创新带动产业组织结构调整和转型升级，这是行业的发展趋势，也是新时代的必然要求。只有不断加大科技创新力度，加速转型升级，才能在激烈的市场竞争中立于不败之地。

1. 施工现场工业化技术

施工过程中采用先进的建造方式、智能设备、建筑信息模型等技术，应用新技术、新工艺、新材料、新设备，加强建筑业十项新技术和先进工法的推广应用。将智慧建造与装配式建造相融合，采用超高层现场工业化智慧造楼平台技术，提高现场智能化、工业化水平，提高效率；利用 BIM 模型的智能化预拼装、3D 技术交底等虚拟建造技术，有效提高工程质量、缩短工期；采用再生骨料、免烧陶粒等技术，实现建筑垃圾"减量化"和"资源化"；选用新型复合性能模板、高性能自密实预拌混凝土及高效泵送等技术，减少资源消耗和固体垃圾；基于 VR、AR、MR 等的虚拟现实技术进行标准化作业的操作培训，提高产业化工人的操作水平。

2. 绿色节能技术

包括以下几个方面的技术：

（1）建筑节能技术。绿色节能技术利用超低温高效空气源热泵技术、吸收式大温差长距离供热技术、相变储能技术、辐射型供热节能技术、新型太阳能建筑一体化技术、零能耗建筑技术、产能建筑技术等，实现建筑的有效节能。

（2）装配式＋超低能耗建筑技术体系。采用装配式结构体系，装配式高保温性能围护结构，高性能被动式门窗，增加气密性，避免冷热桥以及装配式机电系统等技术，将装配式建筑的建造优势与超低能耗建筑的高品质相结合，达到超低能耗并高舒适度的目标。

（3）新能源技术。在建造全过程中优先选用生物质、地热能、太阳能等新能源，采用微电网、直流电、高效储能等新技术，设置智慧能源管理系统，统筹协调用能及产能，实现产品对能源资源消耗最低化、生态环境影响最小化、可再生率最大化的目标。

3. 信息技术

应用创新性的信息技术，通过 BIM、大数据、人工智能等信息技术与工程建造技术的深度融合与集成，促进建筑业技术升级、生产方式和管理模式的变革。

（1）BIM 技术。BIM 是建筑业信息化的有效应用，为建筑的全生命期的管理提供信息技术支撑。BIM 技术的应用打通了规划、设计、建造、运营等环节的信息共享渠道，信息在各环节间能无损传递，实现建筑全生命期的信息共享，避免人力、物力和财力的浪费，降低风险的产生概率。它能将建筑工程项目产业链上的各个环节包括业主、勘察、设计、施工、项目管理、监理、部品、材料、设备紧密联系起来，促进各方工作效率的提高和工作质量的提升，大大减少了信息不畅导致的资源浪费等问题。

（2）"大智云移物"技术。"大智云移物"，即大数据、人工智能、云计算、移动互联网、物联网，成为信息技术新时代的特征，广泛用于建造过程的各个环节。人工智能是引领科技革命和产业变革的战略性技术，发挥人工智能在产业升级、产品开发、服务创新等方面的技术优势，促进人工智能同绿色建造的深度融合与集成，改造传统的组织架构、生产方式和管理模式，提高建造过程的生产效率、管理效率和决策能力，以人工智能技术推动建筑业变革，形成新动能。

（二）材料创新

高性能建材。高性能建材在多种材料性能方面更为优越，耐久性更好，功能性更强，大幅度提高了材料的综合经济效益。例如，高强度钢筋、高强度混凝土、高耐久性混凝土、气凝胶材料等。

再生建材。再生建材以建筑废弃物等作为原材料，经回收、加工处理后，生成具有一定使用价值的建材产品，实现建筑废弃物的资源化再利用，经济、环境效益显著。例如，再生混凝土、再生石膏等。

环境功能性材料。可以改善生态环境，具备抗菌、除臭、调温、调湿等功能的材料。例如，含光催化剂的涂料，相变储能材料等。

（三）管理创新

智慧工地。智慧工地是"互联网＋"环境下的新型施工组织方式、流程和管理模式探索，基于工程项目施工全过程 BIM 大数据，构建智慧工地基础平台和集成系统，进一步普及智能移动终端的应用，提高智能机器人、智能穿戴设备、手持智能终端设备、智能监测设备、3D 扫描等设备在建造全过程的应用水平，提升质量和效率，降低安全风险（图2）。

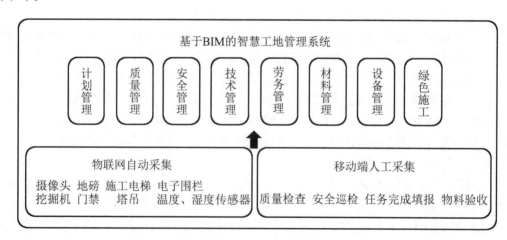

图2 基于 BIM 的智慧工地管理系统

基于 BIM 的智慧运营。通过竣工阶段形成的 BIM 模型，为建筑运维管理打造信息化平台。BIM 模型集成建筑生命期内的结构、设施、设备及人员等相关信息，并附加智能管理、消防、安防、物业等功能模块，为运营过程中建筑关键性能的监管与提升提供全面的信息图景，实现基于 BIM 的建筑智慧运营。

企业智慧管理。企业着力打造"平台化企业"，利用信息技术的全面升级和广泛推广，使得企业不仅是城市的建设者，还是建设大数据的生产者和管理者。形成业主方、总包方、分包方共用一套系统、共享一套数据、共通一套流程的紧密绑定关系。

基于 CIM 的规划建设管理。融合 BIM + GIS + IOT 等技术，建立三维城市空间模型和城市信息的有机综合体，结合"放管服"和工程建设项目审批改革，开展运用 CIM 系统进行数字化三维工程建设项目报建审批，构建城市信息模型，提高审批效率；同时利用 CIM 技术，进行诚信管理，进一步发展构建智慧城市。

行业大数据监管平台。在住建部的"四库一网"基础上，通过整合和分析建筑企业、项目、从业人员和信用信息等相关大数据，逐步建立起建筑业大数据应用，推动政务数据资源和社会资源共享开放，实现用数据决策、管理、创新的行业监管新局面。

四、政策引领

绿色建造的发展既需要政府严格监管，也需要政府营造公平、充分的市场竞争氛围，进而促进建筑业持续健康发展，保障绿色建造顺利推行。

招投标机制。扩大建设单位的发包自主权，简化招投标流程，提高评标办法的科学性，防止恶意低价中标；对实行绿色建造方式的项目实行邀请招标制。

投融资机制。采用绿色金融所提供的投融资、项目运营、风险管理等金融服务模式，动员和激励更多社会资本，促进环保、新能源、节能等绿色建造技术进步，助力绿色建造发展。

奖励激励机制。研究制定产业支持政策，持续支持绿色建造及科技创新；研究制定财政奖励政策，给予财政资金奖励；进行评优评奖。

科技成果转化。加强政产学研用资的合作；加强科技成果产业孵化；加强示范工程应用；加强基于"互联网 +"的科技成果转化市场化服务。

推进标准的国际化。对中外标准体系及控制性技术指标进行比对研究，吸纳先进技术和经验，提升标准整体水平；开展国际标准的编写，引入国际机构及学者参与对我国标准的研究制定；推动"一带一路"标准国际化。

加快专业队伍建设。加快培养技术管理人才和产业工人队伍，提升行业队伍的能力素质；加快复合型人才培养，形成绿色建造方式的人才高地，增强绿色建造的发展动力；加快建设包括专家、大师、企业家的高端人才队伍，打造绿色建造的先进性。

五、结语

建筑业在新形式和新需求背景下，必须坚持走绿色发展的新道路，实现建筑业高质量发展，为国家生态文明建设和绿色城乡发展提供不可或缺的强力支撑。绿色建造在建筑全过程中深入开展绿色化、工业化与信息化，对传统建造活动进行全面的转型升级，以装配式建造、智慧建造为绿色建造的主要生产方式，以工程总承包、全过程咨询为绿色建造的主要组织方式。绿色建造的实现一方面依赖供给侧结构性改革，通过一体化的建造组织方式达到资源配置效率最优；另一方面需要政府完善监管体制和创造良好的市场环境，保障绿色建造的顺利推行。

第一篇

总体概貌

◎ 建筑节能与绿色建筑的标准规范和政策法规

◎ 广东省建筑节能与绿色建筑实施和发展情况

第一章 建筑节能与绿色建筑的标准规范和政策法规

当前，标准化体系已成为现代国家治理体系的重要组成部分，工程建设标准在保障工程质量安全、促进产业转型升级、强化生态环境保护、推动经济提质增效、提升国际竞争力等方面发挥了重要作用。

2015年启动的深化标准化工作改革，赋予了绿色建筑标准在节能减排、新型城镇化等标准化重大工程中不可或缺的作用。绿色建筑标准化也更应承担起在社会治理领域保障改善民生、在生态文明领域服务绿色发展的重要使命。

2016年8月9日，住房和城乡建设部印发的《关于深化工程建设标准化工作改革的意见》（建标〔2016〕166号），明确了未来10年工程建设标准化改革的目标和任务。该文件提出了放管结合、统筹协调、国际视野等三项要坚持的基本原则，计划到2025年初步建立以强制性标准为核心、推荐性标准和团体标准相配套的标准体系。对于中国的国家和行业标准层面诸多绿色建筑所属的推荐性标准，该文件要求清理现行标准，缩减推荐性标准数量和规模，逐步向政府职责范围内的公益类标准过渡。

2016年9月10～14日，第39届国际标准化组织（ISO）大会在北京成功举行，为国际标准化发展提出了中国主张，贡献了中国智慧。

此外，住房和城乡建设部于2016年11月15日出台了《关于培育和发展工程建设团体标准的意见》（建办标〔2016〕57号），促进社会团体批准发布的工程建设团体标准健康有序发展，建立工程建设政府标准与团体标准相结合的新型标准体系。

中国建筑节能与绿色建筑标准，历经十余年的探索和发展，从数量上已远超世界上其他国家。

中国建筑节能与绿色建筑标准的发展，不仅是数量上的逐年增加，更呈现出先重点探索、后全面总结并显化、再细分深入的渐进式发展态势，并具有较好的系统性。

第一节 建筑节能与绿色建筑现行的主要标准目录

表1 国家建筑节能与绿色建筑现行的主要标准目录

标准类	标准名称	发布年份
绿色建筑	绿色建筑评价标准 GB/T 50378—2014	2014
	绿色办公建筑评价标准 GB/T 50908—2013	2013
	绿色商店建筑评价标准 GB/T 51100—2015	2015
	绿色医院建筑评价标准 GB/T 51153—2015	2015

续上表

标准类	标准名称	发布年份
绿色建筑	绿色博览建筑评价标准 GB/T 51148—2016	2016
	绿色饭店建筑评价标准 GB/T 51165—2016	2016
	既有建筑绿色改造评价标准 GB/T 51141—2015	2015
	绿色建筑运行维护技术规范 JGJ/T 391—2016	2016
	建筑工程绿色施工评价标准 GB/T 50640—2010	2010
	民用建筑绿色设计规范 JGJ/T 229—2010	2010
	建筑工程绿色施工规范 GB/T 50905—2014	2014
建筑节能	民用建筑热工设计规范 GB 50176—2016	2016
	民用建筑能耗标准 GB/T 51161—2016	2016
	智能建筑设计标准 GB/T 50314—2015	2015
	公共建筑节能设计标准 GB 50189—2015	2015
	玻璃幕墙光热性能 GB/T 18091—2015	2015
	公共建筑节能检测标准 JGJ/T 177—2009	2009
	居住建筑节能检测标准 JGJ/T 132—2009	2009
	建筑幕墙术语 GB/T 34327—2017	2017
	建筑采光设计标准 GB 50033—2013	2013
	建筑照明设计标准 GB 50034—2013	2013
	建筑节能工程施工质量验收规范 GB 50411—2007	2007
	建筑外窗采光性能分级及检测方法 GB/T 11976—2015	2015
	建筑采光顶气密、水密、抗风压性能检测方法 GB/T 34555—2017	2017
	建筑外门窗气密、水密、抗风压性能分级及检测方法 GB/T 7106—2008	2008
	建筑幕墙气密、水密、抗风压性能检测方法 GB/T 15227—2007	2007

表 2　广东省建筑节能与绿色建筑现行的主要标准目录

标准类	标准名称	发布年份
绿色建筑	广东省绿色建筑评价标准 DBJ/T 15 - 83—2017	2017
	建筑工程绿色施工评价标准 DBJ/4 15 - 97—2013	2013
	中山市绿色建筑设计指南	2017
	绿色建筑评价标准（深圳市工程建设标准）SJC47—2018	2018
	珠海市绿色建筑工程验收导则	2018

标准类	标准名称	发布年份
建筑节能	《公共建筑节能设计标准》广东省实施细则 DBJ 15 – 51—2007	2007
	广东省建筑节能工程施工质量验收规范 DBJ 15 – 65—2009	2009
	夏热冬暖地区居住建筑节能设计标准 JGJ 75—2012	2012

第二节　建筑节能与绿色建筑重点标准介绍

一、《绿色建筑评价标准》(GB/T 50378—2014)

《绿色建筑评价标准》(GB/T 50378—2014)是根据住房和城乡建设部《关于印发〈2011 年工程建设标准规范制订、修订计划〉的通知》(建标〔2011〕17 号)的要求，由中国建筑科学研究院和上海市建筑科学研究院(集团)有限公司会同有关单位在原国家标准《绿色建筑评价标准》(GB 50378—2006)的基础上修订完成的。自 2015 年 1 月 1 日起实施，原《绿色建筑评价标准》(GB 50378—2006)同时废止。

《绿色建筑评价标准》(GB 50378—2006)用于评价住宅建筑和办公建筑，商场、宾馆等公共建筑。评价指标体系包括以下六大指标：①节地与室外环境；②节能与能源利用；③节水与水资源利用；④节材与材料资源利用；⑤室内环境质量；⑥运营管理(住宅建筑)、全生命周期综合性能(公共建筑)。

《绿色建筑评价标准》(GB/T 50378—2014)的评价指标，在原《绿色建筑评价标准》GB 50378—2006 中 6 大类指标的基础上，增加了"施工管理"，更好地实现对建筑全生命期的覆盖。

绿色建筑评价指标体系各大指标中的具体指标分为控制项、一般项和优选项三类。其中，控制项为绿色建筑的必备项；一般项是指一些实现难度较大，指标要求较高的可选项；优选项是难度更大和要求更高的可选项。按满足一般项和优选项的程度，绿色建筑由低至高划分为一星级、二星级和三星级三个等级。

绿色建筑评价按总得分确定等级。总得分为相应类别指标的评分项得分经加权计算后与加分项的附加得分之和(为了鼓励绿色建筑技术和管理方面的提升和创新，在计算总得分时还计入了加分项的附加得分)。设计评价的总得分为节地与室外环境、节能与能源利用、节水与水资源利用、节材与材料资源利用、室内环境质量五类指标的评分项得分经加权计算后与加分项的附加得分之和；运行评价的总得分为节地与室外环境、节能与能源利用、节水与水资源利用、节材与材料资源利用、室内环境质量、施工管理、运行管理七类指标的评分项得分经加权计算后与加分项的附加得分之和。

《绿色建筑评价标准》(GB/T 50378—2014)比 2006 年的版本"要求更严、内容更广泛"。在过去，绿色建筑评价标准有六大指标，每个指标下，满足一定的项数即可被评为一星级、二星级或三星级绿色建筑。而新的标准则是采用打分的方式，总分达到 45 ~ 50 分是一星级，60 分是二星级，80 分是三星级。《绿色建筑评价标准》(GB/T 50378—2014)让三星绿色建筑评价标识更具价值。

二、《广东省绿色建筑评价标准》（DBJ/T 15 - 83—2017）

《广东省绿色建筑评价标准》（DBJ/T 15 - 83—2017）是根据广东省住房和城乡建设厅《关于发布 2014 年广东省工程建设标准制订和修订计划的通知》（粤建科函〔2014〕1384 号）的要求，标准编制组以国家标准《绿色建筑评价标准》（GB/T 50378—2014）为基础，在原广东省工程建设地方标准《广东省绿色建筑评价标准》（DBJ/T 15 - 83—2011）的基础上修订完成的。本标准在修订过程中，认真总结近年来广东省绿色建筑方面的实践经验和研究成果，借鉴国内外先进经验，并在广泛征求意见的基础上对具体内容进行了反复讨论、协调和修改。

（一）该标准的主要内容

总则、术语、基本规定、节地与室外环境、节能与能源利用、节水与水资源利用、节材与材料资源利用、室内环境质量、施工管理、运营管理、提高与创新。

（二）该标准本次修订的主要内容

（1）将标准适用范围由住宅建筑和公共建筑中的办公建筑、旅馆建筑、商场建筑、场馆类建筑和文教类建筑，扩展至各类民用建筑。

（2）将评价分为设计评价和运营评价。

（3）绿色建筑评价指标体系在节地和室外环境、节能与能源利用、节水与水资源利用、节材与材料资源利用、室内环境质量、运营管理等六类指标的基础上，增加"施工管理"类评价指标。

（4）调整评价方法。对各类评价指标进行评分，并在每类评价指标分项满足最低分要求的前提下，以总得分确定绿色建筑等级。相应的，将《广东省绿色建筑评价标准》（DBJ/T 15 - 83—2011）中的一般项和优选项合并改为评分项。

（5）增设加分项，鼓励绿色建筑技术、管理的提高和创新。

（6）明确多功能的综合性单体建筑的评价方式与等级确定方法。

（7）修改部分评价条文，并对所有评分项和加分项条文赋以评价分值。

（三）该标准主要特点

1. 注重实操，细分评价等级

《绿色建筑评价标准》（GB/T 50378—2014）的绿色建筑评价等级按照总得分达到 50 分、60 分、80 分时，等级划分为一星级、二星级、三星级三个等级。

《广东省绿色建筑评价标准》（DBJ/T 15 - 83—2017）的绿色建筑评价等级按照总得分达到 40 分、50 分、55 分、60 分、80 分时，等级划分为一星 B 级、一星 A 级、二星 B 级、二星 A 级、三星级五个等级。

2. 因地制宜，突出广东省地方特点

根据广东省的气候特点，取消了国家标准《绿色建筑评价标准》（GB/T 50378—2014）中不适用于广东省的内容，加强了广东省的地方特色，突出建筑通风、遮阳、隔热与防热、防潮与除湿、空调系统节能，以及利用建筑手段解决舒适性问题。

3. 尊重事实，从广东省客观实际出发

根据广东省社会经济发展不均衡的特点，针对不同发展水平，向偏远欠发达地区倾斜，尽可能减少由于基础设施配套等因素对适用性的影响。

同时增加量化要求，评价标准条文细致明确，达到技术评价细则的深度。

4．鼓励创新，提高创新分比例

《绿色建筑评价标准》（GB/T 50378—2014）的提高和创新章节加分项总分为10分。

《广东省绿色建筑评价标准》（DBJ/T 15－83—2017）在新国标的基础上，将创新分值提高到20分，鼓励通过创新的设计和技术措施实现绿色建筑。

三、《民用建筑热工设计规范》（GB 50176—2016）

《民用建筑热工设计规范》（GB 50176—2016）是根据住房和城乡建设部《关于印发2009年工程建设标准规范制订、修订计划的通知》（建标〔2009〕88号）的要求，标准编制组经广泛调查研究，认真总结实践经验，参考有关国际标准和国外先进标准，并在广泛征求意见的基础上，做了修订。

（一）该规范的主要技术内容

（1）总则；

（2）术语和符号；

（3）热工计算基本参数和方法；

（4）建筑热工设计原则；

（5）围护结构保温设计；

（6）围护结构隔热设计；

（7）围护结构防潮设计；

（8）自然通风设计；

（9）建筑遮阳设计。

（二）该规范修订的主要技术内容

（1）细化了热工设计分区；

（2）细分了保温、隔热设计要求；

（3）修改了热桥、隔热计算方法；

（4）增加了透光围护结构、自然通风、遮阳设计的内容；

（5）补充了热工设计计算参数。

四、《绿色博览建筑评价标准》（GB/T 51148—2016）

《绿色博览建筑评价标准》（GB/T 51148—2016）仅适合于绿色博览建筑的评价。博览建筑包括博物馆建筑与展览建筑两大类。博物馆建筑指为研究、教育和欣赏的目的，收藏、保护、传播并展示人类活动和自然环境的见证物，向公众开放的社会服务机构，包括各类博物馆、纪念馆、美术馆、科技馆、陈列馆等。展览建筑指进行展览活动的建筑，展览活动指对临时展品或服务的展出进行组织，通过展示促进产品、服务的推广和信息、技术交流的社会活动。绿色博览建筑指在全寿命期内，最大限度地节约资源（节能、节地、节水、节材）、保护环境、减少污染，为人们提供健康、适用和高效的使用空间，与自然和谐共生的博览建筑。

《绿色博览建筑评价标准》的评价指标体系由节地与室外环境、节能与能源利用、节水与水资源利用、节材与材料资源利用、室内环境质量、施工管理、运营管理等 7 类指标组成，每类指标包括控制项和评分项，控制项为必须满足项，每类指标的评分项总分为 100 分。除了 7 类指标外，为了鼓励绿色博览建筑的技术创新以及体现国家政策引导，另设置了提高与创新项。绿色博览建筑评价按总得分确定评价等级。总得分为相应类别指标的评分项得分经加权计算后与加分项的附加得分之和。3 个等级的绿色博览建筑均应满足本标准所有控制项的要求，且每类指标的评分项得分不应小于 40 分。当绿色博览建筑总得分分别达到 50 分、60 分、80 分时，绿色博览建筑等级分别为一星级、二星级、三星级。与《绿色建筑评价标准》相比，它的评价体系、评价方法两个标准无差异，与该标准中的公共建筑比较，各分项的评价指标的权重有所调整。相对于《绿色建筑评价标准》，《绿色博览建筑评价标准》各分项权重做了微调，没有呈现较大变化。两个标准节能分项权重均最高。

五、《既有建筑绿色改造评价标准》（GB/T 51141—2015）

《既有建筑绿色改造评价标准》（GB/T 51141—2015）于 2016 年 8 月 1 日起正式实施，是中国首个关于既有建筑绿色改造的评价标准。该标准侧重于既有建筑改造绿色评价工作，统筹考虑既有建筑改造中的技术先进性、地域适用性以及经济可行性，为中国绿色建筑评价工作提供服务。

（1）改造标准是绿色评价标准体系中既有建筑改造的主要评价标准，以节约能源资源、改善既有建筑的人居环境、提升建筑的使用功能为目标，规范既有建筑绿色改造的评价。

（2）改造标准的评价方法基本延续了评价标准的评价方法。具体体现在以下 4 个方面：

①改造标准的评价过程与绿色建筑评价指标体系一致，即分为设计评价和运行评价两个阶段。其中，涉及施工管理和运营管理的评价指标在设计评价阶段不参评。

②在指标体系单项中，采用控制项与评分项相结合的形式。控制项为开展既有建筑绿色改造评价的强制性条文，如果其中一条不满足则不得参评绿色建筑。而评分项可根据项目自身的特点选择对应的技术和得分点，得到的一定分值可取得对应的绿色建筑标识。改造标准设一、二、三星级标识，项目评价得分须分别达到 50 分、60 分、80 分。但与评价标准不同的是，改造标准并未设单项指标需满足 40 分的低限要求。未设低限要求主要是考虑改造标准相对于新建建筑有较大的局限性。另外，通过取消低限要求也可增加既有建筑改造的积极性。

③在分值核算方面，涉及各评价单项指标评分项得分和指标权重两个评价指标因素。项目的评价总得分 = Σ 各评价单项指标评分项得分 × 指标权重。

④另设提高与创新项，鼓励既有建筑改造的新技术。在评价指标体系中，另设提高与创新项。该部分内容采用附加得分的形式，不满足条文要求不扣分，满足条文要求则另行加分。该项给予的指标权重为 1.0。

（3）改造标准的评价指标并未采用评价标准中"四节一环保"的评价指标（节地、节能、节水、节材、室内环境、施工、运营），而是将评价标准中"四节一环保"的评价内容进行拆分，根据专业类别进行重新整合，形成改造标准特有的评价指标。改造标准的评价指标包括规划与建筑、结构与材料、暖通空调、给水排水、电气、施工管理、运营管理等七类指标。产生差异的主要原因是考虑到既有建筑改造的特殊性：既有建筑与新建建筑设计思路不同，新建建筑在绿色建筑设计时是用绿色建筑的要求来规范建筑的设计方案，但既有建筑在改造过程中更多的是整合现有的建筑资源并将其合理利用。既有建筑的大部分设计指标已经被框定，不得轻易更改，故而在设计过程中更多思考资源的充分利用。因此，采用专业分项作为指标体系，在设计和评价过程中会更为直观。

另外，较之于评价标准，改造标准中评价指标在运行阶段降低了施工管理的权重，但提高了运营管理的权重。这是考虑在改造建设中，涉及的施工内容和施工量较新建建筑少，但在运营方面，相较于新建建筑，其管理复杂性整体偏高。

《既有建筑绿色改造评价标准》（GB/T 51141—2015）作为中国绿色建筑标准体系中既有建筑评价的专用标准，为中国既有建筑的改造提供相匹配的绿色建筑评价标准，有助于改善既有建筑能耗高等问题，提升既有建筑的性能，达到节能减排的目的。

六、《民用建筑能耗标准》（GB/T 51165—2016）

住房城乡建设部批准《民用建筑能耗标准》为国家标准，编号为 GB/T 51161—2016，自 2016 年 12 月 1 日起实施。

《民用建筑能耗标准》是贯彻落实建筑能耗总量控制、规范建筑运行能耗管理的重要举措。《民用建筑能耗标准》中的"公共建筑能耗"章节，从一般规定、能耗指标、能耗指标修正方法等三个方面，针对办公建筑、宾馆酒店建筑、商场建筑等三类量大面广的公共建筑及其细分种类，按室内环境营造方式分为 A 类和 B 类建筑，分别给出严寒和寒冷地区、夏热冬冷地区、夏热冬暖地区，以及温和地区的各类公共建筑能耗指标的约束值和引导值，以及根据公共建筑实际使用强度确定能耗指标实测值的修正方法。《民用建筑能耗标准》中的"公共建筑能耗"章节是在前期住建部等有关部委和各地建筑节能主管部门对大量能耗的统计、审计得到数据的基础上完成的，对于推动公共建筑运行能耗总量控制必将起到重要作用。

七、《绿色建筑运行维护技术规范》（JGJ/T 391—2016）

住房城乡建设部于 2016 年 12 月 15 日发布第 1393 号公告，批准《绿色建筑运行维护技术规范》（以下简称《规范》）为行业标准，编号为 JGJ/T 391—2016，自 2017 年 6 月 1 日起实施。

《规范》由中国建筑科学研究院会同有关单位研究编制完成。由吴德绳、王有为等 10 位行业专家组成的标准审查委员会认为：《规范》内容完整，符合中国国情，并吸收了国际领先的相关研究成果，具有科学性、先进性和可操作性。《规范》具有诸多创新点：首次构建了绿色建筑综合效能调适体系，确保建筑系统实现不同负荷工况运行和用户实际使用功能的要求；基于低成本/无成本运行维护管理技术，规定了绿色建筑运行维护的关键技术和实现策略；建立了绿色建筑运行管理评价指标体系，有利于优化建筑的运行，实现绿色建筑设计的目标。

《规范》的实施将进一步推动中国绿色建筑的健康发展，有效提升绿色建筑的运行管理水平，有利于促进中国城镇化进程的可持续发展。

第三节 建筑节能与绿色建筑的重要政策法规节选

一、建筑节能与绿色建筑发展"十三五"规划

2017 年 3 月 14 日，住建部《关于印发建筑节能与绿色建筑发展"十三五"规划的通知》（建科〔2017〕53 号），要求全面推进建筑节能与绿色建筑，倡导绿色施工，完善建筑节能体系。何为绿色建筑？绿色建筑是指在建筑的全寿命周期内，最大限度地节约资源，节能、节地、节水、节材、保护环境和减少污染，提供健康适用、高效使用、与自然和谐共生的建筑。

绿色建筑的"绿色"并不是指一般意义的立体绿化、屋顶花园，而是代表一种概念或象征，指建筑对环境无害，能充分利用环境自然资源，并且在不破坏环境基本生态平衡的条件下建造的一种建筑，又称为可持续发展建筑、生态建筑、回归大自然建筑、节能环保建筑等。

（一）"十三五"推进领域及全面推进

从城镇扩展到农村，从单体建筑扩展到城市街区（社区）等区域单元，从规划、设计、建造扩展到运行管理，从节能绿色建筑扩展到装配式建筑、绿色建材，把节能及绿色发展理念延伸至建筑全领域、全过程及全产业链。

（二）推进重点

建筑整体及门窗等关键部位节能标准提升、高性能绿色建筑发展、既有建筑节能及舒适度改善、可再生能源建筑应用等重点领域实现突破。

（三）主要目标

（1）到 2020 年，城镇新建建筑能效水平比 2015 年提升 20%，部分地区及建筑门窗等关键部位建筑节能标准达到或接近国际现阶段先进水平。

（2）城镇新建建筑中绿色建筑面积比重超过 50%，绿色建材应用比重超过 40%。

（3）完成既有居住建筑节能改造面积 5 亿平方米以上，公共建筑节能改造 1 亿平方米，全国城镇既有居住建筑中节能建筑所占比例超过 60%。

（四）主要任务

（1）加快提高建筑节能标准及执行质量。修订城镇新建建筑相关节能设计标准，提高建筑门窗等关键环节的节能性能；强化工程各方主体建筑节能质量责任，探索建筑节能工程施工质量保险制度；对超高超限的公共建筑项目，实行节能专项论证制度；加强建筑节能材料、部品、产品的质量管理。

（2）全面推动绿色建筑发展量质齐升。实施建筑全领域绿色倍增行动；严格控制建筑节能标准执行质量；实施建筑全产业链绿色供给行动，大力发展装配式建筑，加快建设装配式建筑生产基地，培育设计、生产、施工一体化龙头企业；完善装配式建筑相关政策、标准及技术体系。积极发展钢结构、现代木结构等建筑结构体系。积极引导绿色施工，推广绿色物业管理模式。

（3）稳步提升既有建筑节能水平。持续推进既有居住建筑节能改造；不断强化公共建筑节能管理；开展公共建筑节能重点城市建设，推广合同能源管理、政府和社会资本合作模式（PPP）等市场化改造模式。

（4）深入推进可再生能源建筑应用。扩大可再生能源建筑应用规模；提升可再生能源建筑应用质量。

（5）积极推进农村建筑节能。积极引导节能绿色农房建设；积极推进农村建筑用能结构调整。

（五）保障措施

（1）完善政策保障机制。建立财政资金激励政策体系，研究对超低能耗建筑、高性能绿色建筑项目在土地转让、开工许可等审批环节设置绿色通道。

（2）强化市场机制创新。鼓励咨询服务公司为建筑用户提供"一站式"服务。引导采用政府和社会资本合作（PPP）模式、特许经营等方式投资、运营建筑节能与绿色建筑项目。加大信贷支持力度，将满足条件的项目纳入绿色信贷支持范围。

（3）深入开展宣传培训。加大对相关技术及管理人员培训力度，提高执行有关政策法规及技术标准能力。强化技术工人专业技能培训，鼓励行业协会等对相关从业人员进行职业资格认定等。

（4）加强目标责任考核。对各省级住房城乡建设主管部门的绿色建筑推进情况组织开展规划实施进度的年度检查及中期评估，纳入政府综合考核和绩效评价体系。

二、广东省"十三五"建筑节能与绿色建筑发展规划

（一）指导思想

全面贯彻党的十八大和十八届三中、四中、五中、六中全会精神，深入学习贯彻习近平总书记系列重要讲话精神，牢固树立创新、协调、绿色、开放、共享发展理念，贯彻"适用、经济、绿色、美观"的建筑方针，以节约资源、保护生态、可持续发展为原则，大力推进新建建筑节能、绿色建筑建设、既有建筑节能改造、可再生能源建筑应用等工作，全面提升建筑能源利用效率，提高建筑环境品质，推动住房城乡建设领域绿色化发展。

（二）基本原则

一是坚持全面推进。将节能及绿色发展理念延伸至建筑全领域、全过程及全产业链，全面推进建筑节能与绿色建筑量质齐升发展，力争在建筑能效提升、高性能绿色建筑发展、既有建筑节能改造等方面取得新突破。

二是坚持分类实施。在整体达到建筑节能与绿色建筑发展基准水平的基础上，充分考虑区域气候、地理、经济、建设条件的差异，差别化制订实施珠三角及粤东西北地区建筑节能和绿色建筑发展路线和政策措施。

三是坚持创新发展。贯彻节能、节地、节水、节材的集约发展理念，加强标准创新、政策创新、机制体制创新和技术创新，提升建筑节能与绿色建筑发展水平，提高建筑环境品质。

四是坚持以人为本。提升建筑能源使用效率，改善建筑环境品质，满足社会公众对建

筑舒适性、健康性日益增长的需求，引导社会公众养成节约用能习惯，营造发展建筑节能与绿色建筑的良好氛围。

（三）发展目标

1. 总体目标

广东省建筑能耗总量和强度得到有效控制，建筑能效水平进一步提高；绿色建筑发展的量和质全面提升；既有建筑节能改造大力推进，改造规模稳步增长；可再生能源在建筑中应用规模逐步扩大；农村建筑节能实现新突破。

2. 具体目标

表3　2020年的具体目标

序号	项目内容	2020年
1	新建节能建筑	城镇新建建筑能效水平比2015年提升20%，珠三角地区建筑节能标准达到或接近世界同类气候地区的先进水平
2	绿色建筑	广东省城镇新建民用建筑全面执行一星级及以上绿色建筑标准，大幅提升二星级及以上绿色建筑和运行阶段绿色建筑比例。"十三五"期间，广东省新增绿色建筑2亿平方米
3	绿色建材	广东省建制镇以上城市规划区的新建建筑项目（列入历史文化保护的古建筑修缮等特殊工程除外）禁止使用实心粘土砖，广州、深圳市建制镇以上城市规划区禁止使用粘土制品，其余地级城市及其规划区（不含县城）限制使用粘土类墙材制品，新型墙材在新建建筑中的应用比例超过98%
		绿色建材在新建建筑中的应用比例达到50%，在试点示范工程中的应用比例达到80%
		"十三五"期间，实现广东省散装水泥供应量4.29亿吨、预拌混凝土使用量9.41亿立方米、预拌砂浆使用量9100万吨
4	既有建筑节能改造	"十三五"期间，广东省完成既有建筑节能改造面积2200万平方米
5	可再生能源建筑应用	"十三五"期间，广东省新增太阳能光热建筑应用面积6000万平方米，新增太阳能光电建筑应用装机容量800兆瓦

（四）主要工作内容

1. 加快提升新建建筑能效

（1）严格执行新建建筑节能监管措施，重点提高县级建筑节能监管水平。

（2）鼓励珠三角城市率先实施高于广东省现行标准要求的建筑节能标准，创建建筑节能标杆区域。

（3）提升新建建筑能效水平，建设10个以上有岭南特色的超低能耗建筑项目。

2. 全面实施绿色建筑量质齐升行动

（1）发布实施广东省绿色建筑设计规范和施工验收标准。到2020年前，广东省城镇新建民用建筑全面执行一星级及以上绿色建筑标准。

（2）加强对绿色建筑标识项目建设跟踪管理，加强对发展高星级绿色建筑和运行阶段绿色建筑的引导，大幅提升二星级及以上绿色建筑和运行阶段绿色建筑比例。

（3）创建 20 个二星级及以上的运行标识绿色建筑示范项目。

3．提升既有建筑节能改造水平

（1）制订实施既有建筑节能改造指南，鼓励应用 PPP、合同能源管理等市场化手段实施既有建筑节能改造。

（2）联合省直有关部门研究制订公共建筑用能价格差别化政策，逐步实施公共建筑能耗定额管理制度。

（3）继续加强建筑能耗统计、能源审计、能耗公示和监测平台建设工作，建筑能耗监测平台要逐步扩大教育、医疗、科研、交通、文化、商业等重点领域公共建筑的覆盖面。

4．促进可再生能源建筑应用

（1）完善可再生能源建筑应用在设计、施工、检测和验收等环节的技术标准体系。

（2）鼓励各地率先在高性能绿色建筑、绿色生态城区和绿色建设示范项目中，将可再生能源建筑应用比例作为约束性指标。

5．大力推广应用绿色建材

（1）实施绿色建材评价标识。

（2）推进建筑废弃物资源化利用。

（3）推进墙体材料革新。

（4）促进散装水泥发展应用。

6．积极推动农村建筑节能发展

鼓励农村新建、改建和扩建的居住建筑按《农村居住建筑节能设计标准》（GB/T 50824）、《绿色农房建设导则》（试行）等进行设计和建造。鼓励政府投资的农村公共建筑、各类示范村镇农房建设项目率先执行节能及绿色农房标准、导则。紧密结合农村实际，总结出符合地域及气候特点、经济发展水平、保持传统文化特色的乡土绿色节能技术，编制技术导则、设计图集等，提高农村建筑工匠在建筑节能设计、施工等环节的能力水平，积极开展试点示范。结合农村医院、学校等公共建筑和农村危房改造，稳步推进农村建筑节能。鼓励可再生能源在农村建筑中的应用，在具备条件的地区推广使用太阳能热水系统。

（五）保障措施

1．完善政策法规

研究制订推动广东省绿色建筑发展的条例，加快推动广东省建筑废弃物管理条例的立法工作，在工程建设规划、勘察设计、施工、验收、运营管理全过程，规范引导广东省建筑节能与绿色建筑工作。不断完善覆盖建筑工程全过程的建筑节能与绿色建筑配套制度，严格落实法律法规确定的各项规定和要求，加大对违法违规行为的惩戒力度。研究完善激励政策，鼓励建设超低能耗建筑、高性能绿色建筑，加大对粤东西北地区发展建筑节能与绿色建筑的支持力度。支持各地结合实际，制定实施建筑节能与绿色建筑发展规划、管理办法等制度。

2. 健全标准体系

加强建筑节能和绿色建筑相关重点技术研究，建立健全绿色建筑科技成果推广应用机制，促进成果转化为工程建设技术标准。根据广东省建筑节能与绿色建筑发展需求，制修订设计、施工、验收、检测、评价、改造等环节的工程建设技术标准，制定相适应的计价依据。适应工程建设标准化改革要求，优化完善推荐性标准，积极培育发展团体标准，引导龙头骨干企业制定实施更高要求的企业标准，建立健全建筑节能与绿色建筑标准体系。

3. 发挥市场作用

充分发挥市场配置资源的决定性作用，积极创新节能与绿色建筑市场运作机制，积极探索节能绿色市场化服务模式。引导采用政府和社会资本合作（PPP）模式、特许经营等方式投资、运营建筑节能与绿色建筑项目。研究建立建筑节能市场诚信体系，对企业的诚信记录进行公示。积极搭建市场服务平台，实现建筑领域节能和绿色建筑与金融机构、第三方服务机构的融资及技术能力的有效连接。会同相关部门推进绿色信贷在建筑节能与绿色建筑领域中的应用，鼓励和引导政策性银行、商业银行加大信贷支持，将满足条件的建筑节能与绿色建筑项目纳入绿色信贷支持范围。增强建筑节能关键部品、产品、材料的检测能力，进一步加强建筑能效测评机构能力建设。

4. 强化目标考核

各地级以上市住房城乡建设主管部门应制定工作推进计划，落实工作责任，争取发改委、财政等有关部门的支持，充分发挥非政府组织（NGO）的积极性，形成合力，协同推进，确保实现规划目标和任务。省住房城乡建设厅组织开展规划实施进度的检查评估，将规划目标完成情况作为节能减排综合考核评价、大气污染防治计划考核评价等已有的相关考评体系的重要内容。对目标责任不落实、实施进度落后的地区，进行通报批评，对超额完成、提前完成目标的地区予以表扬奖励。

5. 加强数据统计应用

健全建筑节能与绿色建筑统计体系，不断增强统计数据的准确性、适用性和可靠性。完善建筑能耗监测平台数据采集、分析应用、运营维护等配套制度建设，加强数据分析和应用，挖掘建筑能耗数据应用价值，提升建筑节能和绿色建筑宏观决策和行业管理水平。加快推进建筑节能与绿色建筑数据资源服务，深化数据关联分析、融合利用，逐步建立并完善信息公开和共享机制。

6. 做好宣传培训

结合"全民节能行动""节能宣传月"等活动，利用电视、报刊、网络等媒体，构建立体化的建筑节能宣传体系，广泛宣传建筑节能和绿色建筑的法律法规和政策措施，普及节能知识，提高节能意识，促进行为节能，倡导绿色生活消费方式。依托高等院校、职业学校、科研院所开展适合不同层次、不同阶段、循序渐进的专业培训，做好专业人才培养，强化技术工人专业技能培训，提高管理人员及从业人员的综合素质。鼓励行业协会等对建筑节能设计施工、质量管理、节能量及绿色建筑效果评估、用能系统管理等相关从业人员进行专业培训和行业管理，提高从业人员专业技术水平。

三、住房城乡建设部建筑节能与科技司 2017 年工作要点

2017 年建筑节能与科技工作思路是，全面贯彻党的十八大和十八届三中、四中、五中、六中全会精神，深入贯彻习近平总书记系列重要讲话精神，认真落实中央城市工作会议、全国科技创新大会要求，按照《中共中央国务院关于进一步加强城市规划建设管理工作的若干意见》任务分工，根据全国住房城乡建设工作会议部署，遵循创新、协调、绿色、开放、共享理念，强化责任担当，开拓创新、整合资源、提高效率，重点抓好提升建筑节能与绿色建筑发展水平、全面推进装配式建筑、积极推动重大科技创新以及应对气候变化、务实推进智慧城建等工作。工作要点如下。

（一）全面推进装配式建筑

（1）制定发展规划。出台《装配式建筑行动方案》，明确行动目标和工作任务，指导重点推进地区、积极推进地区和鼓励推进地区制定省级发展规划、年度计划和实施方案。建立装配式建筑统计信息系统，加强监督考核，定期通报各省装配式建筑进展情况。

（2）完善技术标准体系。开展装配式建筑技术体系和产品评估推广工作，研究梳理并重点推广成熟先进可靠的技术体系。制定装配式建筑相关技术标准，编制部品部件标准及图集，完善装配式建筑标准规范。

（3）提升装配式建筑产业配套能力。开展装配式建筑设计、部品部件生产、装配施工和全装修专项调研，推动设计、生产、施工、装修等全产业链发展。制定装配式建筑示范城市和产业基地管理办法，创建一批国家级装配式建筑示范城市、产业基地和工程项目。编制《木结构建筑发展专项规划》，推动木结构建筑试点示范和钢结构建筑推广工作取得进展。

（4）加强装配式建筑队伍建设。指导各地结合建筑业改革和产业结构调整，发展具有装配式建筑能力的企业集团。加大装配式建筑技术培训和宣传推广力度，广泛开展国际交流合作，促进人才队伍建设。推动与装配式建筑相适应的设计、生产、施工、验收和招投标等监管制度创新，合力推进装配式建筑工程总承包和装配式建筑全装修。

（二）提升建筑节能与绿色建筑发展水平

（1）提高建筑节能标准。印发《"十三五"建筑节能与绿色建筑发展专项规划》，组织开展建筑节能、绿色建筑与装配式建筑实施情况专项检查。开展建筑节能与可再生能源应用、建筑环境全文强制标准的研编及严寒、寒冷地区城镇新建居住建筑节能设计标准修订。推动重点区域城市及建筑门窗等关键部位提高建筑节能标准。推进超低能耗建筑试点。

（2）推进既有建筑节能改造。落实北方地区冬季清洁取暖要求，对既有居住建筑进行节能改造，并探索以建筑节能改造为重点，适老化改造、建筑功能提升及居住环境整治同步实施的综合改造模式。加强公共建筑能耗动态监测平台建设，加大城市级平台建设力度。推动一批城市制定发布公共建筑能耗限额标准。推进公共建筑节能改造重点城市建设，开展公共建筑电力需求侧管理试点，会同有关部门制定绿色校园建设指导意见并开展试点。

（3）推广绿色建筑及绿色建材。会同有关部门制定绿色信贷支持建筑节能与绿色建

筑发展实施意见。推动有条件地区的城镇新建建筑全面执行绿色建筑标准。强化绿色建筑评价标识项目质量管理，研究建立绿色建筑第三方评价机构诚信体系。研究制修订绿色建筑施工图审查技术要点及施工质量验收规范。开展年度绿色建筑创新奖评审。加快推进绿色建材评价工作，编制《绿色建材评价分类目录》和以装配式建筑部品部件为重点的绿色建材评价技术导则。研究制定绿色建筑、装配式建筑应用绿色建材的相关要求和政策措施，提高绿色建材应用比例。

（4）深化可再生能源建筑应用。积极利用太阳能、浅层地热能、空气热能等解决建筑取暖需求，推行可再生能源清洁取暖。配合做好"余热暖民"工程工作。加快中央财政支持的可再生能源建筑应用示范项目验收，强化相关政策、标准、技术、产品等方面的示范成果总结。推动农村地区被动式太阳能房建设。

（三）积极推进建设科技创新

（1）发布实施住房城乡建设"十三五"科技创新专项规划。研究制定《规划》落实方案、工作分工和考核办法，推动部省联动和工作协同。跟踪先进技术发展趋势，加大行业应用的前瞻性研究。

（2）组织实施重点科研项目。深入实施国家科技重大专项和重点研发计划项目，在城镇水污染治理、城乡规划遥感监测与评估、绿色建筑及建筑工业化等方面突破和集成一批标志性科技成果。提炼部门和行业重点领域的科技需求，推进争取国家重点研发计划支持立项攻关。

（3）构建科技创新平台。建立部、省协同推进机制，制定住房城乡建设科技创新平台管理办法。研究制定行业科技创新平台规划，分类组建一批重点领域科技创新基地，完善行业专家智库，增强行业科技创新能力。

（4）推进科技成果转化。加强对科技计划项目实施的全过程管理。研究住房城乡建设领域的"十三五"重点推广技术领域，编制与发布一批重点领域技术公告，推广一批先进适用技术。

（四）积极推进国际科技合作和应对气候变化工作

（1）推进住房城乡建设领域应对气候变化工作。制定印发《住房城乡建设领域应对气候变化中长期发展规划纲要》，确定2030年住房城乡建设领域应对气候变化目标、任务和具体措施。推进气候适应型城市建设试点，组织编制相关技术导则，指导各地开展气候适应型城市建设试点，督促试点城市完善落实工作方案。推动实施中国城市生活垃圾处理领域国家适当减缓行动项目，与亚行合作开展气候适应型城市技术与政策研究。

（2）加强低碳生态城市国际科技交流与合作。组织实施好中欧低碳生态城市合作项目、中英繁荣战略基金"绿色低碳小城镇试点项目"和"城乡生活垃圾处理政策与技术研究项目"、中德城镇化伙伴关系项目、世界银行/全球环境基金六期"可持续城市综合方式项目"中国子项目。继续推进中美、中加、中德、中芬低碳生态城市合作试点工作。

（3）深化建筑节能和绿色建筑国际科技交流与合作。推动实施中美"净零能耗建筑关键技术研究与示范"国家重点研发计划项目。继续组织实施全球环境基金五期"中国城市建筑节能和可再生能源应用项目"。深化中德被动式超低能耗绿色建筑技术合作和中加、中欧现代木结构建筑技术合作。

（五）务实推进智慧城建工作

（1）制定加强大数据应用推动智慧城建发展指导意见。明确智慧城建指导思想、任务、目标和保障措施，提出城市规划建设管理领域的智慧化应用发展方向，统筹推进智慧城建工作。

（2）开展智慧城建评价。按照国家新型智慧城市建设工作要求，引导支持各地智慧城市试点参加国家新型智慧城市评价工作。从住房城乡建设领域的特点和需求出发，编制智慧城建指标体系，促进住房城乡建设领域的智慧城市评价工作。

（3）编制住房城乡建设领域信息技术推广应用公告。加强城市规划建设管理领域智慧化技术研究，深入开展应用示范，编制住房城乡建设领域信息技术推广应用公告，发布行业信息化发展报告，推广应用一批先进适用技术。

（六）强化党风廉政建设不放松

（1）落实全面从严治党主体责任和监督责任。强化责任担当，坚定理想信念，严守政治纪律、政治规矩，做合格党员，确保廉政建设工作落实到人、落实到工作每个环节，为建筑节能与科技工作保驾护航。

（2）强化"四个意识"，加强队伍建设。深入开展"两学一做"，加强党员干部的政治素质和业务素质学习，牢固树立和不断强化政治意识、大局意识、核心意识、看齐意识，自觉把思想和行动统一到党中央的要求上来，使每一个党员都能做到政治思想过硬，业务素质过硬。

（3）严肃党内政治生活，加强党的建设。认真落实《关于新形势下党内政治生活的若干准则》《中国共产党党内监督条例》，加强党性观念，认真执行"三会一课"制度，严肃党内政治生活，提高党内生活质量。严格执行党中央和部党组关于廉政建设的各项规章制度要求，认真落实党风廉政建设风险防控办法，把廉政要求落实到日常业务工作的各个环节，做到两手抓、两不误、两促进、两提高。

四、住房城乡建设部建筑节能与科技司 2018 年工作要点

2018 年，建筑节能与科技工作总体思路是，以习近平新时代中国特色社会主义思想为指导，全面贯彻党的十九大精神，落实新发展理念，充分发挥科技创新的战略支撑作用，以绿色城市建设为导向，深入推进建筑能效提升和绿色建筑发展，稳步发展装配式建筑，加强科技创新能力建设，增添国际科技交流与合作新要素，提升全领域全过程绿色化水平，为推动绿色城市建设打下坚实基础。

（一）全面提升建筑全过程绿色化水平

整合创新成果，健全制度机制，完善提升标准，开展试点示范，构建符合新时代要求的绿色建筑发展模式，推动绿色建筑区块化发展，更好地满足人民群众美好生活需要。

（1）推动新时代高质量绿色建筑发展。整合健康建筑、可持续建筑、百年建筑、装配式建筑等新理念新成果，扩展绿色建筑内涵，对标新时代高质量绿色建筑品质，修订《绿色建筑评价标准》，满足人民群众对优质绿色建筑产品的需要。开展绿色城市、绿色社区、绿色生态小区、绿色校园、绿色医院创建，组织实施试点示范。引导有条件地区和城市新建建筑全面执行绿色建筑标准，扩大绿色建筑强制推广范围，力争到 2018 年底，

城镇绿色建筑占新建建筑比例达到40%。进一步完善绿色建筑评价标识管理，建立第三方评价机构诚信管理制度，加强对绿色建筑特别是三星级绿色建筑项目的建设及运行质量评估。

（2）深入推进建筑能效提升。研究制定建筑能效提升2020年、2035年以及到21世纪中叶的中长期发展路线图。修订《民用建筑节能管理规定》，做好建筑节能与可再生能源建筑应用、建筑环境等全文强制标准研编，制修订严寒及寒冷地区居住建筑节能设计标准、近零能耗建筑标准。引导严寒寒冷地区扩大城镇新建居住建筑节能75%标准实施范围，夏热冬冷及夏热冬暖地区有条件城市提高建筑节能地方标准。开展超低能耗建筑及既有居住建筑节能宜居综合改造科技示范。深入开展公共建筑能效提升重点城市建设，推进北方地区冬季清洁取暖试点城市做好建筑能效提升及可再生能源清洁采暖工作，研究编制北方地区农村建筑能效提升技术手册和标准图集。开展建筑能效评级对标和公示研究。实施分布式建筑一体化光伏电站及城市级分布式建筑光伏电站示范工程。开展对建筑节能、绿色建筑及装配式建筑实施情况的专项检查。

（3）稳步推进装配式建筑发展。研究编制装配式建筑领域技术体系框架，组织梳理装配式建筑关键技术，发布第一批装配式建筑技术体系和关键技术公告；推动编制装配式建筑团体标准，提高装配式建筑设计、生产、施工、装修等环节的工程质量，提升装配式建筑技术及部品部件标准化水平。充分发挥装配式建筑示范城市的引领带动作用，积极推进建筑信息模型（BIM）技术在装配式建筑中的全过程应用，推进建筑工程管理制度创新，积极探索推动既有建筑装配式装修改造，开展装配式超低能耗高品质绿色建筑示范。加强装配式建筑产业基地建设，培育专业化企业，提高全产业链、建筑工程各环节装配化能力，整体提升装配式建筑产业发展水平。评估第一批装配式建筑示范城市和产业基地，评定第二批装配式建筑示范城市和产业基地。

（4）加快绿色建材评价认证和推广应用步伐。扩大绿色建材评价认证范围和种类，着力推进新型墙体材料和装配式部品部件认证，发布相关技术标准和导则。研究构建绿色建材数据库，搭建绿色建材信息共享服务管理平台，推进绿色建材评价认证结果采信和推广应用机制建设。发挥绿色建筑和装配式建筑的示范带动作用，提高绿色建材在工程建设中的应用比例。

（二）加强科技创新能力建设

完善科技创新体系，增强行业科技创新能力，紧密跟踪科技发展新动向，推动现代科技成果与行业业务的深度融合，促进成果转化和推广应用。

（1）完善科技创新环境。总结行业科技创新和绿色城市建设的好经验与好做法，开展构建市场导向的住房城乡建设领域绿色技术创新体系专题研究，研究建立以企业为主体、有效发挥市场机制的科技创新发展新机制新模式。开展住房城乡建设行业科技管理人才培训，依托科研项目、基地建设、国际合作，加强科技创新人才队伍建设。

（2）深入实施国家重大科技项目。组织实施"水体污染控制与治理"国家科技重大专项，梳理饮用水安全保障技术示范典型案例；组织开展海绵城市规划设计、建设、运维关键技术研究与应用示范，编制海绵城市和城市黑臭水体整治工程实施、验收评估、监测等技术指南。总结高分专项城市精细化管理遥感应用示范系统（一期）项目的技术成果。依托"绿色建筑及建筑工业化"等国家重点研发计划项目，开展绿色建筑、装配式建筑等科研攻关和技术示范。

（3）加大科技成果推广应用力度。加快国家科技重大专项、国家重点研发计划、国家重大科技项目科技成果转化，研究制定科学的评价和考核指标，推动领先者的技术标准上升为行业和国家标准。加强部科技计划项目管理，总结梳理项目研发示范应用成效，积极开展支撑绿色发展、高质量发展、智慧发展的先进适用技术的推广应用工作，组织编制推动行业技术进步的技术公告、指南。

（4）推进行业大数据的普及应用。充分发挥大数据在城市发展科学决策、高效运行、精细治理和精准服务中的辅助作用，以重点地区、重点领域、重点行业大数据应用示范为引导，全面推动住房城乡建设领域智慧化发展。开展装配式建筑信息模型（BIM）技术应用示范，推动建筑全生命期信息化，积极探索建筑信息模型（BIM）技术在城市治理、市政基础设施建设等领域的拓展应用。

（三）深化国际科技交流与合作

强化建设国际科技合作机制，以城乡绿色低碳发展、建筑节能与绿色建筑、城市适应气候变化等为重点，加大开放合作力度，持续深入推进住房城乡建设领域国际科技交流合作和应对气候变化工作。

（1）拓展国际科技交流合作。继续扩大国际科技交流合作的对象、范围和领域，征集行业及地方国际科技合作需求，对接有关国家和国际机构，搭建科技交流合作平台，策划设计国际科技创新合作项目。推动建筑节能与绿色建筑、低碳生态城市、应对气候变化等重点领域与"一带一路"沿线国家的国际科技交流与合作。

（2）组织实施好国际科技合作项目。组织实施中美清洁能源联合研究中心建筑节能合作项目，推进净零能耗建筑研究及试点。组织实施中加多高层木结构建筑、低碳生态城区试点示范。继续组织实施全球环境基金五期"中国城市建筑节能和可再生能源应用"项目，启动六期"可持续城市综合方式项目"中国子项目。加快实施中欧低碳生态城市合作项目。积极推进中德城镇化伙伴关系项目绿色城市、城市更新政策研究及产能房试点示范。

（3）深入开展住房城乡建设领域应对气候变化工作。编制推广城市适应气候变化有关技术导则。与亚洲开发银行共同组织实施气候适应型城市技术与政策研究项目。组织实施城市生活垃圾处理领域国家适当减缓行动项目，确定试点城市，推进相关政策、技术研究。

（四）打造政治过硬的高素质干部队伍

坚定不移推进全面从严治党，以党的政治建设为统领，落实"两个责任"，牢固树立"四个意识"，坚定"四个自信"，着力建设对党忠诚、政治过硬、业务精通、纪律严明、作风纯正的高素质干部队伍。

（1）加强党的建设。把党的政治建设摆在首位，坚决维护习近平总书记党中央的核心、全党的核心地位，坚决维护以习近平同志为核心的党中央权威和集中统一领导。全面加强纪律建设，持之以恒正风肃纪，深入推进反腐败斗争工作。

（2）改进工作作风。充分发挥党员干部积极性、主动性、创造性，转变工作作风，认真贯彻落实党的十九大关于绿色发展、科技创新等重点工作部署，在学懂、弄通、做实上下功夫。深入基层，开展深入细致的专题调查研究，总结地方好经验、好做法，将基层成果上升为国家政策，增强政策的指导性和可操作性。

（3）提高工作执行和落实能力。加强学习培训，更好地领会党的十九大精神，提高干部队伍综合素质，增强学习能力、改革创新能力、科学发展能力、狠抓落实能力，依法依规办事，勇于担当，把各项重点工作落实好，抓出成效。

五、广东省2018年建筑节能、绿色建筑、散装水泥和新型墙材管理工作要点

2018年，广东省建筑节能、绿色建筑、散装水泥和新型墙材工作全面贯彻党的十九大精神，以习近平新时代中国特色社会主义思想为指导，深入贯彻习近平总书记对广东重要指示批示精神，坚持创新、协调、绿色、开放、共享的发展理念，谋划广东省绿色建造能力提升，探索新路子、创新新机制、实现新突破，统筹推动建筑节能、绿色建筑、绿色建材、散装水泥和新型墙材工作新发展。

（一）工作目标

认真贯彻《广东省民用建筑节能条例》，落实新建建筑节能强制性标准，提升既有建筑节能改造水平，加强建筑能耗管理。开展绿色建筑量质齐升行动，力争广东省城镇绿色建筑占新建建筑比例达到40%，广东省年度新增绿色建筑面积5845万平方米以上，广东省年度新增运行阶段绿色建筑面积195万平方米以上（各市绿色建筑发展年度目标任务见附件1）。持续推动散装水泥发展应用，全年实现散装水泥供应量9000万吨，预拌混凝土使用量1.8亿立方米，预拌砂浆使用量1200万吨（各市散装水泥、预拌混凝土、预拌砂浆年度目标任务见附件2）。大力发展预拌砂浆，各地级以上城市2018年至少要成立2家预拌砂浆生产企业。深化贯彻《广东省发展应用新型墙体材料管理规定》（省政府令第95号），进一步细化落实建设工程全过程对新型墙体材料的监管要求，提升新型墙体材料应用管理水平，如表4所示。

表4　2018年各市绿色建筑发展目标任务

序号	地区	地镇新增绿色建筑面积/万 m²	城镇绿色建筑占新建建筑比例/%	评价＋认定绿色建筑面积/万 m²	其中：运行标识面积/万 m²
1	广州市	1300	60	1300	40
2	深圳市	1100	70	1300	40
3	珠海市	850	70	500	30
4	汕头市	25	10	30	1
5	佛山市	800	40	650	20
6	韶关市	50	15	60	2
7	河源市	50	15	40	1
8	梅州市	70	60	60	1
9	惠州市	200	20	500	10
10	汕尾市	40	20	30	1

续上表

序号	地区	地镇新增绿色建筑面积/万 m²	城镇绿色建筑占新建建筑比例/%	评价＋认定绿色建筑面积/万 m²	其中：运行标识面积/万 m²
11	东莞市	400	55	320	20
12	中山市	550	60	320	10
13	江门市	100	20	100	5
14	阳江市	25	10	20	1
15	湛江市	50	30	50	3
16	茂名市	50	15	50	1
17	肇庆市	50	20	100	3
18	清远市	80	25	100	3
19	潮州市	15	10	20	1
20	揭阳市	10	10	20	1
21	云浮市	30	10	30	1
广东省合计		5845	40	5600	195

注：1. "城镇新增绿色建筑面积"的统计范围是在本年度城镇竣工的民用建筑（住宅建筑和公共建筑）中按绿色建筑相关标准设计、施工并通过竣工验收的建筑面积。2. "城镇绿色建筑占新建建筑比例"是指在本年度城镇竣工的民用建筑（住宅建筑和公共建筑）中按绿色建筑相关标准设计、施工并通过竣工验收的绿色建筑面积比例。

（二）主要措施

1. 提升建筑节能发展水平

推动修订《广东省民用建筑节能条例》，将建筑节能和绿色建筑合并立法，规范引导广东省建筑节能与绿色建筑工作。严格执行新建建筑节能强制性标准，提升既有建筑节能改造水平。研究制定《广东省省级工业和信息化专项资金支持节能与循环经济发展（建筑节能）管理办法》，建立全面覆盖、灵活适用的激励方式，激发专项资金的创新引领作用。会同省环保厅、省机关事务管理局、南方电网公司等有关单位探索开展大型公用建筑、机关事业单位办公场所能效测评，研究推进节约型机关建设。加强建筑能耗监测平台建设，推进市级建筑能耗监测平台建设，组织各地开展建筑能耗统计、能源审计和能耗公示工作，加强省市级建筑能耗监测平台的数据共享和应用分析。

2. 开展绿色建筑量质齐升行动

贯彻落实住房和城乡建设部发布的《关于进一步规范绿色建筑评价管理工作的通知》（建科〔2017〕238号），创新广东省绿色建筑评价管理工作机制，逐步推行属地管理以及第三方评价模式。建成并启动运营广东省绿色建筑管理信息平台，实现广东省绿色建筑的统一平台管理。制订出台《广东省绿色建筑量质齐升行动实施方案（2018—2020）》，开展绿色建筑量质齐升课题研究，完善绿色建筑认定机制，统一广东省绿色建筑评价办法，指导地方开展绿色建筑评价工作。分地区分步骤对珠三角和粤东西北等地区提出绿色建筑指标要求，确保完成2018年度绿色建筑发展目标（表4）。各市要积极研究建筑节能和绿色建筑的配套政策，编制出台符合地方发展特色的建筑节能与绿色建筑发展规划、年度计划、管理办法和激励措施等政策文件并认真抓好落实。

3．推进散装水泥发展应用

进一步深化"放管服"，根据新修订的《广东省促进散装水泥发展和应用规定》（粤府令第156号）和《广东省建设工程项目使用袋装水泥和现场搅拌混凝土行政许可规定》，研究出台《广东省住房和城乡建设厅关于进一步加强散装水泥发展应用管理的通知》，重点加强对无资质混凝土搅拌站、现场使用袋装水泥和现场搅拌混凝土的监管。向农村地区推广使用散装水泥和预拌混凝土，拓宽散装水泥和预拌混凝土的应用范围。大力推广预拌砂浆，对预拌砂浆使用量长期过低的地区进行责任约谈。联合省交通、水利等部门加强对预拌混凝土生产管理，打击无证经营行为。继续推进高性能混凝土应用，促进预拌混凝土企业绿色生产，确保完成2018年度散装水泥、预拌混凝土、预拌砂浆应用发展目标。

4．深化新型墙体材料应用监管

研究出台《广东省住房和城乡建设厅关于进一步加强新型墙材发展应用管理的通知》，对建筑工程使用非新型墙材提出明确的禁止要求，明确新型墙材目录的编制标准，对建筑工程的质量监督、设计、施工、监理、验收全过程提出新型墙体材料监管的具体要求。重点提高镇以上城区新型墙体材料的应用水平，限制使用粘土制品。

5．创新工作机制

建立健全散装水泥、建筑节能和绿色建筑等的统计制度，逐步搭建广东省散装水泥、建筑节能和绿色建筑的统计信息网络，提高行政质效，为管理和决策提供基础素材。建立建筑节能、绿色建筑、新型墙材和散装水泥综合督查制度，积极会同有关部门做好"禁实限粘"工作，探索建立长效的跨部门联合执法机制。

6．加强宣传培训

开展"全民节能行动""节能宣传月"等活动，利用电视、报刊、网络等媒体，构建立体化的建筑节能宣传体系，广泛宣传建筑节能和绿色建筑的政策法规和工作成效。举办建筑节能、绿色建筑示范项目现场观摩会，扩大示范引领作用。组织开展广东省标准《高性能混凝土应用技术规范》宣传贯彻工作，提高行业绿色发展水平。

六、新型墙材推广应用行动方案

国家发展改革委办公厅与工业和信息化部办公厅于2017年2月6日印发关于《新型墙材推广应用行动方案》的通知。新型墙材推广应用是建材工业推进供给侧结构性改革的有效抓手，墙材革新是大力推进生态文明建设、促进循环经济发展的重要举措。自20世纪90年代以来，墙材革新为建材工业和城乡建设可持续发展做出了重要贡献。但中国城乡区域发展不平衡，空间开发水平粗放低下，资源约束趋紧，生态环境恶化趋势尚未得到根本扭转，遏制毁田烧砖行为、节约保护资源，发展本质安全、节能环保、轻质高强的新型墙材成为建材工业亟待破解的发展难题，也是建材工业坚持创新驱动增强发展内生动力的客观要求。为加快推进墙材革新，推广应用新型墙材，制定本行动方案。

（一）总体要求

1．指导思想

以党的十八大和十八届三中、四中、五中、六中全会精神为指导，牢固树立创新、协调、绿色、开放、共享的发展理念，以提高建筑质量和改善建筑功能为动力，以节约资源和治污减排为中心，以信息技术和智能制造为支撑，以供给侧结构性改革为重点，以试点示范为引领，因地制宜推进"城市限粘、县城禁实、农村推新"，发展绿色新型墙材，提升墙材行业绿色发展、循环发展、低碳发展水平，促进建材行业转型升级。

2．总体目标

到2020年，全国县级（含）以上城市禁止使用实心粘土砖，地级城市及其规划区（不含县城）限制使用粘土制品，副省级（含）以上城市及其规划区禁止生产和使用粘土制品；新型墙材产量在墙材总量中占比达80％，其中装配式墙板部品占比达20％；新建建筑中新型墙材应用比例达90％。

初步建成基于"互联网＋"的墙材革新信息化系统，基本建立行业信用评价体系，政策标准体系进一步完善，产品质量和功能明显提升，墙材生产基本实现绿色化智能化，东部地区农村新型墙材得到规模化普遍应用。

（二）加快创新发展

（1）完善产品体系。适应装配式建筑发展需要，重点发展适用于装配式混凝土结构、钢结构建筑的围护结构体系，大力发展轻质、高强、保温、防火与建筑同寿命的多功能一体化装配式墙材及其围护结构体系，加强内外墙板、叠合楼板、楼梯阳台、建筑装饰部件等部品部件的通用化、标准化、模块化、系列化发展。开发适用于绿色建筑，特别是超低能耗被动式建筑围护结构的新产品。

（2）改善技术装备。加强适用于新型墙材的专用施工机具、辅助材料等研发与生产，重点发展满足各类装配式建筑墙材的装配机具、高性能防水嵌缝密封材料、配套专用砂浆等。提高墙体部品的配套应用技术水平，重点研究开发各类装配式建筑中墙材部品的应用及系统集成技术，包括应用软件开发、墙材部品与主体承重结构的链接技术、支护工艺和节点做法，墙材部品与建筑门窗、排水管线、电路管线等的系统集成技术。

（3）完善标准规范。强化产品标准、设计规范、应用规程间的联动衔接，构建完善的标准体系。适应装配式建筑内外墙板设计、生产、施工、验收管理一体化需求，促进关键技术转化为标准规范。制修订新型墙材产品标准，完善产品的相关图集、验收规程等，编制新产品造价信息和预算定额。

（4）搭建创新平台。依托大型企业集团、科研院所、高等院校等，完善产学研用相结合的新型墙材创新体系。鼓励墙材生产与建筑设计、工程建造等上下游互动，组建产业发展联盟。支持创建以新型墙材为特色的技术中心或实验室，建设富有墙材特色的公共研发、技术转化、检验认证等服务平台，强化共性关键技术研发，开发推广科技含量高、利废效果好、拥有自主知识产权的成套技术和装备。

（三）推动绿色发展

（1）强化清洁生产。支持新型墙材企业开发利用适用技术，实施节能减排技术改造。严格执行《砖瓦工业大气污染物排放标准》和《烧结墙体材料单位产品能源消耗限额》

等强制性标准，推广适用于新型墙材生产的能源梯次利用、窑炉烟气脱硫除尘等技术装备，推进合同能源管理、合同环境管理。全面推行清洁生产，开展清洁生产审核，从源头减少污染排放。

（2）提升利用水平。进一步提高资源综合利用水平，继续推进煤矸石、粉煤灰、尾矿、河（湖）淤（污）泥、工业副产石膏、陶瓷渣粉等固废在墙材中的综合利用，扩大资源综合利用范围，增加资源综合利用总量。研究利用新型墙材隧道窑协同处置建筑垃圾、城镇污泥和河道淤泥等，并制修订窑炉废气排放和相关产品质量标准。支持建设大宗固废综合利用示范基地，推进利废新型墙材企业示范。

（3）推进智能制造。提升企业生产过程自动化水平，重点加强生产过程信息化管理。注重墙材专用装备创新发展和推广应用，深化信息技术与墙材制造技术融合，提高墙材装备数字化、网络化、智能化水平，加快"机器代人"步伐。推广使用原料配料电子计量精准控制系统、窑炉设备自动化验检测和调控系统、远程在线诊断系统，以及高精度自动切割、自动掰板、自动码卸坯、机械包装等装备。

（4）引导绿色消费。落实《促进绿色建材生产和应用行动方案》，以装配式建筑、绿色建筑等试点示范工程为切入点，积极开展绿色建材评价标识管理和推广应用工作，加大对保护粘土资源、利用新型墙材替代实心粘土砖的宣传力度，引导建筑业和消费者科学选材，促进全国统一、开放、有序的绿色建材市场建设，便利绿色新型墙材消费。

（5）淘汰落后产能。落实《产业结构调整指导目录》，加快淘汰落后产品、技术和设备。立足行业技术进步，适时制修订墙材行业污染物排放、产品能源消耗限额标准，提高墙材行业规范经营要求，对达不到环保、能耗等要求的，履行社会责任不到位的落后窑炉产能，依法依规关停淘汰。研究建立投资准入负面清单制度，提高行业准入门槛，遏制低水平建设，健全墙材落后产能退出机制。

（四）强化示范引领

（1）开展试点示范。以绿色建筑为载体，大力推广应用新型墙材。在有条件的地区，积极推进超低能耗被动式建筑应用新型墙材示范工作。建设一批技术先进、引领作用强的装配式建筑围护结构示范工程，重点做好装配式混凝土框架（框筒）结构、钢结构建筑适用的围护结构配套墙材体系应用试点。

（2）支持农村应用示范。在有条件的乡镇农村，结合美丽乡村建设、绿色农房建造、特色小（城）镇建设、农民住宅防灾减灾节能改造等工程，开展新型墙材应用试点示范，引导在农村自建房中使用节能环保、安全便利的新型墙材，保证农民共享改革发展成果。

（3）发挥企业带头示范作用。培育具有技术优势、品牌优势、管理优势、文化优势的新型墙材生产示范企业，发挥其技术创新、成果转化、技术推广、市场引领等方面的带动作用，进一步提高产业集中度，推动新型墙材产业向生产规模化、管理现代化、装备自动化、产品标准化方向发展。

（五）提升服务水平

（1）加强运行监管。完善墙材行业运行监测体系，强化行业运行监测，定期发布墙材供需数据、质量预警、价格指数、试点示范等行业运行信息，及时发现和解决行业运行中的重大问题。建立健全统计制度，完善统计体系。构建墙材革新信息化平台和管理网络。

（2）建设诚信体系。完善全国建筑市场各方主体不良行为记录认定标准中新型墙材应用的相关内容，利用二维码、射频识别等技术建立可追溯的新型墙材信息系统。建立全国统一的墙材供应企业市场行为信用评价体系。健全诚信激励和失信惩戒机制。研究建立黑名单制度，强化社会监督。

（3）建立"互联网＋墙材"系统。推动互联网与墙材行业深度融合，建立集产品生产、施工应用、买卖交易和监督管理于一体的信息系统，新型墙材应用试点工程数据库。发展电子商务，建立墙材供应、采购电子商务和服务平台，提高新型墙材物流信息化和供应链协同水平。在有条件的地区，试点构建"互联网＋墙材革新"管理服务体系。

（六）落实保障措施

（1）加强组织领导。强化部门联动，健全完善墙材革新管理机制，实行省、市、县各级墙材革新主管部门职责明确、监督有效的工作机制，形成管理、监督、服务"三位一体"的管理体系。各地墙材革新主管部门要加强对墙材革新工作的组织领导，健全工作机构，将墙材革新工作列入年度重点工作，强化目标管理责任制，完善考核机制。各地要加强墙材革新工作队伍和墙材行业管理能力建设，确保机构稳定，人员充实，强化人员培训，提高执法能力，增强服务意识，提升技术、管理和服务水平。

（2）完善配套政策。研究制定促进新型墙材发展的政策法规，促进新型墙材与循环经济、环境保护、城市建设等政策法规衔接。完善新型墙材税收优惠政策。适时修订《新型墙材目录》，引导新型墙材发展。各省市可因地制宜，结合各自资源禀赋及需求，制定更严格的《新型墙材目录》，试点推行墙材产品采购信息报告制度，研究推行墙材采购合同示范文本。

（3）开展协同监管。加强对墙材生产企业的环境监督执法，依法处罚污染环境的违法违规行为。研究试行采用小卫星对烧结砖企业进行实时监控，坚决查处取土制砖的违规行为。推动建立京津冀、长三角、珠三角等重点区域墙材革新政策协同、信息共享、结果互认的区域协同监管机制；联合区域省级墙材革新管理部门，严格墙材产品监管，对发现的不合格墙材产品依法查处并予以通报。

（4）加强宣传引导。充分发挥新闻媒体的舆论导向作用，宣传新型墙材推广应用的重要性和迫切性，提高公众对墙材革新政策的理解与参与，营造良好的社会舆论氛围。各地要创建墙材革新工作政务微博和微信公众号，及时发布政务动态、行业资讯、科研成果等。

（5）发挥行业组织作用。加强行业自律，完善行规行约，引导企业遵规守法、规范经营、诚实守信、公平竞争。发挥协会等行业组织作用，开展技术推广、品牌宣传等，总结推广先进经验。开展国际交流和合作，引进先进技术和管理经验。开展行业内学习交流合作，积极反映企业诉求，提出相关政策建议。

各地要结合本地建材工业和建筑业发展实际，尽快制定本地区实施方案，明确主体责任，扎实推进本地区新型墙材推广应用工作。

第二章　广东省建筑节能与绿色建筑的实施和发展情况

第一节　广东省住房和城乡建设厅关于 2017 年度广东省建筑节能、绿色建筑与装配式建筑实施情况的通报

为贯彻落实国家和广东省关于发展建筑节能、绿色建筑与装配式建筑的法律法规和政策措施，大力推动住房城乡建设领域科技创新和绿色发展，2017 年 11 月中旬至 12 月下旬，广东省住房和城乡建设厅组织开展了广东省建筑节能、绿色建筑与装配式建筑发展工作情况督查。在各地自查的基础上，住建厅分三个组督查了广州、深圳、佛山、惠州、东莞、江门等 6 个市的建筑节能、绿色建筑与装配式建筑发展工作实施情况，抽查了 18 个建筑项目（主要情况详见附件），并对抽查项目所发现的问题要求相关市住房城乡建设主管部门督促责任单位落实整改。现将有关情况通报如下：

一、主要成效

2017 年，各地住房城乡建设主管部门围绕国家和广东省工作部署，加强组织领导和统筹协调，建立完善了激励与强制相结合的政策体系，形成了政府引导和社会积极参与的工作机制，建筑节能、绿色建筑与装配式建筑发展工作取得了明显成效。

（一）新建建筑节能方面

各地严格执行国家和广东省建筑节能强制性标准，不断完善建筑节能工程从项目设计到施工验收的监管机制，加强对建设单位、设计单位、施工单位、监理单位、施工图审查机构等单位的监督管理，进一步织牢建筑节能监管服务网络。如江门市编制印发了《江门市建筑节能和暖通设计审查常见问题汇编》，进一步规范了当地建筑节能工程设计。2017 年，广东省抽查建筑节能工程项目 976 次、建筑面积 5414 万平方米，对违反相关标准的项目下发执法告知书 77 份；年内城镇新增节能建筑面积 17817 万平方米，可形成约 160 万吨标准煤的节能能力。

（二）绿色建筑方面

广东省住建厅印发实施了《广东省"十三五"建筑节能与绿色建筑发展规划》，发布了《广东省绿色建筑评价标准》（修订）。广东省有深圳证券交易所营运中心等 4 个项目获得 2017 年度全国绿色建筑创新奖一等奖，占 2017 年度全国绿色建筑创新奖一等奖项目数量的 44%。广州市将南沙开发区明珠湾起步区列为"绿色建筑试验区"和"绿色施工示范区"双示范，区内用地面积 2 万平方米及以上的住宅项目（保障房、安置房除外）执行二星级及以上绿色建筑等级标准的建筑设计面积不低于 50%，执行三星级标准的建

筑设计面积不低于 10%，推动绿色建筑集中连片建设。广州市国土资源和规划委员会组织开展《广州市绿色建筑与绿色社区规划管理指引》的研究工作，研究构建绿色规划体系，推动绿色建筑及绿色社区发展。珠海市发布《珠海经济特区绿色建筑管理办法》（珠海市人民政府令第 119 号），充分发挥市住房城乡建设、发展改革、国土、规划、质监、环境保护、科技、工业和信息化等行政管理部门的联动作用，加强对绿色建筑的监督管理。深圳、广州、湛江、东莞、珠海、中山、佛山等市大力发展运行阶段绿色建筑并取得较好成效。2017 年，广东省新增绿色建筑评价标识项目面积 5907 万平方米，其中绿色建筑运行标识面积 160 万平方米。

（三）既有建筑节能改造方面

广东省住建厅发布了广东省标准《公共建筑能耗标准》，组织各地推进民用建筑能耗统计、能源审计、能耗公示和能耗监测平台建设，推动省建筑能耗监测平台与广州、东莞、茂名等市级建筑能耗监测平台加强互通共享，联合广东银监局组织开展公共建筑能效提升工作，联合省府机关事务管理局、省发展改革委、经济和信息化委、财政厅印发实施了《广东省人民政府机关事务管理局等五部门关于公共机构合同能源管理的暂行办法》，联合省经济和信息化委对中国大酒店等五家广东省建筑领域重点用能单位开展了建筑节能专项监察。深圳市组织编制公共建筑能效提升重点城市建设方案，计划到 2020 年完成的公共建筑节能改造面积不少于 240 万平方米。2017 年广东省完成既有建筑节能改造 422 万平方米（其中既有居住建筑节能改造 57 万平方米，既有公共建筑节能改造 365 万平方米）；完成建筑能耗统计 4461 栋、能源审计 92 栋、能耗公示 1927 栋，对 111 栋建筑进行了能耗动态监测。

（四）可再生能源建筑应用方面

广东省住房城乡建设厅建立了广东金莱特电器股份有限公司光伏发电节能改造项目等 7 个省级可再生能源建筑应用示范项目，组织开展了《广东省太阳能光伏系统与建筑一体化设计施工及验收导则》的制订工作。深圳市发布实施《深圳经济特区建筑节能条例》（修订），要求具备太阳能集热条件的新建十二层以下住宅以及采用集中热水管理的酒店、宿舍、医院建筑，应当配置太阳能热水系统或者结合项目实际情况采用其他太阳能应用形式。2017 年广东省新增太阳能光热应用面积（集热面积）65 万平方米，新增太阳能光电建筑应用装机容量 172 兆瓦，新增浅层地能应用面积 0.9 万平方米。

（五）装配式建筑方面

广东省住建厅推动出台了《广东省人民政府办公厅关于大力发展装配式建筑的实施意见》《广东省装配式建筑工程综合定额（试行）》，组织编制了《广东省装配式建筑工程质量安全管理办法（暂行）》等政策文件，积极培育试点示范，推动 15 家广东企业入选全国首批装配式建筑产业基地、深圳市入选全国首批装配式建筑示范城市。广州、深圳、珠海、东莞、揭阳等地出台了本地区发展装配式建筑的实施意见，广州、深圳、珠海、惠州、东莞等部分城市建立了推进装配式建筑发展的多部门协调工作机制，多数城市能够组织开展装配式建筑系列标准宣贯培训，部分城市还开展了各种形式的培训、交流和观摩活动。各地积极建立装配式建筑产业基地，开展项目试点，引导和推动装配式建筑发展。截至 2017 年 12 月，广东省共有各类装配式建筑构件厂超过 30 家，生产线超过 111 条，生产能力超过 572 万平方米，构件产品涵盖预制外墙、楼梯、阳台、叠合板、内墙条板、飘窗、空调板、叠合梁、预制墙板等类型，2017 年新建装配式建筑面积超过 937 万平方米。

（六）绿色建材方面

广东省结合新型墙材、绿色建筑和装配式建筑发展工作，积极发挥科研院所、学会协会和龙头企业的作用，推广应用安全耐久、节能环保的绿色建材，促进资源节约型、环境友好型社会建设。省住建厅组织省建筑设计研究院完成了建筑废弃物资源化利用课题研究，联合省经济和信息化委对深圳市绿发鹏程环保科技有限公司等 22 家提出建筑垃圾资源化利用行业规范条件公告申请的企业开展了现场核查，并从中择优向工业和信息化部、住建部推荐 5 家企业，推进建筑废弃物资源化利用行业健康有序发展，推动建筑废弃物资源化利用。广东省建材绿色产业技术创新促进会举办广东省绿色建材发展研讨会，组织有关科研院所和建材企业的代表开展交流讨论和工作分享。广东省建筑节能协会、广东省钢结构协会等单位联合举办"2017 中国（广州）国际绿色建筑建材与建筑工业化博览会"，促进绿色建材的推广应用。广东省有关高等院校、科研机构和建材企业的代表参加广东省建材行业协会第四届专家委员会工作会议，研究探讨建材行业绿色发展工作。东莞市利用当地的绿色建筑技术产品展示中心，为绿色建材行业搭建交流、展示平台。

二、存在问题

1. 发展建筑节能与绿色建筑的法规政策体系和工作体制机制有待完善

一是推进建筑节能与绿色建筑的容积率奖励、财政补助等配套政策还不够完善，市场在资源配置中起决定性作用的效果不明显。广东省发展绿色建筑依然存在设计标识多、运行标识少，以及二星级及以上绿色建筑数量少等问题。梅州市、揭阳市、揭西县可再生能源建筑应用示范市县项目实施进度滞后。云浮市、揭阳市建筑能耗监测平台项目实施进度滞后。部分地级以上城市没有制定实施当地的公共建筑能效提升工作方案。各方主体主动参与节能与绿色建筑建设的积极性有待提高，人民群众对绿色建筑的获得感不强。二是个别地区城乡规划、住房和城乡建设、发展改革、经济和信息化、财政、公共机构节能等主管部门未建立有效的协调联动工作机制，资源信息共享不顺畅、不充分，既有建筑节能改造等工作未形成协同推进的合力。

2. 工程项目监管存在薄弱环节

部分工程项目存在节能设计质量不高的问题，比如节能设计专篇与节能计算书、节能备案表中标示的内容不一致，以及节能设计深度不足等。部分工程项目存在施工现场监管不到位的问题，比如建筑节能材料进场复验不规范、建筑节能施工方案针对性不强、建筑节能施工与施工图设计文件不一致等。

3. 装配式建筑总体发展较慢

各地装配式建筑仍在起步阶段，多数地区未出台发展装配式建筑的实施意见和专项规划，规划、用地、财税、金融等支持政策还未落地，管理机构和工作机制还不健全。装配式建筑研发和构配件生产基地较少，相关产业链还不完善，装配式建筑技术管理人才和产业工人匮乏、施工经验积累不足等问题还很突出，监管制度亟需改革，BIM 技术应用水平还不高，项目落地不多。

三、下一步工作要求

2018 年，广东省要按照高质量发展要求，突出重点，坚持问题导向和效果导向，统筹推进新建建筑节能、绿色建筑、既有建筑节能改造、可再生能源建筑应用、绿色建材、装配式建筑等工作，推动建筑节能、绿色建筑与装配式建筑发展质量变革、效率变革、动力变革。

（一）创新体制机制

各地要积极探索完善体制机制推进建筑节能与绿色建筑发展，不断完善适应于当地地理、气候、人文、风俗等特点的节能与绿色建筑标准，提升节能与绿色建筑实际运营效果，加强宣传，提高公众主动参与节能与绿色建筑发展的积极性。鼓励推行合同能源管理、PPP 等节能服务新模式，研究完善绿色金融相关政策，调整优化节能专项资金管理方式，确保资金绩效和示范实施效果。

（二）稳步提升建筑节能水平

各地要继续严格执行新建建筑节能强制性标准，针对新建建筑节能工程建设过程中可能存在的设计不规范、图审把关不严、施工执行不到位、监理职责不落实等管理不闭合问题和薄弱环节要进一步加强监管力度，提高县级建筑节能监管水平，落实建筑节能目标责任制。

（三）促进绿色建筑量质齐升

各地应围绕《广东省"十三五"建筑节能与绿色建筑发展规划》中"到 2020 年，广东省城镇新建民用建筑全面执行一星级及以上绿色建筑标准，大幅提升二星级及以上绿色建筑和运行阶段绿色建筑比例"的任务目标，制定政策措施，创新工作方法，不断提高新建建筑中的绿色建筑占比，加大高星级和运行阶段绿色建筑推广力度。各地要继续严格落实新建大型公共建筑等重点领域建筑强制执行绿色建筑标准的要求，要重点组织开展设计、图审、施工、监理、检测等相关人员的专业技术培训，提高业务素质和工作能力，为加强绿色建筑全过程监管提供技术支撑。

（四）持续推进既有建筑节能改造

各地住房和城乡建设主管部门要加强市直部门联动，形成协同工作机制，共同推进既有建筑节能改造工作。要在稳步推进建筑能耗统计、审计、公示和能耗监测平台建设工作的基础上，加强数据分析与应用，引导能源服务公司等市场主体寻找有改造潜力和改造意愿的建筑业主，采取合同能源管理、能源托管等方式投资公共建筑节能改造，实现运行管理专业化、节能改造市场化、能效提升最大化的效果。

（五）扩大可再生能源建筑应用规模

各地要做好可再生能源资源条件勘察和建筑利用条件调查，因地制宜制订实施可再生能源建筑应用规划。鼓励各地率先在高性能绿色建筑、绿色生态城区和绿色建设示范项目中，将可再生能源建筑应用比例作为约束性指标。支持专业化能源服务公司以"合同能源管理"方式，投资建设和运营管理分布式光伏发电项目。梅州市、揭阳市要加快国家可再生能源建筑应用示范市县示范建设，按照验收计划要求，加快能效测评、资金审计和示范验收工作。

（六）加大装配式建筑推广力度

各地要按照《广东省人民政府办公厅关于大力发展装配式建筑的实施意见》要求，进一步健全工作机制和配套政策，出台装配式建筑发展的实施意见和专项规划，细化和落实规划、用地、财税、金融等支持措施，加大装配式建筑系列标准和有关政策法规宣传贯彻培训力度，培育发展装配式建筑设计、施工、部品部件生产和工程总承包等企业，建立与装配式建筑发展相适应的产业队伍，创新工程监管方式，推动装配式建筑大力发展。

（七）强化目标责任考核工作

各地要强化对所辖县（市、区）工作的督促和引导，加强目标任务完成情况的考核监督，明确工作责任主体，确保 2018 年建筑节能、绿色建筑与装配式建筑等发展目标任务的顺利完成。

2017 年广东省建筑节能与绿色建筑项目抽查情况详细内容可参考 http：//www. gd-cic. gov. cn/ZWGK/WJTZ/20180214_article_149616.

第二节　2018 年广东省建筑节能与绿色建筑、散装水泥、新型墙材发展工作报告

2017 年，在广东省住房和城乡建设厅党组的正确领导下，在各级住房和城乡建设主管部门与建筑节能、散装水泥、墙材革新主管机构的共同努力下，在有关行业组织的支持配合下，广东省建筑节能、绿色建筑、散装水泥和新型墙材等方面的发展水平进一步提升，各项工作均取得了积极成效。2018 年，广东省住房和城乡建设厅成立建筑节能处，负责广东省建筑节能、绿色建筑、散装水泥和新型墙材等发展应用管理工作。新时代、新气象、新作为，广东省同行坚守绿色发展的理念，统筹谋划、协调推进，促进行业长期健康有序发展。

一、工作成效

（一）行业发展达到预期目标，节能减排效益显著

（1）建筑节能与绿色建筑发展成果。2017 年，广东省城镇新增节能建筑面积 17817 万平方米，同比增长 34%，可形成约 160 万吨标准煤的节能能力；新增绿色建筑评价标识面积 5907 万平方米，其中运行标识面积 160 万平方米，超额完成全年发展绿色建筑的目标，且同比增长 10% 和 22%。新增太阳能光热建筑应用建筑面积 265 万平方米，新增太阳能光电建筑应用装机容量 170 兆瓦；完成既有建筑节能改造超过 422 万平方米。各市均超额完成了绿色建筑年度发展计划面积任务，但在广州、深圳等 9 个城市下达年度运行阶段绿色建筑发展计划中，仅广州、深圳完成了计划。

（2）散装水泥应用成效。2017 年，广东省完成散装水泥供应量为 9204.98 万吨，为目标量的 126%；预拌混凝土使用量为 18512.86 万立方米，为目标量的 112%；预拌砂浆使用量为 1121.05 万吨，为目标量的 102%。按测算，2017 年发展散装水泥共节约优质木材 303.76 万立方米、标准煤 71.8 万吨，减少粉尘排放 92.51 万吨、二氧化碳排放 549.89

万吨、二氧化硫排放 1.8 万吨，综合利用工业固体废弃物 0.34 亿吨，折合经济效益为 55 亿元以上。各市均超额完成了散装水泥、预拌混凝土目标任务，但有 3 个城市未完成预拌砂浆目标任务量，具体情况见附件。

（二）深入推进建筑节能，大力发展绿色建筑

广东省新建建筑节能执行强制性标准 100%。各地已建立建筑节能监管体制机制，建筑节能法规政策和技术标准落实比较到位。广东省各地大力发展绿色建筑，出台各项法规政策措施，以问题为导向，精准施策，使绿色建筑发展取得了积极成效。

（1）多措并举，促进绿色发展。广东省住房和城乡建设厅积极采取各项措施，大力推进建筑节能与绿色建筑发展。一是印发《2017 年广东省建设科技信息工作要点》，推进建筑节能与绿色建筑等工作。二是贯彻落实国家深化公共建筑能效提升重点城市建设工作，指导各地提升公共建筑能效水平。三是制定《广东省"十三五"建筑节能与绿色建筑发展规划》，大力推进新建建筑节能、绿色建筑发展、既有建筑节能改造、可再生能源建筑应用等工作。四是联合省政府机关事务管理局等五部门实施公共机构合同能源管理的暂行办法，引导社会资金投入公共机构节能领域，规范公共机构合同能源管理实施。五是开展 2017 年建筑节能、绿色建筑与装配式建筑发展工作督查，抽查实施情况并予以通报。

2017 年，各地大力发展建筑节能与绿色建筑，取得了积极成效。珠海市大力加强绿色建筑立法，于 2017 年 12 月实施政府规章《珠海经济特区绿色建筑管理办法》，推动全市全面发展绿色建筑。广州市编制发布《广州市民用建筑绿色设计专项审查要点》，进一步提升了绿色建筑设计审查质量。深圳市修订《深圳经济特区建筑节能条例》和《深圳市绿色建筑促进办法》，积极组织开展民用建筑能效测评和绿色建筑评价标识工作。湛江市根据《广东省湛江市建设国家循环经济示范城市实施方案》制订《湛江市发展绿色建筑实施方案》，明确到 2019 年湛江市城镇新建建筑执行绿色建筑比例达到 100%。

（2）实施财政激励，创建试点示范。广东省住房和城乡建设厅联合省财政厅，利用 2017 年度省级专项资金（建筑节能），奖励了 3 个绿色建筑示范项目、7 个可再生能源建筑应用示范项目、1 个建筑能耗监测平台示范项目，补助了 3 个技术研究和标准制订项目，共计 1089 万元，积极引导和推动绿色建筑发展。

深圳市积极开展创建试点示范工作。前海深港合作区正努力打造具有国际水准的"高星级绿色建筑规模化示范区"，二星级绿色建筑占比达到 50%，三星级达到 30%。龙华新区制定深圳北站商务中心区建设规划，将成为全市第二个"高星级绿色建筑规模示范区"，高星级绿色建筑比例计划达到 90%。深圳市全面落实建筑节能发展资金和散装水泥专项资金支出项目 45 个，总补助金额 1404 万元，其中示范项目 200 万元，标准规范 110 万元，科研课题 750 万元。广州市积极推动琶洲互联网创新集聚区全面按高星级绿色建筑标准建设，南沙明珠湾起步区创建"绿色建筑试验区"，高星级绿色建筑开发比例将超过 60%，绿色建筑发展从单体建筑向生态城区发展转变。惠州市于 2017 年 8 月设立市级绿色建筑专项资金，每年安排 300 万元。

（3）健全标准规范，加强技术指导。广东省住房和城乡建设厅发布广东省标准《公共建筑能耗标准》《广东省绿色建筑评价标准》（修订），起草《广东省城乡绿色建设体系编制指引》，组织编制《广东省绿色建筑设计规范》《广东省太阳能光伏系统与建筑一体化设计施工及验收导则》《广东省绿色建筑区域规划编制技术导则》，进一步完善绿色建筑标准规范体系，为发展绿色建筑提供了技术支撑。

各市结合当地实际积极出台地方技术标准规范。深圳市发布《深圳市公共建筑能耗标准》，修订《〈公共建筑节能设计标准〉深圳市实施细则》《深圳市居住建筑节能设计规范》，开展《深圳市绿色建筑施工验收规范》《深圳市绿色建筑运营测评技术规范》《公共建筑中央空调控制系统技术规程》编制工作。广州市编制《广州地区绿色建筑常用技术构造做法参考图集（一）》，进一步加强对本地设计单位的技术支持。开展建筑空调系统能效提升研究，研究编制《广东省集中空调制冷机房系统能效监测及评价标准》。珠海市出台《珠海市绿色建筑施工图设计文件编制与审查要点》，修订《珠海市绿色建筑技术导则》。中山市发布了《中山市绿色建筑设计指南》（2017版）。

（4）加强能耗统计、能源审计、能耗监测管理工作，推动既有建筑绿色化改造。广东省住房和城乡建设厅组织开展建筑能耗统计、能源审计、能耗公示和能耗监测工作。广东省完成建筑基本信息统计的民用建筑总数为25713栋，总面积为17696.71万平方米，其中国家机关办公建筑1674栋，大型公共建筑1277栋，中小型公共建筑584栋，居住建筑22178栋。2017年广东省完成既有建筑节能改造超过422万平方米。深圳市推进国家公共建筑节能改造重点城市示范建设圆满完成，累计涉及建筑节能改造面积821万平方米，示范市建设于2017年1月通过住房和城乡建设部组织的验收并获得高度评价。广州市推进重点改造13栋高耗能建筑绿色化改造，推进广州发展中心大厦综合应用多种绿色节能改造技术，改造效果显著，获得绿色建筑二星级运行标识以及2017年全国绿色建筑创新奖一等奖，成为广州市既有公共建筑绿色化改造的标志性项目，2017年改造项目面积约161万平方米。珠海市通过能源审计，挖掘高能耗建筑节能潜力，推进对珠海一中、市机关大院、珠海党校、北京师范大学珠海分校等建筑实施节能改造，进一步提升了既有建筑节能改造水平。

（5）促进可再生能源建筑规模化应用。广东省住房和城乡建设厅在建筑节能与绿色建筑"十三五"规划中明确近五年可再生能源建筑应用指标，指导各地加强可再生能源应用能力建设，提升可再生能源建筑应用质量，扩大可再生能源建筑应用规模，完善可再生能源技术标准体系，利用省级财政资金奖励可再生能源建筑应用项目。

深圳市作为国家可再生能源建设示范城市，积极出台可再生能源示范市工作方案、资金管理文件、可再生能源应用总体规划、可再生能源应用技术规范及案例图集等，全面展开项目能效测评及补助资金拨付工作，太阳能热水建筑应用面积累计718万平方米。2017年，在深圳市已通过建筑节能验收的项目中，安装太阳能光热系统的有34个，总集热面积为1.57万平方米，受惠建筑面积约为47.63万平方米；安装光伏发电系统的有7个，总装机功率249.51千瓦，受惠建筑面积21.71万平方米。珠海市开展珠海市工业厂区太阳能光伏系统建设研究，加强光伏示范工程建设管理，建成广东龙丰精密铜管分布式光伏发电等3个共计8.22兆瓦项目。

（6）强化宣传引导，营造良好氛围。2017年6月，广东省住房和城乡建设厅大力开展广东省建筑领域节能宣传月活动，组织各地住房城乡建设主管部门分管领导，以及建筑科研、设计等有关单位业务负责人共130多人现场观摩广州市气象监测预警中心项目和广州市岭南新苑项目。展示深圳国贸大厦等11个建筑节能与绿色建筑典型项目案例成果，宣传建筑节能与绿色建筑政策法规和技术措施。

各地级以上市住房和城乡建设主管部门亦组织实施了宣传活动,营造发展建筑节能与绿色建筑的良好氛围。惠州市印发《惠州市推广绿色建筑知识手册》及宣传册 500 余份。广州市组织到保利、中海等大型企业举办绿色建筑与建筑节能业务宣讲会,主动上门为企业解惑答疑,还开展各类主题日活动,举办"绿色建筑与健康建筑专业技术宣贯培训会",邀请业内知名学者专家为绿色建筑从业人员讲解健康建筑的发展等。

(三)积极推动散装水泥绿色产业发展

2017 年,各级散装水泥主管部门(机构)积极推动散装水泥、预拌混凝土和预拌砂浆发展应用,取得了可喜成效。

(1)大力推广应用高性能混凝土和积极推动预拌混凝土绿色生产。积极开展高性能混凝土试点,确定广东省试点城市 2 个、试点企业 16 家、试点工程 8 个,住房和城乡建设部项目"高性能混凝土推广应用机制及示范工程研究"顺利结题,完成《高性能混凝土推广应用试点工作报告》。编制并发布广东省标准《高性能混凝土应用技术规范》。深圳、珠海两个试点城市已实现 C35 及以上强度等级混凝土占全市预拌混凝土生产总量50% 以上。积极开展预拌混凝土绿色生产评价试点工作,明确绿色生产评价的试点范围、机构职责、实施步骤和工作要求。组织实施评价工作,完成绿色生产星级评价的试点企业有 33 家。广州市大力推进预拌混凝土企业绿色生产改造达标工作,促进企业在噪声控制、污水处理、粉尘排放、废渣处理等方面进行绿色生产改造。出台相关政策规定使用国有资金的建设工程项目优先使用绿色生产达标企业的预拌混凝土。在生产的 98 家预拌混凝土企业中有 88 家通过绿色生产达标,达标率为 90%。珠海市预拌混凝土绿色生产评价一星级比例为 80% 以上,基本实现二星级比例为 50%。

(2)全面推广应用预拌砂浆。广东省各市大力推进预拌砂浆发展,贯彻实施预拌砂浆禁现政策措施和相关标准规范,相继明确规定城区开展禁止现场搅拌砂浆工作的时间表和路线图,除河源市外均有应用预拌砂浆。各市积极开展预拌砂浆生产企业备案核查工作,确保企业备案信息与实际情况相符。

清远市积极贯彻《关于限期禁止在施工现场搅拌砂浆的通告》(清府〔2014〕113号),大力推动预拌砂浆生产企业建成投产,推进市区大型房地产项目全面预拌砂浆,全市预拌砂浆使用量达到 16.72 万吨,同比增长 371%。肇庆市科学规划预拌砂浆生产企业布点设置,召开预拌砂浆施工现场会积极推广机械化施工工艺,有力促进了预拌砂浆的发展。梅州市组织开展技术交流和培训,共同探讨质量管理和使用技术,促进了预拌砂浆施工质量得到进一步提升。

(3)开展散装水泥和墙材革新工作督查。广东省住房和城乡建设厅开展广东省"三禁"和新型墙材工作督查,实地检查了韶关、河源等 9 个城市的"三禁"及墙材革新工作开展情况,随机抽查 36 个在建项目,针对 16 个工程项目违反"三禁"和墙材革新规定的行为,向所在市发出 7 份执法建议书,有力促进了散装水泥和新型墙材等绿色建材的应用。各级散装水泥主管部门根据广东省执法检查工作部署,开展"三禁"和墙材革新工作执法检查,有效打击了违规使用袋装水泥、使用实心粘土砖(制品)等违法行为。

(4)开展无资质混凝土搅拌站专题调研和预拌混凝土应用满意度调查。一是调查无资质混凝土搅拌站有关情况并形成调研报告。针对预拌混凝土市场管理有亮点或有薄弱环节的地市进行专题访谈。先后到省交通厅、水利厅、省铁路投资集团有限公司和广铁集团等单位调研了解相关工作。二是调查预拌混凝土应用满意度并形成调研报告。掌握建设工程项目对混凝土施工性能、技术指标要求、交货及时性、车辆停位及卸料配合服务、混凝土泵送配合服务、提供质量控制资料及时性、沟通协调态度和混凝土价格等方面的情况。

（5）开展预拌混凝土企业试验室综合评价。指导广东省预拌混凝土行业协会制订预拌混凝土企业试验室综合评价办法，并制定工作方案组织实施。组织开发预拌混凝土企业试验室综合评价子系统，实现评价流程信息化。积极指导开展预拌混凝土企业试验室综合评价，有6家试点企业试验室被评为优良，5家被评为合格。

（四）贯彻落实"禁实限粘"，积极推进墙材革新

广东省住房城乡建设厅制订墙材革新工作的年度计划和"十三五"规划，深入贯彻"禁实限粘"，召开广东省散装水泥与墙体材料革新工作会议，指导各地深入推进墙材革新工作。联合省财政厅按国家要求取消新型墙体材料专项基金征收，切实减轻企业负担。组织对广东省墙材革新工作进行检查。

各市深入推进墙材革新工作。肇庆市开展建设工程使用新型墙材的执法检查工作，在工程项目立项、设计、施工、验收等环节严格把关，全面应用新型墙材，2017年全市新型墙材的使用比例为100%。广州市新墙材应用管理机制建设不断完善。一是健全企业市场诚信激励和失信惩罚机制，研究完善诚信评分细则，增强诚信评价工作的可操作性，完善"互联网＋"体系，提高全流程网上办理效率；二是全面推广新墙材产品标识管理，进入工地现场的墙材产品均要求标注企业产品标识，可实现产品的源头追踪。珠海市严格执行"禁实限粘"，建立新墙材认证制度，完善产品确认管理、产品标识管理、企业诚信管理，健全配套政策，建立包括制砖装备、产品生产、工程应用、日常巡查等内容的动静态监管体系。江门市住建局联合市国土、环保、工商、质监等部门开展执法行动，查处取缔违法实心粘土砖烧制企业。汕头市建立现场墙材材料核验制度，开展墙材材料使用登记证年检工作，加强生产企业产品质量执行检查力度。

（五）党风廉政建设常抓不懈

2017年，广东省各级建筑节能、墙材革新和散装水泥主管机构加强党支部规范化、制度化建设，严格党员教育和管理，努力提高党员政治思想素质，严格遵守"三会一课"制度，认真开展"两学一做"活动。认真学习党的十九大报告、习近平新时代中国特色社会主义思想和习近平总书记对广东工作重要批示精神，切实增强"四个意识"，积极组织党员参加"不忘初心，牢记使命"主题教育活动。广州市散办坚持思想建设"养"作风，纪律教育"正"作风，制度约束"强"作风，风险防控"护"作风，巩固和拓展"两学一做"学习教育活动成果。

二、存在问题

（一）建筑节能水平有待进一步提升

一是建设过程的节能监管有待加强。部分项目施工图审查把关不严，存在节能指标取值不合理、设计文件与备案文件不一致等问题。部分项目节能施工方案和监理实施细则针对性较差，部分监理单位对节能方案审查不到位。二是建筑能耗监测数据分析应用效果不理想。建筑能耗数据分析应用、运营维护等配套制度不完善，建筑能耗监测平台采集的数据准确度不高、完整性较差，数据价值没有得到充分挖掘。粤东西北地区建筑能耗监测平台建设进程缓慢。三是建筑节能改造的市场积极性不高。对于既有建筑存在产权和使用权分离的情况，节能改造思想难统一。

（二）绿色建筑发展质量有待提高

一是政策法规和制度体系不健全。目前尚未出台强制发展绿色建筑的法律法规，主要依靠政府引导推广，推进绿色建筑的配套政策和体制机制还不完善，土地出让、规划编制、税收金融等激励措施实施不充分。部分欠发达市县政府对发展绿色建筑的认识和重视程度不足，工作进展相对滞后。二是区域发展不平衡。珠三角地区发展绿色建筑的数量和质量较好，粤东西北地区绿色建筑进展缓慢。三是广东省绿色建筑评价标准未能充分体现因地制宜的发展原则，个别条款无法适应岭南气候地理特点。

（三）散装水泥应用水平有待提升

一是预拌砂浆发展滞后。有的城市仍未出台禁止现场搅拌砂浆的相关政策规定，有的城市虽已出台政策文件但并未强制实施，主管部门对应用预拌砂浆心存疑虑，部分城市使用袋装水泥现场搅拌砂浆的现象仍较常见。二是预拌混凝土企业绿色生产管理机制尚未完善，缺乏制度和财政支持，多数中小型混凝土企业绿色发展意识不强。三是行业发展不平衡，产能严重过剩。珠三角发达地区预拌砂浆、水泥散装化和混凝土绿色生产等发展水平较高，粤东西北地区较低。广东省预拌混凝土和预拌砂浆产能利用率仅为38%和22.42%，个别地区产能严重过剩，出现供求失衡状态。

（四）部分市"禁实限粘"工作滞后

粤东西北地区部分城市还未实现建制镇以上规划区"禁实"，墙材革新工作宣传贯彻培训不够，个别项目单位未按规定使用新型墙体材料、未按设计文件要求进行施工、未对使用新型墙体材料情况进行有效监督。各地应用的新型墙体材料产品比较单一，农村和城乡结合部等地区应用新型墙体材料比例较低。取消新型墙体材料专项基金后，部分地区墙材革新机构的经费来源无法保障，新型墙体材料推广应用监管和技术革新均面临新的挑战。

三、下一阶段工作计划

2018年是改革开放40周年和深入贯彻"十三五"计划的重要一年。广东省各级建筑节能、绿色建筑、散装水泥和墙材革新工作管理部门和机构要全面贯彻党的十九大精神，以习近平新时代中国特色社会主义思想为指导，深入贯彻习近平总书记重要讲话精神和对广东工作的批示指示精神，牢固树立和贯彻落实新发展理念，以推进深化改革和科技创新为动力，以提升行业发展水平为重点，把建筑节能、绿色建筑、散装水泥墙材革新等各项工作有机结合起来，完善相关政策法规，探索绿色发展新机制，创新体制机制管理，根据广东省工作部署，统筹谋划，协调推进各项工作，推动广东省住房城乡建设领域绿色发展。

（一）加强组织领导，强化工作责任

各级建筑节能、绿色建筑、散装水泥和墙材革新主管部门（机构）要加强组织领导，健全工作机构，强化目标管理责任制，完善考核机制。建立健全建筑节能等工作管理机制，实行省、市、县各级建筑节能、散装水泥和墙材革新主管部门职责明确、监督有效的工作机制，建立管理、监督、服务"三位一体"的管理体系。各级主管部门要稳定队伍，加强能力建设，强化业务培训，提高执法水平，增强服务意识，为行业发展提供强大的组织保障。

（二）健全政策法规，完善标准规范

一是推动《广东省民用建筑节能条例》修订为《广东省绿色建筑管理条例》，将建筑节能和绿色建筑合并进行立法，增加强制性发展绿色建筑规定，促进绿色建筑长期健康发展；二是不断完善覆盖建筑工程全过程的建筑节能与绿色建筑配套制度，严格落实法律法规确定的各项规定和要求，加大对违法违规行为的惩戒力度；三是组织编制广东省绿色建筑规划、设计、施工、验收、运营标准。修订完善绿色建筑评价地方标准，设立绿色建筑建设标识评价制度。各地要结合实际，建立完善建筑节能与绿色建筑、散装水泥和新型墙材管理的政策法规和技术标准体系。

（三）深化制度改革，创新体制机制

一是创新绿色建筑评价工作方法。按照住房和城乡建设部《关于进一步规范绿色建筑评价管理工作的通知》（建科〔2017〕238号）的要求，结合广东省实际，研究建立绿色建筑评价新机制；二是建立健全建筑节能和绿色建筑统计制度。利用信息化手段，逐步搭建广东省建筑节能和绿色建筑信息统计制度，把握行业发展动态；三是建立建筑节能、绿色建筑、新型墙材和散装水泥联合督查制度，不定期组织各级主管部门开展执法检查，将各项工作落到实处，积极会同有关部门做好"禁实限粘"工作，严格管理，严厉打击违规行为；四是进一步加强散装水泥发展应用管理，完善取消使用袋装水泥行政许可后的工作机制；五是充分发挥省级专项资金的激励作用，扩展支持范围，探索专项资金项目管理新机制。

（四）统筹工作部署，协调推进落实

一是开展绿色建筑量质齐升行动。结合广东省实际，提出绿色建筑发展目标，重点任务和工作计划，坚持全面发展、协调推进，促进绿色建筑高速高质量发展。二是加强建筑能耗管理，推进既有建筑节能改造。加强建筑能耗监测平台建设，推进建筑能耗统计工作，会同省机关事务管理局、供电管理有关部门协调联动，探索开展大型公用建筑、机关事业单位办公场所能效测评。联合省直有关部门，研究制订公共建筑用能价格差别化政策，逐步实施公共建筑能耗定额管理制度。广州、深圳、珠海等有条件的城市于2020年底前率先实行大型公共建筑能耗定额管理。引导和鼓励市场主体利用合同能源管理、能源托管等方式推动既有建筑绿色化改造。三是促进可再生能源在建筑中的应用。加大政策激励，推进绿色建筑利用可再生能源。鼓励各地在高星级绿色建筑、绿色生态城区和绿色建设示范项目中将可再生能源建筑应用比例作为约束性指标。大力发展光伏一体化建筑，加大太阳能光热系统在酒店、学校、医院等公共建筑中的推广力度，对节能效果及示范带动效应较好的可再生能源建筑应用项目给予一定的财政补贴。四是制订实施进一步加强散装水泥发展应用管理的政策文件，加强散装水泥规划实施管理，确定"禁现"区域协调机制，大力推广应用高性能混凝土和预拌砂浆。五是深入推进新型墙材发展应用，出台实施进一步加强新型墙材管理的政策文件，制订实施新型墙材推荐目录。六是发挥示范引领作用。组织各级主管机构树立一批建筑节能、绿色建筑、高性能混凝土和预拌混凝土绿色生产的示范项目，组织召开低能耗绿色建筑示范项目现场观摩会，发挥试点示范工程项目的引领作用。七是加强宣传教育和培训。开展"全民节能行动""节能宣传月"等活动，广泛宣传建筑节能和绿色建筑的政策法规和工作成效，组织宣传和贯彻执行广东省标准《高性能混凝土应用技术规范》。

（五）加强党风廉政建设，转变作风谋发展

广东省各级建筑节能、散装水泥和新型墙材管理部门要按照新时代党的建设总要求，推动全面从严治党向纵深发展。坚持用习近平新时代中国特色社会主义思想武装党员干部职工，认真学习贯彻习近平总书记对广东工作的重要指示批示精神，真抓实干抓业务，转变作风促发展。要加强统筹协调，强化组织纪律建设，做到与业务工作同部署、同落实、同检查、同总结，坚持不懈地抓好党风廉政建设，落实党风廉政责任制。要开展"大学习、深调研、真落实"，制订政策措施要走入基层、深入企业，加强沟通交流，面对面地听取意见，增强为民服务意识，提高制订政策的针对性和科学性，提升服务群众的能力和水平，不断开创广东省建筑节能与绿色建筑、散装水泥和新型墙材发展工作新局面。

第三节　2017—2018 年广东省绿色建筑发展情况

一、绿色建筑现状

（一）绿色建筑总体情况

2017 年，广东省新增绿色建筑评价标识项目 670 项，总建筑面积达 5907 万平方米，其中公共建筑项目 388 项，建筑面积 2571 万平方米；居住建筑项目 274 项，建筑面积 3236 万平方米；综合建筑 7 项，建筑面积 90 万平方米；工业建筑 1 项，建筑面积 9.57 万平方米。2017 年广东省新增运行标识绿色建筑项目 11 个，总建筑面积 160 万平方米（具体项目情况见附录）。截至 2017 年 12 月底，广东省累计通过绿色建筑评价标识认证项目面积超过 1.8 亿平方米。

（二）发展绿色建筑的政策法规情况

1. 《广东省住房和城乡建设厅关于印发广东省"十三五"建筑节能与绿色建筑发展规划的通知》（粤建科〔2017〕145 号）

为大力发展建筑节能与绿色建筑，广东省住房和城乡建设厅在 2017 年 7 月 7 日将《广东省"十三五"建筑节能与绿色建筑发展规划》印发给广东省地级以上市住房和城乡建设、规划、房地产主管部门，提出 2020 年前广东省城镇新建民用建筑全面执行一星级及以上绿色建筑标准的目标，同时提出全面实施绿色建筑量质齐升行动，发布实施广东省绿色建筑设计规范和施工验收标准。大幅提升二星级及以上绿色建筑和运行阶段绿色建筑比例，创建 20 个二星级及以上的运行标识绿色建筑示范项目。

2. 《广东省住房和城乡建设厅 广东省财政厅关于组织申报 2018 年度省级治污保洁和节能减排专项资金（建筑节能）入库项目的通知》（粤建科函〔2017〕2865 号）

2017 年 10 月 9 日，广东省住房和城乡建设厅联合广东省财政厅发布 2018 年度省级治污保洁和节能减排专项资金（建筑节能）入库项目申报通知，对获得国标或省标二星（含二星）以上等级的绿色建筑设计评价标识，并且已按对应的绿色建筑评价标识等级要求进行设计、施工和竣工验收合格的绿色建筑示范项目，给予 80 万 ～ 150 万元的奖励；对已竣工验收合格，并获得国标或省标一星（含一星）以上等级的绿色建筑运行评价标识（运行标识证书在申报时未过期）的绿色建筑示范项目，给予 100 万 ～ 250 万元的奖励。

3. 《广东省住房和城乡建设厅关于印发〈广东省绿色建筑量质齐升三年行动方案（2018 ～ 2020 年）〉的通知》（粤建节〔2018〕132 号）

2018 年 7 月 20 日，广东省住房和城乡建设厅印发《广东省绿色建筑量质齐升三年行动方案（2018 ～ 2020 年）》，从绿色建筑规划、设计、施工、验收、运营等全生命期的各环节提出了绿色建筑量质齐升的行动目标、工作任务、工作步骤和保障措施。提出到 2020 年，广东省城镇民用建筑的新建成绿色建筑面积占新建成建筑总面积比例达到 60% 的行动目标。

4. 《珠海经济特区绿色建筑管理办法》（珠海市人民政府令第 119 号）

2017 年 11 月 13 日，珠海市人民政府印发《珠海经济特区绿色建筑管理办法》（珠海市人民政府令第 119 号），从绿色建筑的规划、建设、运营、改造等环节提出相应要求，要求珠海市发展和改革、国土、规划、质监、环境保护、科技、工业和信息化等行政管理部门按照各自职责做好绿色建筑管理相关工作。要求珠海市新建民用建筑应当执行一星级以上绿色建筑标准；使用财政性资金投资的公共建筑等应当执行二星级以上绿色建筑标准。

（三）绿色建筑标准和科研情况

1. 《广东省住房和城乡建设厅关于发布广东省标准〈广东省绿色建筑评价标准〉的公告》（粤建公告〔2017〕6 号）

2017 年 3 月 14 日，广东省住房和城乡建设厅批准《广东省绿色建筑评价标准》为广东省地方标准，编号为 DBJ/T 15 – 83—2017。标准自 2017 年 5 月 1 日起实施，原广东省标准《广东省绿色建筑评价标准》（DBJ/T 15 – 83—2011）同时废止。《广东省绿色建筑评价标准》（DBJ/T 15 – 83—2017）由广东省住房和城乡建设厅负责管理，由主编单位广东省建筑科学研究院集团股份有限公司负责具体技术内容的解释。

2. 《广东省绿色建筑评价与标识体系研究与实施》

该课题是由广东省建筑节能协会承担、下属绿色建筑专委会具体组织研究的广东省重大科技专项项目，以绿色建筑评价与标识体系以及相关管理政策为研究对象，结合广东本地气候特点和工程实践中积累的相关问题，对现行绿色建筑评价和标识体系进行细化和优化，并对绿色建筑验收和后期监督的相关技术和管理问题进行研究，使开展相关工作的技术及管理依据更完善，并更具适用性和可操作性。

二、绿色建筑发展面临的问题与挑战

（一）对绿色建筑的认识存在偏差

社会上对绿色建筑的认识参差不齐，存在认为绿色建筑就是单纯加点绿化、绿色建筑就是大量技术设备堆砌起来的高成本建筑等观点，限制了绿色建筑的普及。大部分建筑师、规划师对绿色建筑的内涵不够了解，设计单位的结构、暖通、给排水、电气等专业设计师对绿色建筑相关标准不够熟悉，造成绿色建筑在设计阶段的缺失，若想在施工、运行阶段再采取绿色建筑措施将会事倍功半，而且相对更难达到理想的效果。消费者对绿色建筑的效果感受不深，影响了绿色建筑市场需求。

（二）政策法规和技术标准不健全

目前国家和广东省没有强制发展绿色建筑的法律法规，主要依靠政府引导推广，推进绿色建筑的配套政策和体制机制还不够完善，土地出让、规划编制、税收金融等激励措施实施不充分。此外，广东省建筑节能与绿色建筑评价标准没有充分体现因地制宜的发展原则，个别条款没有很好地适应岭南气候地理特点。同时，部分市县住房和城乡建设主管部门虽设置了专门的建筑节能与绿色建筑管理机构，但人员配备不足、管理力量单薄。

（三）行政监管和执法检查不到位

部分城市执行绿色建筑标准只停留在设计图纸上，施工过程中存在不按图施工、擅自变更图纸等违规行为，"两张皮"现象普通存在。

（四）发展质量不高，发展不平衡问题依然突出

目前，申请绿色建筑评价的项目主要集中在珠三角地区，粤东西北地区很少，各地普遍存在低星级绿色设计标识的绿色建筑多、高星级绿色设计标识和运行标识绿色建筑项目少的情况。

三、绿色建筑发展前景

（一）绿色发展日益重要

十八大以来，中央对生态文明建设和绿色化发展高度重视，习近平总书记作了系列讲话，形成了习近平生态文明思想。党的十九大报告指出，中国特色社会主义进入新时代，中国社会主要矛盾已经转化为人民日益增长的美好生活需要和不平衡不充分的发展之间的矛盾；指出增进民生福祉是发展的根本目的，要在发展中保障和改善民生，使人民获得感显著增强；提出推进绿色发展，推进资源全面节约和循环利用，实施国家节水行动，降低能耗、物耗，实现生产系统和生活系统循环链接。倡导简约适度、绿色低碳的生活方式，反对奢侈浪费和不合理消费，开展创建节约型机关、绿色家庭、绿色学校、绿色社区和绿色出行等行动。

（二）绿色建筑进入全面发展阶段

《广东省绿色建筑量质齐升三年行动方案（2018—2020 年）》提出，2019 年底前，实现广东省城镇新建民用建筑全面按照一星级及以上绿色建筑标准进行设计和建设，政府投资公共建筑、建筑面积大于 2 万平方米的大型公共建筑等应当按照二星级及以上绿色建筑标准进行设计和建设。《广东省绿色建筑条例（草案）》（征求意见稿）提到，城镇建设用地和工业用地范围内的新建民用建筑，应当按照一星级以上绿色建筑标准进行建设。其中，国家机关办公建筑和政府投资或者以政府投资为主的其他公共建筑、大型公共建筑应当按照二星级以上绿色建筑标准进行建设；鼓励其他公共建筑按照二星级以上绿色建筑标

准进行建设。

（三）绿色建筑全过程建设监管更加强化

根据《广东省"十三五"建筑节能与绿色建筑发展规划》和《广东省绿色建筑条例（草案）》（征求意见稿）等相关文件，广东省绿色建筑主管部门高度重视绿色建筑项目的全过程建设及运营监管，部分文件已明确提出规划、设计、审图、施工、监理、建设、监督等各绿色建筑参与方的主体责任，并指出监督检查、目标考核、信用评价等保障措施。

（四）绿色建筑发展质量更加得到重视

为推动广东省绿色建筑量质双提升，2018年7月广东省住房和城乡建设厅印发《广东省绿色建筑量质齐升三年行动方案（2018—2020年）》，提出创建出一批二星级及以上运行标识绿色建筑示范项目，到2020年，广东省绿色建筑政策法规和技术标准体系基本健全，绿色建筑规划、设计、施工、验收、运营等全生命期监管体制机制进一步完善，各环节执行绿色建筑政策法规和技术标准的力度进一步加强；绿色建筑认定机制和评价标识管理机制有效建立和实施；绿色建筑运营管理水平显著提高；既有建筑绿色化改造水平大幅度提升。

第四节　2017—2018年广东省绿色建材发展情况

一、广东省绿色建材发展状况

绿色建材的概念最早提出于20世纪90年代，随时代变迁其内涵不断演变、丰富。发展至今，已形成一个涵盖多方面绿色特性的完整体系。2014年初，住房城乡建设部、工业和信息化部联合印发《绿色建材评价标识管理办法》（建科〔2014〕75号），正式定义了"绿色建材"："在全生命周期内可减少对天然资源消耗和减轻对生态环境影响，具有节能、减排、安全、便利和可循环特征的建材产品。"由此，在中国"绿色建材"有了明确的涵义，为开展绿色建材发展奠定了必要的基础。

根据目前绿色建材现状以及国内外相关领域的研究发展情况，从材料特性的方面进行划分，绿色建材的类别主要分为资源节约型、能源节约型、环境友好型三大类别。其中，资源节约型绿色建材的特征在于对现有资源的高效利用，还可以利用多种经过处理的工业废弃物、工业废渣以及城市生活固体垃圾等来替代原材料，是处理各种废弃物的有效途径。能源节约型绿色建材既包括材料在制作过程中的能源消耗得到有效的降低，而且还能够保证该类建材在之后的使用过程中能够有效地降低建筑项目的能耗，比如保温隔热型墙材或节能玻璃等。环境友好型绿色建材指的是在生产过程中不使用有毒有害的原材料，在建材的生产过程中没有"三废"排放或者废弃物可以被其他产业消化，在使用过程中对人类的身体健康以及生态环境也不会产生任何毒害，并且该类建材在使用寿命周期结束之后还可以被重复使用。可以看出，绿色建材所囊括的范围十分广泛，不能用单一的标准进行衡量，因此，对绿色建材进行详细的分类、正确的评判，以便根据工程实际情况因地制宜地选择各类绿色建材，是实现绿色建筑、建筑节能这一发展目标的必要前提条件。

十八大以来，中央提出"大力推进生态文明建设"，要求"着力推进绿色发展、循环发展、低碳发展"，并出台了一系列政策对各行各业进行引导，建材行业也是面临革新的重点行业之一。广东省始终响应中央号召，大力发展绿色建材，2014 年，广东省住房和城乡建设厅印发《2014 年广东省建筑节能与绿色建筑发展工作要点》，其中明确指出应大力发展安全耐久、节能环保、施工便利的绿色建材，推广绿色低碳技术产品，会同有关部门征集发布绿色低碳技术产品推广目录，做好绿色低碳技术产品的相关鉴定，鼓励科研单位和生产企业开展绿色建材的研究和生产，淘汰不符合节能标准的各类产品。2016 年，广东省住房和城乡建设厅印发《2016 年广东省建筑节能与绿色建筑发展工作计划》，制订了重点工作计划，包括开展"禁实限粘"与推广应用绿色建材；依托科研院所、大专院校等单位，加强新型墙体材料生产应用技术的研究和推广，指导各地市完善新型墙材推广应用的管理措施；组织编制民用建筑节能技术产品推荐目录，制订绿色建材评价标识管理制度，推广应用绿色建材等。广东省已通过长期以来的一系列政策文件，为本省建材行业的发展提供了导向，为绿色建材的兴起营造了适宜的政策环境。

广东省建材行业在经济总量、产品品种以及品质方面，均一直位居全国前列。2016 年，广东省建材（未含建筑用五金）完成工业增加值 1427.2 亿元，同比增长 5.6%；工业销售产值 5495.9 亿元，同比增长 4.9%。从统计数据来看（表1），传统建材三大项——水泥、玻璃、陶瓷在整个建材行业中的占比在下降，而其他建筑材料增长速度较快，这从一个方面说明了广东省的建材行业结构在不断调整，高性能混凝土、高强钢筋、新型墙体材料等一系列代表性绿色建材产品不断发展，成功实现工程的应用、推广。"十二五"期间，广东省工业领域提前一年完成国家下达的"十二五"各行业淘汰落后和过剩产能目标任务，其中水泥行业 62 条日产熟料 2000 吨以上水泥生产线完成降氮脱硝改造，累计淘汰水泥 4026.5 万吨；陶瓷是广东省的传统产业，近年来产能严重过剩，整体形势持续低迷，但在政策引导下，陶企创新和环保成果初现，企业节能环保意识和主动性加强，节能环保投入加大，在 2016 年由国家绿色建材办公室公布的第一批绿色建材产品中，在全国 25 家通过绿色陶瓷三星级认证的企业中广东占 24 家，企业积极参与国家绿色建材标识评价并取得较好成绩。广东省的建材行业经过多年的发展，已经有了十分深厚的积累，在技术、生产、装备、市场、人才、管理、信息等方面均存在着较大的优势，并且在绿色建材的推广和应用上已经做了许多的工作，有充分条件和足够能力在建材绿色发展、低碳发展中继续发挥引领作用（表1）。

表1　2016 年广东省建材行业主要产品产量

产品名称	计量单位	产品产量	增长率/%
水泥	万吨	15078.6	1.7
水泥熟料	万吨	9000.9	9.2
平板玻璃	万重量箱	9276.1	13.5
陶瓷砖	亿平方米	24.4	-4.7
卫生陶瓷	万件	3994.4	-6.0
商品混凝土	万立方米	8463.7	16.3
水泥混凝土排水管	千米	202	31.6

续上表

产品名称	计量单位	产品产量	增长率/%
水泥混凝土电杆	万根	136.9	26.5
预应力混凝土桩	万米	4267.6	12.2
砖	亿块	202.7	21.9
天然大理石板材	万平方米	2234.9	2.9
天然花岗岩板材	万平方米	1246.7	11.8
中空玻璃	万平方米	498.3	9.2
钢化玻璃	万平方米	2373.1	-0.6
夹层玻璃	万平方米	2004.1	-19.2
玻璃纤维纱	万吨	13.6	2.1
玻璃纤维增强塑料制品	万吨	2.6	29.3
沥青和改性沥青防水卷材	万平方米	2412.9	2.2
石灰石	万吨	6372.1	8.2
石膏板	万平方米	4762.3	6.0

二、广东省绿色建材标识管理

广东省关于绿色建材评价标识体系的建立工作目前正在积极开展中，2016年底，广东省住房和城乡建设厅发布了《广东省绿色建材评价标识实施细则（征求意见稿）》意见的公告（以下简称《细则（意见稿）》），就广东省行政区域内绿色建材评价标识工作的组织管理、评价机构的申请与发布、标识申请、评价及使用、监督管理等问题，公开向社会征求意见。《细则（意见稿）》将依据《中华人民共和国节约能源法》《民用建筑节能条例》《绿色建材评价标识管理办法》和《绿色建材评价标识管理办法实施细则》等现有法规或条例的有关要求，结合广东省实际而制定，标识等级将依据技术要求和评价结果，由低至高划分为一星级、二星级和三星级三个等级。该细则推出之后，对规范绿色建材评价标识工作，加快绿色建材评价体系建立都会有积极的推动作用。

在绿色建材评价标准方面，国内尚无被广泛认可的绿色建材评价标准、技术要求，相关工作仍在持续进行中。2015年，由住房和城乡建设部、工业和信息化部联合出台的《绿色建材评价技术导则（试行）》（第一版）中，制定了包括砌体材料、保温材料、预拌混凝土、建筑节能玻璃、陶瓷砖、卫生陶瓷和预拌砂浆等7类建材产品的评价技术要求，并建立了相应的评价指标体系。《绿色建材评价技术要求－墙体材料（征求意见稿）》国家标准，于2017年3月启动，目前仍在编制阶段。国家标准GB/T 33761—2017《绿色产品评价标准编制通则》，提出应遵循"生命周期理念""代表性""适用性""兼容性""绿色高端引领"五个原则，从资源属性指标、能源属性指标、环境属性指标、品质属性指标几个方向分别对绿色产品进行评价，该通则可以在较大程度上为绿色建材评价标准的制定提供参考和理论支持。

三、广东省绿色建材发展展望

建材产业是广东省的重要基础性产业，随着经济发展和城市化进程的加快，建材产业作为支柱产业的地位日益突显，但与此同时，建材产业的发展也面临着能源、资源过度消耗以及环境污染严峻等问题。绿色发展是当今时代发展的潮流，是转变经济发展方式、调整优化经济结构、实现科学发展和可持续发展的必然选择。为了顺应时代趋势，建材产业势必加快绿色发展步伐，推动形成低碳循环发展的新模式。

广东省始终高度重视绿色建材的发展，绿色建材的推广和应用工作走在全国前沿。2017年，广东省发改委发布《广东省节能减排"十三五"规划》《广东省新型城镇化规划（2016—2020）》，将健全绿色标识认证体系，强化能效标识管理制度，完善绿色建筑、绿色建材评价标识和认证制度，推行节能低碳环保产品认证和能源管理体系认证的工作提上了日程。同年发布的《广东省"十三五"建筑节能与绿色建筑发展规划》，更加详细地指出了"十三五"期间要大力发展绿色建材的具体措施，包括实施绿色建材评价标识，制订绿色建材评价标识管理制度，建立绿色建材管理体系；推进建筑废弃物资源化利用，加强建筑废弃物综合利用产品的生产技术和工艺研发；推进墙体材料革新，深化"禁实限粘"工作，完善墙材管理；促进散装水泥发展应用，树立绿色发展理念，提高水泥散装率，禁止城区现场搅拌混凝土、砂浆，开展预拌混凝土绿色生产评价，大力推广应用高性能混凝土；研究制订推广使用绿色建材的政策，开展绿色建材产业化示范，鼓励在政府投资建设的项目中优先使用绿色建材。一系列绿色建材相关政策的出台，体现了广东省政府对发展绿色建材的决心和魄力，在"十三五"期间大力推广和应用绿色建材已经是势在必行。

新时期将是绿色建材突飞猛进的时代，消费者对绿色建材的需求正是绿色建材市场发展的第一动力和源泉所在，目前，中国绿色建材市场尚处于萌芽阶段，市场份额有待进一步挖掘。此外，由于中国人口众多，宏观经济持续平稳增长，人民收入和生活水平日益提高，消费观念和消费结构发生变化，可支配的经济能力增强，绿色建材市场蕴藏着巨大的需求潜力。同时，在中国新型城镇化、"一带一路"战略下，建材行业仍处于拥有大量发展机会的战略机遇期，在"十三五"期间，受益于各级政府的积极推动，绿色建材产品将更广泛地应用于各大建筑领域，绿色建材产业极富发展前景。

现阶段应当加强绿色建材的研究与技术研发，努力发展能够满足保护生态环境与自然能源的绿色建材，从而有效地实现中国建筑业的可持续发展，这对于中国目前节约型社会的建设以及低碳经济的发展具有极强的现实意义。目前，在政府引领下，在大力发展住宅产业化的过程中已尽可能多地鼓励甚至强制采用相关各类绿色建材产品，这将进一步刺激绿色建材产业的市场需求。

第二篇

细分行业

◎装配式建筑

◎屋顶绿化

◎建筑隔声楼板

◎建筑防水

◎太阳能光伏建筑应用

◎太阳能光热建筑应用

◎建筑设备节能

◎建筑电气与智能化

第一章　装配式建筑

第一节　装配式建筑发展历程

中华人民共和国成立以来，国家一直重视装配式建筑的发展，60 多年过去了，中国装配式建筑经历了曲折的发展道路，发展历程可划分为三个阶段。

一、中国装配式建筑发展的第一阶段

二十世纪五六十年代，中国主要是从苏联等国家学习引入装配式建筑。这 20 多年正值中国第一个至第五个"五年计划"的阶段。1956 年，国务院发布了《关于加强和发展建筑工业的决定》，首次明确装配式建筑的发展方向。

在中国第一个"五年计划"期间，为了复兴工业需要兴建大量工业厂房，其中多为装配式单层厂房，结构体系中包含预制钢筋混凝土柱、预制大跨度（18 ～ 30m）钢筋混凝土拱形桁架和预制大型屋面板、预制吊车梁、预制地梁等，正负零以上构件均采用预制。从第二个"五年计划"开始，国内逐渐兴建了一批正规的构件厂，可生产一些民用建筑构件，诸如混凝土空心楼板等中小型预制构件，并且从国外引进了一些生产设备。20世纪 60 年代后，预制圆孔板开始大量推广应用，超过六层的装配化混凝土框架结构也开始逐渐增多，民用住宅（六层以下）也开始使用装配式建造方式。

这一阶段正是中国发展装配式建筑的初级阶段，受到经济条件、技术水平、吊装设备以及构件厂生产能力的制约，装配式建筑发展缓慢。

二、中国装配式建筑发展的第二阶段

1976—1995 年期间是中国装配式建筑发展的第二阶段。1976 年北京首先在前三门大街 40 多万平方米的高层住宅建筑中成功试点预制装配与现浇混凝土相结合的半装配式钢筋混凝土结构，外墙、楼板及内隔断墙和小型构件全部预制，内剪力墙采用现浇混凝土大模板新工艺，工期快、投入少，用中国自己生产的中型塔式起重机，并采用预制钢筋混凝土柱基，一举获得了成功。之后在全国各大城市推广，掀起了装配式建筑的新高潮，很多城市建设了一大批大板建筑、砌块建筑。在此阶段，中国在总结前二十年发展经验的基础上，对已有的技术标准体系进行整理，共编制了 924 册建筑通用标准图集（截至 1983年）。

这一时期由于当时的装配式建筑防水、冷桥、隔声等关键技术尚未得到突破，出现了一些质量问题。同时，现浇施工技术水平快速提升、农民工廉价劳动力大量进入建筑行业，使现浇施工方式成本下降、效率提升，在多种因素作用下，一度红火的装配式建筑发展逐渐陷入停滞。

三、中国装配式建筑发展的第三阶段

从 20 世纪 90 年代中期开始，半装配式建筑开始逐步减少，到 21 世纪初几乎绝迹。原因很复杂，受到市场经济影响，全国房地产业蓬勃发展，由于装配式建筑造价高又不太灵活，且其结构本身在抗震、防水等方面还不完善，在施工中协调工作也比较困难，因此无形中被全现浇混凝土结构所取代。虽然 1999 年国务院办公厅发布《关于推进住宅产业现代化　提高住宅质量的若干意见》（国办发〔1999〕72 号），明确了住宅产业现代化的发展目标、任务、措施等，原建设部专门成立住宅产业化促进中心，配合原建设部指导全国住宅产业化工作，使装配式建筑发展进入一个新的阶段，但总体来说，在 21 世纪的前十年，发展相对缓慢。

2016 年在中共中央国务院的正确领导下，全国（特别是北京、上海、深圳等几个大城市）都在积极推动装配式建筑发展，开始制定规划，提出实施方案，预计今后装配式建筑将会有较快发展。

第二节　中国装配式建筑发展现状

通过对中国装配式建筑发展的三个阶段分析，结合目前全国各地装配式政策制定和项目实施情况发现，中国装配式建筑的发展情况有以下特点：

一、产业主体快速发展、规模效应逐步显现

据不完全统计，2012 年以前全国装配式建筑累计开工约 3000 多万平方米，2013 年约 1500 万平方米，2014 年约 3500 万平方米，2015 年约 7260 万平方米，2016 年约 1.1 亿平方米。（注：各省一般未统计钢结构工业厂房建设面积，部分省市未统计钢结构公共建筑面积。）

但是在装配式建筑蓬勃发展的同时，也要看到当前装配式建筑存在发展不均衡现象，木结构建筑项目相对偏少。据不完全统计，截止到 2015 年底，全国累计开工的装配式建筑工程项目数量约 1000 个，其中装配式混凝土建筑项目有 374 个，钢结构建筑项目 497 个（含钢结构公共建筑），木结构建筑项目仅 26 个。在今后的发展过程中，应进一步推动装配式钢结构和装配式木结构建筑的推广。

二、顶层制度框架初步形成、各地政策积极跟进

党的十八大提出"走新型工业化道路"，《中国国民经济和社会发展"十二五"规划纲要》《绿色建筑行动方案》都明确提出推进建筑业结构优化，转变发展方式，推动装配式建筑发展，各级领导也多次批示要研究以住宅为主的装配式建筑政策和标准。

自 2013 年以来，中央和地方政府集中出台了一系列发展装配式建筑的相关政策，营造了全面推进装配式建筑发展的政策环境氛围。2013 年 1 月国务院办公厅在转发国家发展改革委、住房和城乡建设部制订的《绿色建筑行动方案》（国办发〔2013〕1 号）中提出要大力推动建筑工业化，加快建立促进建筑工业化的设计、施工、部品部件生产等环节的标准体系。2016 年 2 月中共中央国务院发布《关于进一步加强城市规划建设管理工作

的若干意见》(中发〔2016〕6 号);9 月 27 日国务院印发了《关于大力发展装配式建筑的指导意见》(国办发〔2016〕71 号),其中提出力争用 10 年左右的时间使装配式建筑占新建建筑的比例达到 30%。2016 年《建筑产业现代化发展纲要》明确了未来五年至十年建筑产业现代化的发展目标,到 2020 年装配式建筑占新建建筑的比例达 20% 以上,到 2025 年装配式建筑占新建建筑的比例达 50% 以上。2017 年 2 月 21 日,国务院办公厅发布《关于促进建筑业持续健康发展的意见》(国办发〔2017〕19 号)。2017 年 3 月 23 日,住房和城乡建设部为全面推进装配式建筑发展,出台了《"十三五"装配式建筑行动方案》《装配式建筑示范城市管理办法》《装配式建筑产业基地管理办法》,进一步明确了"十三五"期间装配式建筑发展的阶段性工作目标,落实重点任务,强化保障措施,突出抓规划、抓标准、抓产业、抓队伍,有力地促进了中国装配式建筑的全面发展。时任住房和城乡建设部部长陈政高也指出,要推动装配式建筑取得突破性进展,就要在充分调研的基础上,在全国全面推广装配式建筑。这些在政策层面上保证了装配式建筑的产业发展,如表 1 所示。

表 1 国家层面装配式建筑发展政策

序号	时间	文件名称	发布单位	政策要点
1	2017 年 3 月	《"十三五"装配式建筑行动方案》《装配式建筑示范城市管理方法》《装配式建筑产业基地管理方法》(建科〔2017〕77 号)	住房和城乡建设部	到 2020 年,全国装配式建筑占新建建筑的比例达到 15% 以上,其中重点推进地区达到 20% 以上,积极推进地区达到 15% 以上,鼓励推进地区达到 10% 以上
2	2017 年 2 月	《关于促进建筑业持续健康发展的意见》(国办发〔2017〕19 号)	国务院办公厅	进一步深化建筑业"放管服"改革,加快产业升级,促进建筑业持续健康发展,为新型城镇化提供支撑
3	2016 年 9 月	《关于大力发展装配式建筑的指导意见》(国办发〔2016〕71 号)	国务院办公厅	力争用 10 年左右的时间使装配式建筑占新建建筑的比例达到 30%
4	2016 年 2 月	《中共中央 国务院关于进一步加强城市规划建设管理工作的若干意见》	中共中央、国务院	提出发展新型建造方式,大力推广装配式建筑,减少建筑垃圾和扬尘污染,缩短建造工期,提升工程质量
5	2014 年 7 月	《关于推进建筑业发展和改革的若干意见》(建市〔2014〕92 号)	住房和城乡建设部	明确提出转变建筑业发展方式,推动建筑产业现代化
6	2014 年 4 月	《国家新型城镇化规划》	国务院办公厅	明确提出大力发展绿色建材,推进建筑工业化发展

近几年来，各地政府积极响应，陆续出台了一系列政策文件。据不完全统计，截至 2018 年 12 月，全国共有 26 个省（自治区、直辖市）和 52 个地级市出台了近 200 份装配式建筑相关的政策。各地扶持政策集中落地，市场利好叠加。广东省也已出台政策，要求到 2020 年实现装配式建筑占新建建筑面积的比例达到 15% 以上，政府投资工程装配式建筑面积占比达到 50% 以上。深圳市也积极出台装配式建筑发展政策，2017 年 12 月，印发了《关于提升建设工程质量水平　打造城市建设精品的若干措施》（深建规〔2017〕14 号），将发展装配式建筑作为建筑业改善质量供给、提升质量水平的重要抓手；3 月，发布了《深圳市装配式建筑发展专项规划（2018—2020）》，明确提出 8 大任务和 6 大保障措施，对深圳市装配式建筑发展进行全面布局；8 月，印发了《深圳市装配式建筑专家管理办法》和《深圳市装配式建筑产业基地管理办法》；11 月，印发了《关于做好装配式建筑项目实施有关工作的通知》和《关于在市政基础设施中加快推广应用装配式技术的通知》。"1 + 2 + 4"的装配式建筑配套政策文件，构建起了新阶段发展装配式建筑的完整政策体系。上海市已出台政策在全市全面推广装配式建筑。北京市要求到 2018 年，实现装配式建筑占新建建筑面积的比例达到 20% 以上，到 2020 年，实现装配式建筑占新建建筑面积的比例达到 30% 以上。四川省将在成都、乐山等 5 个试点城市完成装配式建筑新开工面积 500 万平方米，装配率达 30%。武汉市 2017 年新建装配式建筑要占新建建筑面积的 10% 以上，每年递增，直到 2020 年新建建筑中装配式建筑占比不低于 40%。在一系列政策的推动下，装配式建筑发展将进入快车道。

三、技术体系逐步建立、标准规程不断完善

（一）技术体系逐步建立

随着各地装配式建筑项目陆续落地，目前中国已初步建立了装配式建筑结构体系、围护体系、装饰装修体系和设施设备体系。部分单项技术和产品质量已经达到国际先进水平。在建筑结构方面，装配式混凝土结构体系、钢结构住宅体系等都得到一定程度的开发和应用，装配整体式剪力墙技术体系以及外挂墙板等技术和施工工艺逐步成熟，设计、生产、施工与装修一体化项目的比例逐年提高；在关键技术方面，装配式混凝土建筑项目套筒灌浆技术和约束浆锚搭接技术得到广泛应用；屋面、外墙、门窗等一体化保温节能技术产品逐步丰富，节水与雨水收集技术、建筑垃圾循环利用、生活垃圾处理技术等得到了同步应用。这些综合技术的应用将大幅度提高建筑质量、性能和品质，提升整体节能减排效果，带动工程建设科技水平全面提升。

根据住房和城乡建设部在 2016 年开展的全国装配式建筑情况调查显示，截至 2015 年底，全国不完全统计共开展装配式建筑技术研发项目 391 项，其中国家级 37 项，省级 164 项，企业自主研发 117 项。特别是在住房和城乡建设部的积极努力下，"绿色建筑及建筑工业化"已列入国家重点研发计划，2016 年已批复了 21 个项目，开展了近 200 个课题研究工作，将为装配式建筑发展提供重要的技术支撑。

（二）标准规程不断完善

经过多年的研究和努力，随着科研投入的不断加大和试点项目的推广，中国装配式建筑技术体系逐步完善，相关标准规范陆续出台。

2014—2015 年出台了《装配式混凝土结构技术规程》《装配整体式混凝土结构技术导则》《工业化建筑评价标准》等标准规范。2017 年初,住房和城乡建设部集中出台了《装配式混凝土建筑技术规范》《装配式木结构建筑技术规范》《装配式钢结构建筑技术规范》三本技术标准,并于 2017 年 6 月 1 日起实施。《装配式建筑评价标准》(GB/T 51129—2017)于 2018 年 2 月 1 日正式实施。这些技术政策的出台,标志着中国装配式建筑标准体系已初步建立,为装配式建筑发展提供了坚实的技术保障。

根据住房和城乡建设部在 2016 年开展的全国装配式建筑情况调查显示,截至 2015 年底,全国出台或在编装配式建筑相关标准规范约 200 项,其中行业标准 14 项,地方标准 123 项,企业标准 57 项,涵盖了装配式混凝土结构、钢结构、木结构和装配式装修等多方面内容。如深圳市发布了《预制装配整体式钢筋混凝土结构技术规范》《预制装配钢筋混凝土外墙技术规程》等 2 项标准规范,组织编制了《装配式混凝土构件制作与安装操作规程》《铝合金模板及支撑施工规程》等 5 项标准规范;北京市出台了混凝土结构预制装配式混凝土建筑的设计、质量验收等 11 项标准和技术管理文件。

随着装配式建筑顶层设计标准的出台,覆盖设计、生产、施工和使用维护全过程的标准规范体系逐步建立完善。相关国家规范和图集、行业规程、地方标准将陆续颁布,在制定适合本国国情的标准和认证体系的基础上,正在完善与装配式建筑相配套的工法、手册、指南等。

四、踊跃创建示范城市、示范带动效果明显

2017 年 11 月,住建部认定北京市、上海市、深圳市等 30 个城市为第一批装配式建筑示范城市,认定 195 个企业为第一批装配式建筑产业基地,起到了先行先试的带头作用,成效显著。这些城市的试点示范为全面推进装配式建筑打下了良好的基础。

与试点城市伴生的装配式建筑产业园区成为推进装配式建筑工作的主阵地。沈阳在 2011 年获批为试点城市后,举全市之力培育产业园区,塑造全新支柱产业,2013 年、2014 年现代建筑业产值达到 1500 亿元以上,位居全市五大优势产业第三位,已成为新的经济增长点。合肥经济技术开发区引入中建国际、黑龙江宇辉等多家企业,已建成年生产总值为 30 多亿元的住宅产业制造园区。济南长清、章丘、商河等产业园区已实现产业链企业的全园区进驻,为地区经济发展发挥了重要作用。

以试点示范城市为代表的地方政府倾力打造市场环境,从供给和需求双向培育装配式建筑市场。一是提供充分的市场需求,包括政府投资工程,特别是保障性住房建设,以及具备一定规模的开发项目。二是通过各项优惠政策,吸引龙头企业为装配式建筑提供产业配套能力。试点示范城市为全面推广装配式建筑的发展提供了积极有益的探索。

五、产业基地全面铺开、龙头企业逐步显现

在装配式建筑发展过程中,重点企业的带动作用非常明显,如中国建筑集团、万科集团等大型企业。根据原建设部下发的《国家住宅产业化基地试行办法》,10 年来,通过严格把关,专家评审,共批准了 68 家"装配式建筑产业基地"(原国家住宅产业化基地)。据不完全统计,截至 2015 年底,在装配式建筑总量中,由基地企业为主完成的建筑面积占到 80% 以上,产业集聚度远高于一般传统方式的建筑市场。

这些基地企业，成为产业关联度大、带动能力强的龙头企业，企业自主创新能力不断增强，加速了科技成果向现实生产力的转化，一些具有共性与前瞻性的核心技术得到了开发和应用，通过集中力量探索装配式建造方式，以点带面，对促进建筑质量和性能的全面提升，推动建筑业技术进步，全面推进装配式建筑发展发挥了重要的先导和示范作用。

目前，国家装配式建筑产业基地形成多种类型企业，包括房地产开发企业、设计企业、施工总承包企业、生产型企业、装备制造型企业、科技研发型企业以及集设计、生产、施工等为一体的大型集团型企业。

在市场主体方面，部分龙头企业已经具备专有技术体系，并在实际项目中进行了广泛应用。中建科技集团作为中国建筑在装配式建筑领域的产业平台、技术平台和投资平台，集成了中建系统内装配式建筑设计、生产、施工资源，成立专门的装配式设计院、院士工作室、住建部集成建造研究中心等，在全国布局十几个工厂、十几个区域公司，形成企业自主的装配式剪力墙、装配式混凝土框架、装配式钢结构被动房、装配式钢结构住宅等多种体系，并参与编制行业多本规范标准，承接国家十三五专项科研计划两项。万科集团根据不同地区不同城市的实际情况，逐步形成了装配整体式剪力墙技术体系、装配式框架技术体系等装配式建筑技术体系，并在北京新里程、南京上河坊、深圳千林山居等项目中得到大规模应用；江苏龙信集团利用自身全装修一体化的优势及整合装修上下游资源的优势，形成具有龙信特色的全装修一体化装配式建筑体系；北新房屋融合日本薄板钢骨技术体系和吸取澳大利亚、新西兰的房屋结构技术经验，并经过自主创新，不断研发低多层装配式建筑技术。

六、探索监管机制、创新管理办法

装配式建筑"系统性"的特点与建设行政管理体制"碎片化"的矛盾，是装配式建筑在推行过程中暴露出的主要矛盾，并且贯穿于推广过程的始终。装配式建筑项目审批管理流程和建设管理流程需要进行相应调整和改进，质量管理和组织保障机制需要进一步完善。

在装配式建筑推进过程中，各地都在积极探索创新适用于装配式建筑的工程监管体系，出台相关的管理政策。如上海市将装配式建筑建设要求纳入土地征询和建管信息系统监管，在土地出让、报建、审图、施工许可、验收等环节设置管理节点进行把关，保证各项任务和要求落到实处。同时，加强预制部品构件监管，开展部品构件生产企业及其产品流向进行备案登记。2017年，深圳市建筑产业化协会发布《预制混凝土构件生产企业星级评价标准》（SZTT/BIAS 1—2017），开展了关于预制混凝土构件生产企业的评价与标准管理工作，被列入《住房和城乡建设部2018年科学技术项目计划》，将于2019年进行全国推广，为解决预制构件生产企业的跨区域监管问题提供方向与路径。山东省实行建设条件意见书、产业化技术应用审查、住宅小区综合验收3项制度，在土地及项目供应环节、规划和设计环节、竣工综合验收环节严格落实装配式建筑要求。同时，将质量监督范围扩大到构件生产环节，实施首批构件监理单位驻厂监造制度，有效保证了装配式建筑的施工质量和安全。

目前，全国各地正在加快推广适应装配式建筑质量和安全要求的全过程质量追溯体系，以及基于物联网的装配式建筑数字化监管平台。

第三节 广东省装配式建筑发展现状

一、广东省装配式建筑发展情况

广东省地处中国最南部，也最先受到改革开放东风的影响。改革开放为广东省建筑业的发展注入了强大的动力，经济社会的发展促进了广东建筑业的蓬勃发展。经济的发展吸引了内陆地区人数众多的农民进城，转变为农民工，为广东的发展提供了充足的劳动力，使广东省大量的现浇建筑造价降低，推动了建筑业的发展，这为后来广东省装配式建筑的发展奠定了良好的基础。

2015年，广东省住房和城乡建设厅在充分调研论证的基础上，代拟起草了《广东省人民政府关于加快推进建筑产业现代化的意见》，并以广东省人民政府名义印发。2016年广东省住房和城乡建设厅代拟起草了《广东省人民政府办公厅关于大力发展装配式建筑的实施意见》，面向各省、地级以上市政府各部门广泛征求意见，向广东省人民政府报送请示，申请以广东省人民政府名义印发。

2016年4月广东省住房和城乡建设厅印发《广东省住房和城乡建设系统2016年工程质量治理两年行动工作方案》，明确提出广东今年将加大政策扶持力度，大力推广装配式建筑，积极稳妥推广钢结构建筑，减少建筑垃圾和扬尘污染，缩短建造工期，发布实施《广东省房屋建筑工程装配式施工质量安全监督管理办法》和广东省标准《装配式混凝土建筑结构技术规程》。启动装配式、钢结构建筑工程建设计价定额的研究编制工作。

2016年7月，广东省城市工作会议指出，要发展新型建造方式，大力推广装配式建筑，到2025年，使装配式建筑占新建建筑的比例达到30%，提升城市建筑水平和建设水平。

2017年4月广东省人民政府办公厅发布《广东省人民政府办公厅关于大力发展装配式建筑的实施意见》（以下简称《实施意见》），吹响了广东大力发展装配式建筑、推动建造方式创新、促进建筑产业转型升级的号角。根据《实施意见》的精神，将珠三角城市群列为重点推进地区，要求到2020年底前，装配式建筑在新建建筑面积中占比达到15%以上，其中政府投资工程装配式建筑面积占比达到50%以上；到2025年年底前，装配式建筑占新建建筑面积比例达到35%以上，其中政府投资工程装配式建筑面积占比达到70%以上。《实施意见》还对人口超过300万的粤东西北地区地级市中心城区以及广东省其他地区，提出了明确的工作目标。并要求各地级以上市、县要在2017年8月底前完成装配式建筑专项规划编制工作。

广东省装配式建筑发展经历了住宅产业化试点、装配式建筑逐步推进等阶段。2016年《国务院办公厅关于大力发展装配式建筑的指导意见》实施以来，广东省出台了一批政策措施和标准定额，开工了一批建设项目，培育了一批装配式建筑产业基地和示范城市，开展了各种形式的宣传贯彻培训和交流活动，装配式建筑进入快速发展阶段。2016年度广东省新建装配式建筑项目719万平方米，约占当年度广东省房屋建筑新开工面积的4%，在全国排名第5位。2017年，广东省新建装配式建筑面积超过937万平方米，约占当年度广东省房屋建筑新开工面积的5.2%，广东省深圳市入选全国第一批装配式建筑示范，15 家广东企业入选国家装配式建筑产业基地（其中部品部件生产类基地 2 家，新材料研发生产类基地 2 家，开发建设类基地 2 家，设计类基地 4 家，施工类基地 4 家，科研类基地 1 家），在数量和类别上多于多数省份，装配式建筑发展总体上在全国处于中上水平。

（一）广东省装配式建筑发展现状

（1）政策措施方面。一是推动出台了《广东省人民政府办公厅关于大力发展装配式建筑的实施意见》，将珠三角城市群列为重点推进地区，常住人口超过 300 万的粤东西北地区地级市中心城区列为积极推进地区，其他地区为鼓励推进地区，明确发展目标，提出编制专项规划、推广适用建造方式、推行工程总承包、确保工程质量安全、引导行业自律发展等六个方面的重点任务，要求各地对装配式建筑项目在规划、用地、财税、金融等方面给予优惠政策，并加强组织领导、优化政府服务和强化项目监管。二是印发《广东省住房和城乡建设厅关于开展广东省工程质量提升行动的实施意见》《广东省住房和城乡建设厅关于进一步促进建筑业持续健康发展的通知》，将发展装配式建筑作为工程质量提升和建筑业持续健康发展的一项重要工作推进；出台《广东省发展装配式建筑专项规划编制工作指引》，指导各地开展装配式建筑专项规划编制。三是正在推动出台《广东省装配式建筑工程质量安全管理办法（暂行）》《房屋建筑和市政基础设施工程总承包实施试行办法》《广东省发展装配式建筑三年行动方案（2018—2020）》《广东省装配式建筑示范城市（县、区）管理暂行办法》《广东省装配式建筑产业基地管理暂行办法》《广东省装配式建筑示范项目管理暂行办法》等政策文件，积极争取将发展装配式建筑有关内容纳入正在修订的《广东省建筑节能条例》。四是指导各地完善装配式建筑发展的政策措施。广州、深圳、珠海、东莞、揭阳等地出台了本地区发展装配式建筑的实施意见，深圳、阳江等地出台了发展装配式建筑的专项规划，广州市出台了《广州市装配式建筑工程质量安全管理指引（试行）》。

（2）在技术创新方面。广东省相关科研院所、行业企事业单位研发了一批先进装配式建筑施工技术，如"装配式多坡屋面安装施工技术""软弱地质中下翻梁支护预制装配式施工技术"等。其中，广州建筑股份有限公司等单位研发的"超高层钢—混凝土组合结构装配式安全防护"技术达到国际先进水平；广东省建筑设计研究院研制的钢—混凝土剪力墙结构体系（SP 体系）的相关技术已在中国南方航空大厦等多个项目上推广应用；中建科技集团有限公司研制了 REMPC 模式实施装配式建筑的一体化技术，有效提升装配式建造品质；深圳市鹏城建筑集团有限公司研制了内浇外挂式外墙 PC 板施工技术，解决与外墙 PC 板相接部位现浇内柱单侧支模的难题；碧桂园控股有限公司研制了 SSGF 新型建造技术，通过铝膜及结构拉缝技术，实现全混凝土现浇外墙，主体结构一次浇筑成型；深圳市华阳国际工程设计股份有限公司发明了包含"预制件的构造节点连接装置及连接方法"在内的多项装配式建筑专利技术；中建钢构有限公司研制了 GS－Building 新型建筑体系，以钢框架为主体，集成工业化部品（包括轻质墙板、钢筋桁架楼板等）、绿色及智能建筑技术为一体；万科企业股份有限公司研制了装配式建筑"5＋1"建造技术，提升住宅建造标准化水平；中集集团在广东省内推行集装箱模块化建筑的技术体系；亚铝集团在肇庆四会建设铝合金房屋生产制造基地，开展铝合金房屋技术的研究。

（3）在标准定额方面。广东省住房和城乡建设厅开展了装配式建筑标准体系、技术路线和认定评价等方面的课题研究,发布实施了《装配式混凝土建筑结构技术规程》《集装箱式房屋技术规程》等装配式建筑方面的地方标准,指导行业协会发布团体标准《预制混凝土构件生产企业星级评定标准》,出台了《广东省装配式建筑工程综合定额(试行)》《广东省建筑信息模型(BIM)技术应用费用计价参考依据》等相关定额政策,正在推进《装配式混凝土结构检测技术标准》《装配式混凝土结构工程施工质量验收规范》《装配式市政桥梁工程技术规范》和《广东省装配式建筑标准设计图集(混凝土结构保障性住房)》等地方标准图集编制。

(4)在产业发展方面。一是建立了碧桂园控股有限公司、广东建远建筑装配工业有限公司、广东省建筑科学研究院集团股份有限公司、广东省建筑设计研究院、广州机施建设集团有限公司、广州市白云化工实业有限公司、深圳市华阳国际工程设计股份有限公司、深圳市嘉达高科产业发展有限公司、深圳市鹏城建筑集团有限公司、万科企业股份有限公司、筑博设计股份有限公司、中国建筑第四工程局有限公司、中建钢构有限公司、中建国际投资(中国)有限公司、深圳华森建筑与工程设计顾问有限公司等15个国家装配式建筑产业基地。二是各地积极推动部品部件生产基地建设,广州、深圳、佛山、惠州、东莞、珠海、江门、河源、梅州、汕头、湛江、肇庆等地先后建立了装配式建筑部品部件生产基地。截至2017年底,广东省有各类构件厂超过30家,生产线超过111条,生产能力超过572万平方米,构件产品涵盖预制外墙、楼梯、阳台、内墙条板、飘窗、空调板、叠合梁板、预制墙板等类型。

(5)在项目建设方面。各地积极开展装配式建筑项目建设实践。广州市开工建设了恒盛大厦、恒基中心等130多万平方米装配式建筑;深圳市开工建设了裕璟幸福家园、华润城润府三期、万科云城、110kV龙华中心变电站工程、龙光玖龙台项目一期、金域领峰花园、深圳汉京金融中心等一批典型项目,总建筑面积超过360万平方米;珠海市开工建设了珠海国际会展中心、华策国际大厦、明星大厦和十字门国际花园等试点项目;佛山市开工建设了万科美的西江悦花园二期、市第三人民医院心理卫生大楼、佛科院仙溪校区教职工公寓和三水区地下综合管廊等装配式建筑项目;东莞、云浮、肇庆等地也开工了一批装配式建筑项目。

(6)在宣传贯彻培训和产业人才培养方面。一是积极开展装配式建筑宣传贯彻和培训活动。2017年8月,省住房和城乡建设厅组织在广州开展广东省装配式建筑系列标准宣传贯彻培训;2017年11月,住房和城乡建设部在深圳召开装配式建筑质量提升经验交流会,观摩装配式建筑项目并交流装配式建筑质量管理经验。2018年4月,省住房和城乡建设厅组织在深圳市召开广东省发展装配式建筑推进工作现场会,总结交流装配式建筑经验做法,部署下一阶段工作任务。广东省还组织政府及有关企业参加了国家有关行业协会、兄弟省市举办的各种交流会,各地区和有关行业协会等结合实际也组织开展了各种形式的培训、交流和观摩活动,如深圳市住房和建设局组织举办建筑装配式建筑产业工人实训班、装配式建筑市民体验活动、"深圳质量月"装配式建筑交流活动等,营造了发展装配式建筑的良好氛围。二是探索开展装配式建筑产业人才培养模式。深圳市在国内率先创设装配式建筑专业技术职称,2017年启动首批初中高级装配式建筑工程师的评审工作,为装配式建筑发展提供不同梯级的人才队伍。同时,依托装配式建筑骨干企业和产业基地,建立了十大装配式建筑实训基地,推行"课堂教学、操作培训、技能鉴定"三位一体的综合性实训。

（二）广东省装配式建筑发展存在的问题

（1）装配式建筑政策措施还有待进一步完善。部分城市装配式建筑专项规划还在推进编制，用地、规划、财税、金融等支持政策还未落地，与装配式建筑相适应的工程招投标、施工图审查、施工许可、质量安全监督、竣工验收等行政服务机制还未完全建立，EPC 总承包模式还未全面推行。

（2）相关技术和产业配套还不成熟。现有装配式建筑技术体系在节点连接方面的质量管控还不够成熟，装配式建筑项目管理技术还不完善，建筑设计、构件生产、安装施工协调机制尚不健全，标准化水平不高，构件生产质量良莠不齐，有经验的产业工人比较匮乏，部分建筑设计、施工、监理等企业实施总承包 EPC 模式的能力和应用 BIM 技术水平还不高，施工经验积累不足，与发展装配式建筑的要求不相适应。装配式建筑产业社会化大生产的发展模式尚未形成，装配式建筑成本较传统的现浇混凝土建筑成本高。

（三）广东省发展装配式建筑大事记

2017 年 4 月 26 日，印发《广东省人民政府关于大力发展装配式建筑的实施意见》（粤府办〔2017〕28 号）；

2017 年 4 月 26 日，许瑞生副省长带队专题调研装配式建筑产业基地；

2017 年 11 月 9 日，住房和城乡建设部公布第一批装配式建筑示范城市和产业基地，广东省深圳市入选第一批装配式建筑示范城市，广东省建筑设计研究院等 15 家广东企业入选第一批装配式建筑产业基地；

2018 年 4 月 19 日，广东省发展装配式建筑推进工作现场会在深圳召开。

二、广州市装配式建筑发展情况

2017 年 8 月，广州市政府常务会议审议通过《广州市人民政府办公厅关于大力发展装配式建筑加快推进建筑产业现代化实施意见》，提出广州将全面推广装配式建筑、推进建筑全装修、推行工程总承包模式等 10 项重点任务。

广州市为推进装配式建筑发展，采取了一系列措施：

（一）加大引导力度

印发的《广州市绿色建筑行动实施方案》《广州市绿色建筑和建筑节能管理规定》等，明确装配式建筑全部列入 BIM 示范。

（二）加大技术研究力度

委托开展《装配式泡沫混凝土复合保温墙板的研发及示范》《装配式轻型钢结构住宅技术指南》等 10 余项课题研究项目，初步形成以预制一体化钢筋混凝土结构工业化体系、钢—混凝土结构体系、预制混凝土结构体系等为代表的多元化技术发展路径。

（三）开展示范工程建设

在府前一号花园、东茶城等项目中推广应用预制内外墙板、叠合楼板、预制阳台、预制楼梯等通用型部品部件，逐步将装配式建筑扩大到公共建筑和市政工程中。

（四）营造良好发展环境

倡导成立以华南理工大学、广东省建筑设计研究院、广东省建筑工程集团有限公司等

13家单位为创始成员的"广州市建筑产业化产学研技术创新联盟"。鼓励大型预拌混凝土、传统建材等企业向预制构件和住宅部品部件生产企业转型。推荐中建四局申报"国家住宅产业化基地",举办装配式建筑产业工人施工技能培训班等。

三、深圳市装配式建筑发展现状分析

(一)政策法规

近年来,深圳市通过一系列政策文件的密集出台与落地,实现了强基础、谋规划、上水平、填空白、补短板、堵漏洞等工作成果,有创新、重实效,极大地激发了企业与市场的积极性,加快了项目建设落地,有力地促进行业全面发展,开创了深圳市装配式建筑的新发展与新局面。

强基础:2014年11月,深圳市住房和建设局、深圳市规划和国土资源委员会、深圳市人居环境委员会联合发布了《关于加快推进深圳住宅产业化的指导意见》,明确提出"从2015年起,住宅用地项目和政府投资建设的保障性住房项目全部采用产业化方式建造,鼓励存量土地的新建住宅项目采用产业化方式建造"等工作目标。2016年5月,深圳在全国率先发布《EPC工程总承包招标工作指导规则(试行)》文件,在设置投标条件时淡化资质管理、实行能力认可,帮助招标人做好EPC工程总承包招标工作,降低合同风险。2017年,《关于加快推进装配式建筑的通知》提出开辟行政服务绿色通道,优化了提前介入、施工图审查、检验检测、监管验收、预售许可等相关手续。对已经办理立项手续的装配式建筑项目,可通过签订工程质量安全监管协议,办理提前介入登记手续;对采取主体和装修穿插施工作业的装配式建筑项目,实行建筑工程分段验收。

谋规划:2018年3月,深圳市住房和建设局、深圳市规划和国土资源委员会、深圳市发展和改革委员会联合发布《关于〈深圳市装配式建筑发展专项规划(2018—2020)〉的通知》(以下简称《专项规划》),《专项规划》全面贯彻党的十九大精神,立足习近平总书记"世界眼光、国际标准、中国特色、高点定位"的要求,以"对标国际、国内领先、行业标杆"为目标,以粤港澳大湾区建设为契机,以"深圳建造"为核心,从建设规模、科技创新与质量提升、产业发展、队伍建设、综合效益5大方面提出20项具体指标,明确8大主要任务与6大保障措施,提出了2018—2020年深圳装配式建筑发展的多项目标与阶段性任务,同时超前规划2025、2035年的发展目标,建立起全方位指标体系,为下一阶段装配式建筑发展明确道路。

堵漏洞:2017年1月,出台《关于印发深圳市装配式建筑住宅项目建筑面积奖励实施细则的通知》,明确了装配式建筑面积奖励细则,使得装配式建筑领域期盼已久的"3%建筑面积奖励措施"正式落地,及时堵上措施漏洞,极大激发了企业与市场的积极性,为行业企业打上一注"强心剂"。

补短板:2017年12月,出台《关于提升建设工程质量水平打造城市建设精品的若干措施》,提出新建居住建筑全面实施装配式建筑,并向公共建筑、工业建筑等逐步覆盖。2018年12月,出台《关于在市政基础设施中加快推广应用装配式技术的通知》,提出力争5年内,建立和完善适合本市市政基础设施的装配式设计、生产、施工、验收和维护的技术应用配套政策和标准体系。

上水平:2018年11月,发布《关于做好装配式建筑项目实施有关工作的通知》,同

时"1+9"配套附件进一步明确了装配式建筑项目全流程实施要求，将装配式建筑评审认定工作变为由建设单位自行组织、主管部门后端检查，建立装配式建筑信息系统平台，实现装配式建筑管理模式的突破。其中，《深圳市装配式建筑评分规则》在住建部发布的《装配式建筑评价标准》基础上，结合深圳特色因地制宜进行创新，以"一体两翼"发展模式，针对钢结构、混凝土结构等不同结构形式，通过"标准化设计、主体结构工程、围护墙和内隔墙、装修和机电、信息化应用"，强调建筑、结构、围护、管线、设备、内装等综合系统，强调标准化、信息化等内容，建立起装配式建筑的系统性指标体系。

填空白：2014年深圳市发布的试点项目技术要求的文件中提出通过明确项目设计、预制装配、构件生产、成套技术等各方面的技术要求，规范试点项目的实施。2015年7月，为进一步明确规范装配率和预制率等装配式建筑技术要求，发布了《深圳市住宅产业化项目预制率和装配率计算细则（试行）》，在全国首创装配式建筑预制率、装配率计的计算方式与依据，被全国各地城市纷纷效仿，填补了全国对装配式建筑评价与认定的空白；2017年1月，发布了《关于装配式建筑项目设计阶段技术认定工作的通知》，在全国首创装配式建筑项目技术认定工作，将技术认定列为行政服务事项，从合规性、合理性综合评价项目装配式建筑实施方案，指导新晋企业实施装配式建筑，确保项目可操作性（表2）。

表2　深圳市装配式建筑发展政策

序号	发布日期	政策文件名称	发布机构	政策要点
1	2018年12月	《关于在市政基础设施中加快推广应用装配式技术的通知》（深建科工〔2018〕71号）	深圳市住房和建设局 深圳市交通运输委员会 深圳市水务局 深圳市城市管理局	加快拓展装配式技术的应用范围，推进市政基础设施建造技术转型升级，提升市政基础设施工程质量水平
2	2018年11月	《关于做好装配式建筑项目实施有关工作的通知》（深建规〔2018〕13号）	深圳市住房和建设局 深圳市规划和国土资源委员会	根据行业发展进程，对我市装配式建筑评价方式采用创新评分制度，构建科学、全面的指标体系，由建筑主体转向强调综合系统性，有效推动项目建设实施
3	2018年9月	《深圳市装配式建筑产业基地管理办法》（深建规〔2018〕10号）	深圳市住房和建设局	明确基地申报及管理相关流程及办法，加快深圳市装配式建筑产业基地建设
4	2018年8月	《深圳市装配式建筑专家管理办法》（深建规〔2018〕9号）	深圳市住房和建设局	规范装配式建筑专家的管理，提高深圳市装配式建筑政策制定、技术咨询、项目落地等工作的科学性和前瞻性

续上表

序号	发布日期	政策文件名称	发布机构	政策要点
5	2018 年 3 月	《深圳市装配式建筑发展专项规划（2018—2020）》（深建字〔2018〕27 号）	深圳市住房和建设局 深圳市规划和国土资源委员会 深圳市发展和改革委员会	提出 20 项具体指标，明确 8 大主要任务与 6 大保障措施，提出了未来三年深圳市装配式建筑发展的多项目标与阶段性任务，同时超前规划 2025、2035 年的发展目标
6	2017 年 12 月	《关于提升建设工程质量水平打造城市建设精品的若干措施》（深建规〔2017〕14 号）	深圳市住房和建设局	新建居住建筑全面实施装配式建筑，并向公共建筑、工业建筑等逐步覆盖。政府投资项目率先推广高标准的装配式建筑，引导社会投资项目因地制宜发展装配式建筑
7	2017 年 1 月	《关于装配式建筑项目设计阶段技术认定工作的通知》（深建规〔2017〕3 号）	深圳市住房和建设局	明确装配式建筑项目认定范围及认定职责部门，规范项目认定技术要点与审查要点，提供技术认定材料要求及示范样本，为技术认定提供了实际参考
8	2017 年 1 月	《关于印发深圳市装配式建筑住宅项目建筑面积奖励实施细则的通知》（深建规〔2017〕2 号）	深圳市住房和建设局 深圳市规划和国土资源委员会	明确装配式建筑面积奖励流程，鼓励建设单位在自有土地上申请实施装配式建筑的住宅项目，极大地提高了开发建设单位的积极性
9	2017 年 1 月	《关于加快推进装配式建筑的通知》（深建规〔2017〕1 号）	深圳市住房和建设局	进一步明确从供地源头落实装配式建筑项目，并要求在装配式建筑项目中优先推行设计 - 采购 - 施工（EPC）总承包等项目管理模式。提出在规划、认定、监督、验收、专家服务、造价信息、资金鼓励、人才培养等方面的发展要求

续上表

序号	发布日期	政策文件名称	发布机构	政策要点
10	2016 年 10 月	深圳市建设事业发展"十三五"规划（深建字〔2016〕269号）	深圳市住房和建设局 深圳市发展和改革委员会	提出到 2020 年，实现全市装配式建筑占新建建筑面积的比例达到 30% 的任务要求；对十三五期间发展装配式建筑进行重点部署，提出发展目标、重点任务和具体措施
11	2016 年 5 月	《EPC 工程总承包招标工作指导规则（试行）》（深建市场〔2016〕16 号）	深圳市住房和建设局	大力推广 EPC 工程总承包，协助招标人做好 EPC 工程总承包招标工作，降低合同风险
12	2015 年 11 月	《深圳市建筑工业化（建筑产业化）专家委员会管理办法（试行）》（深建字〔2015〕172 号）	深圳市住房和建设局	完成装配式建筑专家库初步建设，为项目建设过程提供技术支持，规范专家库专家管理
13	2015 年 7 月	《深圳市住宅产业化项目预制率和装配率计算细则（试行）》（深建字〔2015〕106号）	深圳市住房和建设局 深圳市规划和国土资源委员会 深圳市建筑工务署	为装配式建筑提供预制率、装配率的计算方式，加快推进项目落地
14	2014 年 11 月	《关于加快推进深圳住宅产业化的指导意见（试行）》（深建字〔2014〕193号）	深圳市住房和建设局 深圳市规划和国土资源委员会 深圳市人居环境委员会	提出"从 2015 年起，新出让住宅用地项目和政府投资建设的保障性住房项目全部采用产业化方式建造，鼓励存量土地的新建住宅项目采用产业化方式建造"等工作目标，提出了提前预售、面积奖励等鼓励措施
15	2014 年 3 月	《深圳市住宅产业化试点项目技术要求》（深人环〔2014〕21 号）	深圳市人居环境委员会 深圳市规划和国土资源委员会 深圳市住房和建设局	对装配式建筑试点项目提出了具体的技术要求，明确预制率不低于 15%、装配率不低于 30% 等要求

（二）技术标准

深圳市发展装配式建筑始终将技术标准作为强有力的支撑，充分借鉴国内外的先进经验，同时结合深圳市实际情况，研究制定了一系列装配式建筑的标准和规范，构建了与国家标准互为衔接的标准体系，先后发布了《预制装配式钢筋混凝土结构技术规范》（SJG 18—2009）、《预制装配钢筋混凝土外墙技术规程》（SJG 24—2012）、《深圳市保障性住房标准化设计图集》（SJG 27—2015），为深圳市装配式建筑的发展奠定了技术基础。

继续加强关键技术系列研究，组织开展了《深圳市 PC 建筑外墙节能集成技术研究》《GRC 复合钢筋混凝土预制外墙制作技术研究》《钢结构建筑工业化技术要求》《深圳市MINI 公寓标准化产业化研究》《深圳市中小学教学楼标准化工业化研究》《装配整体式剪力墙结构建筑综合施工技术研究》等 11 项课题攻关，重点解决深圳市装配式建筑项目中遇到技术难题，促进成熟技术的推广应用。

（三）产业情况

深圳是中国经济中心城市，地处珠江三角洲前沿，是连接香港和中国内地的纽带和桥梁，是华南沿海重要的交通枢纽，在中国高新技术产业、金融服务、外贸出口、海洋运输、创意文化等多方面占有重要地位，在中国的制度创新、扩大开放等方面承担着试验和示范的重要使命。

深圳从发展装配式建筑之初便注重产业链的政策引导。在 2014 年出台的《关于推进深圳住宅产业化的指导意见（试行）》（深建字〔2014〕193 号）中，明确提出要"推动企业转型发展""加强产业培育整合"，为发展装配式建筑产业提前培育市场土壤。

深圳自 2006 年成为全国首个住宅产业化综合试点城市以来，通过一系列的政策引导和激励措施，越来越多的开发建设企业、设计企业、施工企业、部品部件生产及相关配套企业加入装配式建筑的队伍，不断促进产业链的发展和完善。目前，装配式建筑相关企业已经覆盖开发建设、设计、施工、预制构件生产、监理、咨询、专项审图机构、部品部件供应等全产业链条，产业布局完善合理，彼此衔接有序，上下游联动良好。

深圳装配式建筑产业链上的每个环节都诞生了一批不仅区域领先，而且辐射全国的龙头企业。与此同时，极富创新性的企业不断涌现。从行业龙头到成长型企业，从"大而全"到"小而精"，从国有企业到民营企业，各环节均呈现出企业大中小有序、持续发展后劲十足的良好局面。

第四节 装配式建筑的发展前景

一、广东省推动装配式建筑发展的工作计划

广东省将深入学习贯彻党的十九大精神，在习近平新时代中国特色社会主义思想的指引下，牢固树立新发展理念，以供给侧结构性改革为主线，以高质量发展和绿色发展为方向，以科技进步和创新发展为动力，大力推进装配式建筑发展，指导深圳、广州、东莞等工作推进比较快的城市做好"扩面、增量、创优、推广"工作，继续当好广东省的排头兵，把普及面和量做大，再创一批精品项目，指导粤东西北地区在"学习、谋划、推动、落实"上下功夫，选择一些突破口积极推进，努力促进建筑业转型升级和健康发展。

广东省下一步推动装配式建筑发展的工作计划如下：

（1）推动相关政策落地。督促各市抓紧研编出台装配式建筑发展的实施意见和装配

建筑发展专项规划，加大协调力度，细化用地保障、容积率奖励、财政支持、金融支持、税收优惠等方面的政策措施并推动落地，利用政策的红利，调动相关各方推动装配式建筑发展的积极性。

（2）完善标准定额。加强装配式建筑相关标准图集、定额、工法、手册、指南等研编，出台装配式混凝土结构检测技术标准、装配式混凝土结构工程施工质量验收规范。支持社会团体、行业企业编制装配式建筑相关配套标准，促进成熟关键技术转化为标准规范。积极开展国家和广东省装配式建筑相关标准的宣传贯彻和培训交流活动。

（3）加强先进技术研发和推广应用。鼓励有条件的企业、高校和科研单位开展装配式建筑相关技术体系和关键技术研究，重点推进装配式建筑结构安全、竖向承重构件连接等技术研发。总结已有工程实践经验，对符合建筑工业化、绿色化发展理念和有利于提高施工效率、能够确保工程质量的新型建造技术进行推广。

（4）加强质量安全管理。出台装配式建筑工程质量安全管理相关政策文件，明确设计、施工、检测、验收等环节的各方主体责任和监管措施。推动装配式建筑部件生产、工程项目建设、勘察、设计施工、监理等单位建立健全质量安全管理体系，规范部品部件出厂证明资料，编制关键工序、关键部位质量安全控制专项方案。建立全过程质量追溯制度，加大抽查抽检力度，严肃查处质量安全违法违规行为。

（5）加快产业发展。引导部品部件生产企业及相关产业园区合理布局，鼓励在各区域间形成有效的合作机制，对区域发展形成相互支撑的局面，培育综合性产业基地和专业性部品部件生产企业，创建一批示范城市和产业基地。指导成立装配式建筑行业协会或产业发展联盟，引导行业自律发展。发挥政策导向作用，大力培育发展一批有实力的开发、设计、施工、科研、部品部件生产和工程总承包龙头企业。

（6）推动项目建设。深化建设工程招投标制度改革，创新施工图审查、施工许可、质量安全监督、竣工验收等行政服务机制，积极推广工程总承包（EPC）模式和全过程工程咨询模式，推进建筑信息模型（BIM）应用等，推动装配式建筑技术发展与监管服务工作有机融合。在保障性住房、政府投资项目和政府主导投资建设的大型公建等项目中，优先发展装配式建筑，创建一批示范项目。

（7）加强产业队伍建设。加强专业技术人才和产业工人培训，引导装配式建筑相关企业培养自有产业人才队伍，促进建筑业农民工转化为技术工人。引导建筑劳务企业转型发展，建设专业化的装配式建筑技术工人队伍。鼓励企业、行业协会建立装配式建筑实训基地或与大中专院校合作开设相关课程，培养装配式建筑管理和技术人员。

（8）加强宣传培训交流。充分利用互联网新媒体、报纸等加强装配式建筑政策法规宣传，对社会各层次人员讲解大力发展装配式建筑的重要意义，形成全社会关心和支持装配式建筑发展的舆论环境。在行业内大力开展装配式建筑系列标准的宣传贯彻和培训交流活动，提高标准应用水平。

二、深圳市装配式建筑的发展前景

（一）依托区域社会经济发展，引领建筑行业转型升级

近年来，深圳积极应对复杂多变的外部形势，始终坚持深圳质量、深圳标准，坚持创新驱动的发展理念，经济发展呈现出速度稳、结构优、动力强、效益好、消耗少的良好态

势。2016 年本市生产总值超过 1.95 万亿元，进出口总额为 3982.9 亿美元，出口总额实现二十四连冠。人均 GDP 达到 16.74 万元，每平方公里产出 GDP、财政收入均居全国各大城市首位，万元 GDP 能耗和水耗持续下降，以更少的资源能源消耗、更低的环境成本支撑了更高质量、更可持续的发展，经济规模和质量效益同步提升，成为首个全国质量强市示范城市，深圳经济发展迈入质量时代。

随着社会经济朝着低耗高效的方向发展，深圳对城市发展质量提出了更高的要求。2017 年深圳市政府印发的《深圳市城市质量提升年重点工作分工实施方案》中明确将"发展新型建造方式，提升建设科技水平，大力发展装配式混凝土结构、钢结构等适应工业化生产的结构体系"作为城市建设质量提升计划的目标。装配式建筑无疑是提升深圳城市发展质量的优良载体。

大力发展装配式建筑，是推进建筑领域供给侧结构性改革，实现中国新型城镇化发展模式转变的重要途径。依托区域社会经济发展，深圳市建筑产业化发展迅速，充分发挥市场在资源配置中的决定性作用，资源配置更趋合理，产业配套能力进一步加强，逐步形成了新的产业集群。装配式建筑已成为覆盖开发建设、设计、生产、施工、监理、咨询、部品部件配套、运维管理、法律服务等全产业链的新兴行业，将推动建筑业由劳动密集型、粗放型、速度型向质量型、科技型、集约型、效益型转变，提升整体发展质量，有利于消解钢铁的过剩产能，是建设行业落实"稳增长、调结构、促改革"政策的有效途径。

（二）推动建设领域科技创新，打造"中国制造 2025"新高地

深圳深入实施国家创新型城市总体规划，坚持"自主创新、重点跨越、支撑发展、引领未来"的方针，全面实施创新驱动战略，积极布局战略新兴产业，进一步提升城市竞争力。装配式建筑作为一种新型建造方式，是绿色循环低碳发展的必然要求，不但体现了"创新、协调、绿色、开放、共享"的发展理念，更是建设科技高度聚集地的重要抓手，代表了当代先进建造技术的发展趋势。

建设科技是建设领域的第一生产力，是深圳城市建设发展的动力和源泉，工程建设标准化，是建设科技创新体系的重要支撑。近年来，深圳市以"对标国际、高于全国、结合深圳实际"打造深圳质量为目标，组织开展了装配式建筑技术路线、标准化设计、装配式建筑结构体系等系列关键技术研究，并加强关键技术标准研制，着力提高我市装配式建筑建设标准水平，并初步建立了适合深圳发展的装配式建筑技术标准体系。

同时深圳积极鼓励建设领域相关企业加强科技创新能力建设，支持设立工程技术研究中心、工程实验室、博士后科研工作站等科研机构，积极探索建设科技新领域，不断强化科研成果转化和新技术产品推广应用，已培育建设了多个国家级和市级高新技术企业，为深圳建设科技的持续创新奠定了基础。

创新是行业发展的驱动力。要将装配式建筑智能建造，纳入深圳市的"智能制造 2025"发展战略规划，将"智能制造"打造成深圳建设科技创新发展，实现国际领先的新标杆，有力支撑深圳质量和深圳标准建设，将为"中国制造 2025"提供有力支撑并打造新的经济社会增长极。

（三）借助大湾区的建设机遇，促进行业健康发展

深圳作为经济特区、改革开放窗口城市和经济中心城市，作为首先提出携手周边打造粤港澳大湾区这一概念的城市，作为粤港澳大湾区的战略枢纽城市，将在粤港澳大湾区建设中发挥先锋、引擎、发动机的作用。

粤港澳大湾区的发展离不开产业集聚带来的资源整合和产业升级，离不开与产业工人息息相关的住房建设，离不开城市片区功能的改造升级，更离不开与之配套的公共基础设施的建设。粤港澳大湾区的广阔市场为装配式建筑的发展提供了巨大的发展空间，深圳将充分发挥市场在资源配置中的决定性作用，有效地带动相关产业的发展，促进行业健康可持续发展。

深圳大力发展装配式建筑，不仅符合创新驱动发展战略要求，也是打造"深圳质量"的重要组成部分。同时借助该平台加强与湾区内城市的沟通交流，引领湾区内城市发展装配式建筑，有效推动建筑业生产方式转型升级，实现快速打造粤港澳大湾区、深化区域协调发展的目的。

（四）抓住国家示范城市机遇，进一步提升"深圳标准"的影响力

深圳积极响应国家发展战略布局，以获批"国家装配式建筑示范城市"为契机，不断强化政策法规的引领作用，以政策引导、标准建设、示范带动三方面工作为重点、特点，坚持"政策引导＋市场运作"的双驱动深圳模式，进一步加强能力建设与优化管理模式，营造良好的市场环境，充分调动企业投身装配式建筑的主动性与积极性，有效地推进了装配式建筑的可持续发展。深圳作为改革开放的试验区，应继续发挥带头作用，结合此次国家大力发展装配式建筑的契机，继续加大工作力度，打造装配式建筑发展深圳模式，积极塑造全国典范，进一步提升"深圳标准"的影响力。

第五节　装配式建筑技术分析和案例分析

一、装配式混凝土结构体系

（一）"现浇为主，预制为辅"装配式剪力墙结构体系

深圳市居住建筑应用较多的是成熟的"内浇外挂"装配式混凝土结构技术，正在实践应用"装配整体式剪力墙"结构技术，实践应用预制叠合梁、预制叠合楼板、预制阳台、预制楼梯，同时通过全混凝土外墙、预制内墙条板、铝模板施工、工具式脚手架等技术和施工工艺的应用，提高质量和效率。

深圳市居住建筑规模化推广成熟装配式技术体系、相关技术和施工工艺，同时实践"装配整体式剪力墙""装配式框架结构""装配式叠合板剪力墙"等结构技术。

"现浇为主、预制为辅"体系属于低预制率装配式结构体系，预制率一般介于15％～30％之间，受力模型单一，传力路径清晰，主体受力结构采用标准模板进行现浇，建筑外墙（包括飘窗挂板）、阳台板、空调板、女儿墙、楼梯等外围护构件可作为预制构件，主要有"内浇外挂"和"内浇外嵌"两种形式。

"内浇外挂"式装配式剪力墙结构体系是指主体结构采用现浇，起外围护作用的外墙板则采用预制混凝土构件的形式安装。此体系内部纵、横墙和剪力墙均为现浇，在保证结构整体性的同时，还能最大限度地节省外围墙体的模板和脚手架，施工效率高，经济效益

好，在国内使用广泛。"内浇外嵌"式装配式剪力墙体系与"内浇外挂"式类似，但预制外围护构建与主体结构的相对位置关系及连接方式有所不同，"内浇外挂"式预制构件通过主体现浇结构预留钢筋或锚固件"挂"在主体结构上，而"内浇外嵌"式预制构件则是"嵌"入主体结构中。

典型工程介绍：

龙悦居三期项目（见图1）位于深圳市宝安区龙华街道玉龙路与白龙路交汇处，是采用工业化生产方式建设的政府公共租赁住房，于2010年开工，也是华南地区的第一个工业化保障性住房项目。

图1 龙悦居三期

项目总用地面积5.01万平方米，总建筑面积21.6万平方米，整个小区共由六栋26～28层高层住宅（约16.8万平方米）、半地下商业及公共配套设施（约0.68万平方米）及两层停车库组成，住宅总户数4002套，由三种套型组成，以35、50平方米套型为主（约占95%以上），少量70平方米套型。

本项目为框架剪力墙结构，抗震设防烈度为七度。住宅主体结构采用现浇剪力墙结构预制外挂墙板体系，预制外挂墙板、楼梯、走廊采用预制构件，由工厂生产后在现场装配式建造施工。设计采用"模数化""标准化""模块化"工业化设计理念，以实用、经济、美观为基本原则，发挥工业化优势，控制造价，让工业化的推广价值得到体现。

本工程获得"2011中国首届保障性住房设计竞赛"一等奖、最佳产业化实施方案奖、国家康居示范工程、全国保障房优秀设计一等奖、深圳市第一个住宅工业化示范项目、2011年中国首届保障性住房设计竞赛金奖、第二批全国建筑业绿色施工示范工程、住宅工业化建造方式被列为"深圳市住房和建设领域重点科研课题""深圳市建设科技示范项目"、广东省"双优工地"、深圳市"双优工地"、深圳市2011年"工程建设标准化试点项目"等荣誉。

该项目是深圳首个创新采用代建总承包模式建设的保障性住房项目，通过公开招标，由名牌房地产开发企业万科牵头组织勘察、设计、施工单位成立联合体，负责组织实施从勘察、设计、施工至验收、移交的全部工作。充分利用房地产开发企业综合管理及理念的优势，大幅提升工程现场管理水平；将自身积累的技术优势运用到保障性住房建设中，实现宜居和绿色理念的有机结合；通过政府—房企—施工单位三个层级的管控，有效缩短项目建设周期，全面提高工程质量水平。

该项目在实施过程中，尤为注重在节能节水节材与环保方面的数据估算，并最终取得了良好的综合效益，向全社会展示了装配式建筑这一新型建造方式的优势，推动了更多工业化技术在保障性住房的实际应用，促进住宅产业向集约型、节约型、生态型转变，引导和带动新建住宅项目全面提高建设水平，带动更多建筑采用新技术，进而推进我市装配式建筑发展进程，实现可持续发展的社会意义和价值。

（二）"铝模现浇＋复合构件"装配式剪力墙结构体系

"铝模现浇＋复合构件"装配式剪力墙结构体系属于低预制率装配式结构体系，预制率一般介于 30%～50% 之间，主体受力结构采用现浇形式，结构内筒体及承重墙体现浇，非承重内墙、外墙（非承重墙体与叠合梁一同预制）、阳台板、空调板、女儿墙和公共楼梯可预制。预制内、外墙选用国标图集中上部为叠合梁、下部为填充构造的预制复合墙体构造及做法，填充部分"吊挂"在叠合梁下（图2），与楼面"可滑移"，两侧"弱连接"，对结构的

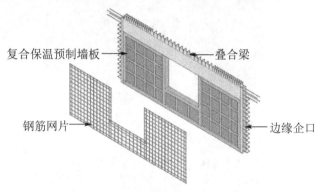

图2 预制复合墙体构造图

刚度影响较小，可实现户内剪力墙"免抹灰"，整体钢筋混凝土外墙"不渗漏""免抹灰"的效果，减少施工工序，缩短工期，是一种创新型装配式建筑体系。

典型示范工程（哈尔滨工业大学深圳校区扩建工程二标段）

哈尔滨工业大学深圳校区·扩建工程二标段（以下简称哈工大项目）位于深圳市南山区西丽哈尔滨工业大学研究生院南侧地块，项目西侧邻平山一路，南侧邻规划平山二路。项目总用地面积 93123.60m²，总建筑面积 101053.15m²，包括 1～4 栋学生宿舍和一栋食堂，项目效果图见图3。

图3 哈工大项目效果图

此项目含5栋楼,共计1582间四人间宿舍,由两种标准化户型模块组成(图4~图5)。通过对户型的标准化、模数化的设计研究,预制内、外墙选用上部为叠合梁、下部为填充构造的预制复合墙体构造及做法,竖向承重构件及楼板现浇、附加预制楼梯和轻质隔墙板,共同形成一套系统的外墙及内墙预制装配体系,结合室内精装修一体化设计,各栋组合建筑平面方正实用、结构简洁,预制率达36.09%,预制构件拆分见图4。

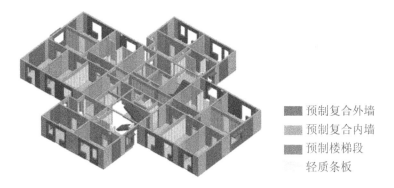

预制复合外墙
预制复合内墙
预制楼梯段
轻质条板

图4 标准层平面图及构件拆分

8~29(1、3、4号楼),8~28(2号楼)
标准层二(200厚剪力墙)
●预制构件:预制叠合梁复合外填充墙、预制叠合染复合内填充墙、预制楼梯、预制空调隔板、预制阳台栏板
●轻质混凝土条板
●剪力墙和楼板采用铝模板现浇施工
3~7(1~4号楼)
标准层一(250厚剪力墙)
●预制构件:预制叠合梁复合外填充墙、预制叠合梁复合内墙充墙、预制楼梯、预制空调隔板、预制阳台栏板
●轻质混凝土条板剪力墙和楼板采用铝模板现浇施工

图5 哈工大项目装配式设计区段划分

标准层楼层建筑平面规整,承重墙上下贯通,形体上没有过大的凹凸变化,构件连接节点采用标准化设计,符合安全、经济、方便施工的要求。学生宿舍外围护结构采用预制外墙与铝模现浇相结合的工业化建筑技术,户内部分内墙施工采用预制内墙与轻质隔墙板结合方式,实现外墙、户内内墙"免抹灰"的效果。

(三)"预制为主、现浇为辅"装配式剪力墙结构体系

"预制为主、现浇为辅"装配式剪力墙结构体系的预制部分包括预制外墙板(剪力墙及非承重墙)、预制内墙板(剪力墙及非承重墙)、预制叠合楼板、预制阳台板、预制楼梯板及预制防火隔墙等,预制率在50%以上。现浇部分包括核心筒墙体、现浇楼板、叠合板现浇部分、预制构件连接现浇节点等。

典型示范工程（裕璟幸福家园工程总承包项目）

本项目位于深圳市坪山新区深圳监狱北侧，总建筑面积64050平方米（地上5万平方米，地下1.4万平方米），总占地面积为11164.76平方米，共有3栋塔楼（1#、2#、3#），1#楼、2#楼有31层，3#楼有33层，建筑高度分别为92.8m（1#楼、2#楼）、95.9m（3#楼），是华南地区装配式剪力墙结构建筑高度最高的项目。3栋高层住宅用户共计944户，由35、50、65平方米的三种标准户型模块组成，工程全景图如图7所示。工程预制率达50%左右，装配率达70%左右。本工程是深圳市装配式剪力墙结构预制率、装配率最高的项目，也是第一个采用深圳市标准化设计图集的标准化设计的项目，以及市住建局和市工务署推出的第一个装配式保障性住房EPC总承包试点示范项目（图7）。

本项目采取装配式剪力墙的结构体系，底部加强层1～4层采用现浇，预制范围为从地上5～6层开始的标准层，主要预制构件包括：预制内外墙、预制叠合板、叠合梁、预制楼梯、预制阳台等，上部屋顶层及机房层均采用现浇。项目的装配式设计范围如图8所示。结构设计按等同现浇的原则进行设计，现浇部分地震内力放大1.1倍，预制构件通过墙梁节点区后浇混凝土、梁板后叠合层混凝土实现整体式连接。为实现等同现浇的目标，设计中除了采取预制构件与后浇混凝土交界面为粗糙面、梁端采用抗剪键槽等构造措施外，还补充进行了叠合梁斜截面抗剪计算、梁板水平缝抗剪计算、叠合梁挠度及裂缝验算等。

图7 裕璟幸福家园项目工程全景图

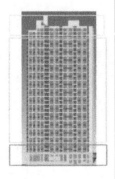

上部：屋顶层及机房层 现浇 1号、2号楼——31层、机房层 3号楼——33层、机房层
中部：标准层 预制装配 1号、2号楼——5层～30层 3号楼——6层～32屋 预制构件：预制承重外墙、预制承重内墙、预制叠合板、预制叠合梁、预制楼梯、轻质混凝土隔板、预制空调机架+百叶+遮阳构件 现浇节点和核心筒采用铝合金模板现浇施工
底部:底部加强区 现浇 1号、2号楼——4层及以下 3号楼——5层及以下

图8 裕璟幸福家园项目的装配式设计范围

（四）装配式混凝土框架结构体系

装配式混凝土框架结构体系采用的预制构件一般包括预制柱、预制梁、预制楼板、预制女儿墙、预制空调板、预制楼梯等。竖向受力构件之间通过套筒灌浆形式、水平受力构件之间通过套筒灌浆或后浇混凝土形式、节点部位通过后浇或叠合方式，形成可靠的传力机制，以及满足承载力和变形要求的框架结构，预制率在75%左右。

典型示范工程（深圳万科第五园第五寓项目）

深圳万科第五园第五寓是华南地区首个采用装配式框架结构体系的项目，该项目位于深圳市龙岗区梅观高速公路与布龙路交汇处的万科第五园第五期内，总建筑面积约为1.48万平方米，共209套住宅公寓，设有42平方米和86平方米两种户型。住宅楼平面采用L形布局，东西长约73.5m，南北长约14.5m，结构共12层，总高度为46.15m，建筑地下2层为地下车库，地上1层为商业区。其中地上部分架空层布置有入口大厅及公共活动区域，2～12层为住宅公寓，建筑立面图如图9所示。项目实现了"绿色""低碳"的目标，被深圳市住房和建设局授予"深圳市建筑工业化住宅示范项目"的称号。

图9　建筑立面图

项目位于7度抗震设防区，竖向框架柱采用现浇、标准层梁和板均采用预制叠合形式、标准层楼梯为全预制构件，建筑外墙采用外挂预制墙板形式，整体分析本楼为预制装配整体式混凝土框架结构。本项目结构技术复杂，预制程度高，为了满足规范化、功能和造型的需要，在国外先进预制技术、节点构造的基础上进一步采用构造加强、计算分析、试验验证等手段来保证结构的抗震性能。框架柱采用了C40-C55高标号混凝土，地下室采用补偿收缩混凝土。

二、装配式钢结构体系

（一）钢结构的优势与主要结构体系

1. 钢结构的优势

中国钢结构技术的发展迅猛，建立了完整的系统钢结构分析理论，形成了从低层到多层及高层钢结构成套技术，钢结构更加符合中国装配式建筑的发展需求。钢结构的优势主要包括：

（1）抗震性能优越、安全性高：钢结构构件的材料强度高、延性好，具有优越的抗震性能，确保结构的安全性。

（2）建造效率高：钢结构是天然的装配式结构，适合工业化生产及建造，相比混凝土结构，它的施工工期较短，资金利用效率高，综合经济效益显著。

（3）建造过程对城市环境影响小。

（4）易拆除、回收利用率高。

（5）产业链成熟：钢结构构件的生产、运输及安装具备成熟的产业链，大大节省了人力、物力和资金投资。

2. 钢结构主要结构体系与适用范围

装配式钢结构建筑一般包括低、多层轻型钢结构建筑、多高层（超高层）钢结构建筑、大跨度空间钢结构建筑、门式刚架钢结构建筑等。

1）低、多层轻型钢结构体系

中国设计研究人员主要结合中国建筑钢结构技术的发展现状以及未来发展方向，从建筑外观的设计、内部结构的分析、轻钢材料的供应等多方位形成了适合中国国情的多种轻钢结构住宅体系。这些结构体系符合中国目前国情的发展，同时也达到中国消费者的心理预期。

目前，国外在轻钢结构住宅上的应用相对成熟，各种法规、理论也相对完善。在中国，轻钢结构住宅起步较晚，并且主要用于低层住宅，工程实践得出结论认为轻钢结构体系仅适用于 6 层以下的住宅建筑，在多、高层上的应用相对较少。

2）多层、高层建筑钢结构体系

（1）钢框架体系。

钢框架结构特点是受力明确，平面布置灵活，为建筑提供较大的室内空间，且结构各部分刚度比较均匀，具有较大的延性，自震周期较长，因而对地震作用不敏感，抗震性能好，结构简单，构件易于标准化、定型化，施工速度快。钢框架结构一般适用于多层、中高层装配式钢结构建筑。

钢框架结构包括全钢框架体系，钢框架—支撑体系（中心支撑、偏心支撑）。钢框架结构体系的梁柱节点之间的连接一般为刚接、半刚接的形式，由纵、横两个方向刚度抵抗侧力。这种形式结构简单，受力、传力形式明了，构件形式也最为简单。钢框架结构体系的梁构件一般采取焊接或轧制的 H 型钢截面；承重柱的截面一般采取焊接或轧制的 H 型钢截面，在需要较大抗侧刚度时，通常采用十字形截面，在竖向荷载作用力及层高较大时可采用方管截面或者圆管截面。但框架结构属于典型的柔性结构体系，其侧向刚度差，纯钢框架结构体系在水平作用下，框架的侧向位移会随着建筑高度的增加而加大，其水平位移过大，从而限制了纯钢框架结构的高度和经济合理性。

钢框架—支撑体系是在纯框架结构体系的基础上，在结构的横向或者纵向加设支撑，通过支撑的作用增加结构的抗侧刚度从而减小结构的侧向位移。框架—支撑结构体系又分为中心支撑和偏心支撑两种。偏心支撑体系改变了支撑体系与耗能梁段屈服的顺序，使得耗能梁段先于支撑体系屈服，在罕遇地震作用下，延长结构抵抗地震作用的时间，从而保护结构不受破坏。

（2）钢框架—混凝土剪力墙（核心筒）体系。

钢框架—核心筒结构体系是以电梯间等构成的混凝土束筒作为核心筒，将外围的钢框架结构刚接或者铰接形成共同作用的钢—混凝土组合结构体系。钢框架—核心筒结构在各个方向都具有很大的抗侧刚度。钢框架—核心筒结构体系技术成熟，在中国的应用十分广泛，目前在建或者是已建的钢结构高层、超高层建筑大部分采用钢框架—核心筒结构体系。钢框架—核心筒结构体系虽然具有很大的抗侧刚度，在经济方面，钢框架—核心筒结构体系具有节约钢材、造价相对较低等特点，但不足之处在于核心筒与钢框架的连接比较复杂，施工进程往往不能同步，平面布局相对不够灵活。

（3）钢框架—钢板剪力墙体系。

钢框架—钢板剪力墙结构体系、钢框架—抗剪桁架结构体系等，钢板剪力墙包括纯钢板剪力墙、钢板混凝土组合剪力墙、延性墙板、黏滞阻尼墙等。钢框架主要承担竖向荷载，钢框架与钢板剪力墙协同工作承担水平荷载，以确保结构的水平位移控制。设计理论与分析技术有很多创新与进步。目前一些新建高层、超高层钢结构建筑采用钢框架—钢板剪力墙体系。

（4）钢板剪力墙、筒体、巨型框架体系。

国内的钢结构公司在薄钢板剪力墙应用于装配式高层钢结构住宅上有不少创新与尝试，推广到一些示范项目上。多筒体系—成束筒及巨型框架结构。由两个以上框筒或其他筒体排列成束状筒。巨型框架则利用筒体作为柱子，在各筒体之间每隔数层用巨型梁相连，筒体和巨型梁形成巨型框架。这种多筒结构和巨型框架结构可以更充分发挥结构空间的作用，其刚度和强度都有很大提高，可建造层数更多、高度更高的高层建筑。

（5）交错桁架结构体系。

由建筑外侧的柱子和满跨宽度交错布置的桁架组成，桁架高度为建筑层高，楼板一端搁置在桁架上弦，另一端搁置在相邻桁架的下弦。由于在两开间布置一榀桁架，减小了桁架弦杆引起的局部弯矩，使柱在框架平面内的弯矩很小，主要承受轴力，有利于减小柱的断面尺寸，框架的横向刚度大，侧向位移小。适合要求各单元灵活布置的住宅、旅馆建筑等。这种体系的缺点是：对建筑要求规整，桁架跨度不能太小。适用层数通常为 15 ～ 20 层 。

（6）悬挂楼盖钢框架结构体系。

悬挂楼盖框架结构体系是适应复式住宅的新型钢结构体系。由于复式住宅要求下层大空间客厅、上层小空间卧室的布置，而且生活空间划分复杂，一般的结构体系较难适应。悬挂楼盖结构主体结构可以为钢管混凝土柱框架或者普通钢框架。层高为 2 层，其中夹层为轻型钢结构。为了提高建筑净空高度，减小钢梁截面，可以灵活设置钢吊杆，悬挂在主体结构上，从而形成悬挂楼盖框架体系。

3）大跨度空间钢结构体系

大跨度空间钢结构主要用于民用的影剧院、体育场馆、展览馆、大会堂、航空港以及其它大型公共建筑。在工业建筑中则主要用于大跨度厂房、机库等。大跨度钢结构一般包括网架结构、网壳结构、索结构、桁架结构、膜结构等基本空间结构及各类钢组合空间结构。

4）门式刚架钢结构体系

门式刚架轻型房屋钢结构是一种传统的结构体系，该类结构的上部主构架包括刚架斜梁、刚架柱、支撑、檩条、系杆、山墙骨架等。门式刚架具有受力简单、传力路径明确、构件制作快捷、便于工厂化加工、施工全装配、施工周期短、造价低等特点，广泛应用于厂房与库房、一些商业及文化娱乐公共设施等工业与民用建筑中。门式刚架轻型房屋钢结构经历了近百年的发展，目前已成为设计、制作与施工标准完善的一种典型装配式结构体系。

（二）居住建筑

经过近些年钢结构住宅的快速发展，居住建筑基本具备较完善的结构体系、围护体系、防火体系、防腐体系、住宅部品体系和设备体系，经过合理设计、合理施工的钢结构住宅完全可以满足住宅建筑的户型多样化、使用安全性和居住舒适性的需求。在产业化进程中，钢结构住宅体系便于实现体系的标准化、部品化、生产工业化、协作服务社会化以及高度融合的全产业链，满足可持续发展要求，并化解中国钢铁行业过剩的产能，是目前应积极推广及未来住宅产业化最为理想的住宅体系之一。

1. 低层钢结构住宅技术与应用

低层钢结构住宅主要采用轻型钢框架与冷弯镀锌薄壁型钢密排柱结构体系。轻型钢框架采用由工字钢或热镀锌钢板辊压而成的 Z 形、C 形和 U 形冷弯薄壁型钢，经现场快速组装形成墙体的板肋承重，板材起支承龙骨、担当围护结构体系和分隔空间的作用。外墙板一般采用定向刨花板、外墙挂板、植物纤维水泥饰面板等，内墙通常采用石膏板、硅钙板等。外墙保温材料及内墙隔声材料主要采用岩棉、玻纤棉、聚氨酯和挤塑聚苯乙烯泡沫等。楼盖主要采用由压型钢板和混凝土构成的组合楼盖，预制、现浇或叠合式混凝土楼盖、轻钢桁架上铺板或上设压型钢板—混凝土组合楼面等。屋顶造型以坡屋面为主。冷弯薄壁型钢住宅体系工业化程度很高，在欧美有成熟的技术和广泛的应用，如在美国普通的低层民用住宅中所占的比例从 20 世纪 90 年代初的 5 % 已发展到 2002 年的 25 % 左右。采用冷弯轻钢骨架技术，其生产方式和技术手段与制造业已无明显区别。

冷弯薄壁型钢住宅体系具有自重轻（在轻钢住宅结构中用钢量最轻，一般仅为 30kg/m^2），地基基础费用低且处理简单，抗震性能好，构件全部采用工厂化规模生产，构件模块化，建造速度快捷，现场干作业清洁施工，高效节能型绿色建筑结构等优点。但这种体系只适用于 3 层以下的低层建筑，考虑到国情和居住习惯，其发展空间受到一定的限制。

2. 多层与中高层钢结构住宅技术与应用

主要采用钢框架结构体系、钢框架—支撑结构体系、钢框架—剪力墙结构体系等。

钢框架—支撑结构体系为了与建筑设计相协调，支撑一般布置在楼梯间、不开窗的外墙及内墙等位置，既隐蔽又能满足建筑要求。常用的支撑类型有 W 形、X 形、K 形、人字形和门式等。

钢框架—剪力墙结构可以采用装配式混凝土剪力墙、钢板剪力墙与钢板混凝土组合剪力墙等。

3. 高层与超高层钢结构住宅技术与应用

高层住宅主要采用钢框架—支撑结构、钢框架—抗剪桁架结构、钢框架—剪力墙

（混凝土剪力墙、钢板剪力墙、钢板混凝土组合剪力墙、双钢板剪力墙、粘滞阻尼剪力墙）结构、钢框架—延性墙结构、简体结构及巨型结构体系等。

4．钢结构住宅存在的问题和改进的方向

（1）覆盖范围小、推广力度不足。

目前钢结构住宅技术的发展以单项技术推广应用为主，局限在装配式钢结构住宅小区的示范、试点项目上，在引导钢结构住宅发展的产业链条以及与产业化相适应的成套技术体系上存在不足，缺乏有效的整合和集成创新体系。应加强对钢结构住宅建筑技术体系的研究，综合考虑钢结构住宅的结构问题、材料配套问题、防火防腐问题、构件部品化问题等。

装配式钢结构住宅目前已具备经济基础、材料基础、人才基础、技术基础和设备基础。但从发展历程来看，由于装配式钢结构住宅的结构体系、材料体系、设备体系、部品体系、节点做法、施工方式等一系列问题没有形成统一的模式、标准，对装配式钢结构住宅的设计、施工、验收，乃至钢结构住宅的发展、推广形成了一定的阻碍。应重视集成创新，引入集成技术、发展配套材料与构件，注重建筑效果。同时依据钢结构住宅发展纲要，加快研究开发相应的设计与建造方法，以适应装配式钢结构住宅快速发展的需要。

（2）钢结构住宅的经济性问题。

目前装配式钢结构住宅推广的主要障碍之一就是经济性问题，造价偏高是制约现阶段装配式钢结构住宅发展的最直接因素。应通过研制和应用与预制装配式钢结构住宅配套的建筑构配件、围护材料、防火涂料以及水暖、电卫设备和部品等，改变某些工程单独定做或选用进口产品导致成本较高的现状，并形成装配式钢结构住宅设计施工成套技术，进一步缩短工期，降低综合造价。

目前以市场为导向的自我发展、自我创新、自我完善的市场化激励机制尚不完全成熟。随着技术政策、经济政策逐渐完善，已经有部分城市加强对推广装配式钢结构住宅的积极认识。但对形成产业现代化的住宅体系或部品建筑体系、部品体系和技术支撑体系，缺乏必要的优惠政策支持和调控手段。目前在多层、中高层钢结构住宅实践项目中，造价已经能与装配式混凝土结构基本持平，应当加强宣传和政策导向。

（3）装配式钢结构住宅的设计、制造、施工问题。

不少建筑设计院对钢结构住宅缺乏实践经验。设计人员缺乏对钢结构住宅的认识、了解，更谈不上设计经验。不了解、不习惯按照工业化装配式所需的逆向设计方法，导致结构和建筑的细部配合及规范住宅部品生产的模数协调工作滞后。与中国传统住宅建筑相比，钢结构住宅属于技术密集型产业，具有更强的技术性因素，开发建设中暴露出来的问题也大多为技术性问题，包括结构体系、建筑材料的选择，涉及内外墙墙体材料、保温材料、防火防腐材料、防水材料、隔声材料、施工技术难度和效率等。

（4）居民的居住观念问题。

钢结构住宅作为一种新的建筑和结构形式，多采用轻质材料，长期住惯了砖混结构或混凝土结构住宅的人存在习惯转变的时间问题。人们对钢结构住宅尚缺乏全面深入的认识和评价。

（5）重视关键技术领域的研发。

主要包括：①新型工业化住宅建筑结构体系；②符合国家政策要求的新型墙体材料和成套技术；③满足国家节能要求和符合新能源利用的住宅部品和成套技术；④有利于城市减污和环境保护的成套技术；⑤符合工厂化、标准化、通用化的住宅装修部品和成套技术等。

预制装配式钢结构住宅墙体系统特别是外墙系统，是预制装配式钢结构住宅围护体系研发的重点。

第二章 屋顶绿化

第一节 屋顶绿化概况及分类

作为城市可持续发展的重要手段，屋顶绿化是城市发展战略的一个重要组成部分，对于缓解城市绿化用地不足、热岛效应、雨水径流和建筑节能等方面的问题具有重要作用。

《深圳市立体绿化设计及施工指引》指出，屋顶绿化是以建（构）筑物顶部为载体，周边不与自然土层相连，以植物材料为主体营建的一种立体绿化形式，可分为简单式屋顶绿化、混合式屋顶绿化和花园式屋顶绿化三种类型，如表1所示。

表1 立体绿化形式

特　征	类　型		
	简单式屋顶绿化	混合式屋顶绿化	花园式屋顶绿化
基质厚度	10 ～ 30cm	31 ～ 60cm	>60cm
植被类型	景天属等低、矮耐旱地被植物	地被与灌木	乔木、灌木及地被
维护强度	低度维护	中度维护	高度维护
饱和容重	70 ～ 170kg/m²	170 ～ 290kg/m²	290 ～ 970kg/m²
三种屋顶绿化部面	宽广	半集约	集约
三种屋顶绿化实景			

第二节　广东省屋顶绿化的发展历程和政策支持情况

一、发展历程

早在 20 世纪 60 年代，广州市的一些五星级宾馆，比如天鹅宾馆和东方宾馆，就首次尝试用花园式屋顶绿化的形式来打造花园式酒店。在 2000 年左右，深圳市园林科研所开始研究屋顶绿化，广东省的屋顶绿化引起科研重视，之后零星出现过一些项目，逐步发展但发展缓慢。2013 年，深圳市福田区率先在全市开展立体绿化示范项目，包括垃圾站、学校等场地的屋顶和墙面绿化。2015 年，立体绿化在全市展开，发展迅速（表 2）。

表 2　广东省屋顶绿化发展历程表

时　间	具体实施示范性项目
前期科研期 20 世纪 90 年代	深圳是国内最早开展屋顶绿化的城市之一，在 2000 年前，开始了屋顶绿化相关研究，1999 年颁布了《深圳市屋顶绿化美化办法》
重大活动带动期 （2000—2010 年）	2000 年深圳获"国际花园城市"称号，研究屋顶绿化，零星出现过一些项目，但发展缓慢。代表项目有南沙采石场、车公庙天安屋顶花园、星河丹堤隧道上盖轻型屋顶绿化项目、梅山苑简单式屋顶绿化
"十二五" 立体绿化示范期 （2010—2015 年）	深圳市率先开展立体绿化示范项目，包括垃圾站、学校等场地的屋顶和墙面绿化，立体绿化在全市展开，发展迅速
"十三五" 野蛮生长期 （2016 至今）	《深圳市经济特区绿化条例》正式实施，该《条例》新增立体绿化章节，对新建公共建筑、高架桥、人行天桥、大型环卫设施强制实施立体绿化，并要求出台货币补贴、立体绿化折抵地面绿化等鼓励政策。截至 2016 年，深圳市全市屋顶面积约 21054 万平方米，已绿化面积为 155 万平方米，占全市屋顶面积不到 1%，距离 5% 的目标差距还甚远。相比于深圳屋顶绿化的迅速发展，广州市屋顶绿化面积为 69 万平方米，推广效果不佳

《深圳市经济特区绿化条例》于 2016 年 10 月 1 日起正式实施。根据深圳市城市管理局印发的《2016 年深圳市立体绿化工作实施方案》，2016 年全市将实现新增立体绿化 20 万平方米以上，2017 年全市将实现新增立体绿化 40 万平方米以上。随着深圳市提出建设森林城市、花园城市的目标，以及世界植物学大会在深圳的召开，深圳市新增了许多立体绿化项目，如在重点突出门户节点地区实施立体园艺造景。由此可见，探索多元化、景观化立体绿化建设，可以塑造良好的城市景观。

二、政策支持情况

广东省出台的屋顶绿化政策、法规，如表 3 所示。

表3 广东省屋顶绿化政策颁布情况表

类型	时间	名　　称	发文部门
已出台规划政策	2009	《深圳市绿色建筑评价规范》	深圳市质量技术监督局
	2011	《深圳市绿色城市规划设计导则》	深圳市规划局 深圳市建筑科学研究院
	2012	《深圳市人民政府办公厅关于印发美丽深圳绿化提升工作方案的通知》	广东省深圳市人民政府办公厅
	2013	《深圳市绿色建筑促进办法》	深圳市人民政府令 第253号
	2014	《广东省城市绿化条例》 《深圳市城市规划标准与准则》	广东省人民代表大会常务委员会 深圳市人民政府深府〔2004〕53号
	2015	《关于推进广州市城市空间立体绿化的意见》	广州市规划局 广州市林业和园林局
	2016	《深圳市建筑设计规则》	深圳市规划和国土资源委员会
	2016	《深圳经济特区绿化条例》	广东省深圳市人大常委会
		《深圳市城市绿化发展规划纲要（2012—2020）》	深圳市城市管理局
已出台标准规范	1999	《深圳市屋顶美化绿化实施办法》	深圳市人民政府
	2007	《种植屋面工程技术规程》 《屋顶绿化技术规范》	国家建设部 广州市质量技术监督局
	2008	《佛甲草种植隔热屋面建筑构造》	广东省建筑标准设计办公室
	2009	《深圳市屋顶绿化设计规范》（地方标准）	深圳市质量技术监督局
	2014	《种植屋面建筑构造》（国家建筑标准设计图集14J206）	中华人民共和国住房和城乡建设部
	2014	《深圳市既有建筑屋顶绿化容器种植技术指引（试行）》	深圳市城管局
	2017	《深圳市园林绿化工程消耗量定额》	深圳市住房和建设局
即将出台	2019	《深圳市垂直绿化技术规范》（地方标准） 《深圳市立体绿化养护规范》（地方标准） 《深圳市立体绿化设计及施工技术指引（试行）》 正在编制的深圳市立体绿化专项规划、深圳市立体绿化实施办法	待定

从规划政策来看，已具备发展屋顶绿化的政策背景，但缺乏专项规划方针和实施办法、量化的投资标准和细化的补贴细则等。

从标准规范来看，屋顶绿化的发展，以广州市和深圳市为主，广东省目前根据自身特点颁布了一些屋顶绿化办法（规划），对规范屋顶绿化工程建设起到了一定的作用。但是，还未形成屋顶绿化建设体系，相应配套产品的细则及标准规范还留有空白，比如基质和排（蓄）水板的产品标准等。

第三节　广东省屋顶绿化的发展现状和趋势

一、发展现状

屋顶绿化是我国多年来大力发展的一种绿化形式，广东省在这方面做了大量工作。常见的绿化形式分为以下几种：简单式、混合式、花园式等，如图1、图2所示。除传统概念的屋顶绿化外，近几年兴起了屋顶菜园，也应属屋顶绿化范畴。

图1

图2

《深圳市屋顶美化绿化实施办法》（深府〔1999〕196号）已实施15年，全市屋顶绿化率约0.63%，中心城区约2%，深圳市福田、罗湖、南山等区域立体绿化已取得一定建设成效，但总量规模仍严重偏低，行业可持续发展态势不高。作为广东省的省会城市，广州的发展情况与深圳相比并没有更好，目前屋顶绿化的建设规模不足以对城市尺度的生态环境产生显著影响，对缓解广东省土地资源稀缺和生态建设用地需求之间的矛盾作用还甚微。

二、存在问题

随着屋顶绿化技术在广东省的迅速发展，越来越多的问题也随之暴露出来，亟需解决。

政策措施方面：第一，缺乏跨部门、跨学科系统性联合，这是行业发展受限的关键问题。由于屋顶绿化是多学科（建筑学、气象学、景观学、植物学等）的跨界联合，涉及多个监管部门（规划、交通、住建、水利等），但是目前深圳市仅由城管部门管辖，政策效力有限。第二，出台的鼓励性政策没有配套的实施细则，效果欠佳。深圳市城管局出台了一揽子政策方法，但制定的政策没有配套的实施细则或是没有相应规模的补助政策，未得到社会的积极响应。第三，缺乏明晰的屋顶绿化发展思路和目标，导致政府对屋顶绿化缺乏可持续的公共政策支持。

组织保障方面：第一，缺乏规范的工程建设管理。如果中标单位缺乏屋顶绿化设计、施工经验，可能导致项目层层分包、企业利润低、施工质量低劣、售后服务跟不上等现象。第二，缺乏完善的行业规范、统一的施工验收标准。由于缺乏由政府牵头、协会促进、企业参与的行业标准和规范监督，使得屋顶绿化项目的施工、验收等各个环节都容易出问题。第三，屋顶绿化定额宣传力度不足。经调研，目前企业单位对屋顶绿化配套的定额不了解。

从业人员方面：第一，缺乏专业技术人才，施工队伍水平参差不齐。屋顶绿化涉及的行业较多，从前期规划、设计，到建设施工，乃至后期养护都需要过硬的专业水准。近几年屋顶绿化企业施工队伍水平参差不齐，建成项目品质高低不等。第二，屋顶绿化技术开发不完善、不精细。屋顶绿化行业是多工艺交叉的技术体系，现从事屋顶绿化的企业大部分为近几年新成立的小微企业，从业人员多数为从园林绿化行业转行的人员，因此，屋顶绿化的专业技术相对单一并且不够精细化，在绿化景观与建筑的结合、苗木选择、基质配置、建筑防水、雨水利用等方面都还需要完善、精准和深入开发。

对外宣传方面：业主意识需正面引导。需要有计划地做好屋顶绿化试点工作，开展屋顶绿化科普宣传活动，提高市民对屋顶绿化意义的认识，消除市民对屋顶绿化的疑虑。很多业主认为屋顶绿化成本偏高，直接导致企业进行低价竞争，这在一定程度上影响了屋顶绿化的品质和服务。

三、广东省屋顶绿化的发展趋势

欧美国家的经验表明，立体绿化事业成功的关键因素有三个：第一是有良好的法律及公共政策环境；第二是有先进的立体绿化技术体系；第三是全民环境意识的普通提高。建议政府、行业、公众三方共同携手努力，紧跟国际化、法制化、职能化、专业化、数字化、多样化的发展趋势。

屋顶绿化作为密集型城市生态建设重要的一环，在生态效果、节能效益及海绵城市建设方面具有十分重要的现实意义。其主要发展趋势有：

广东省有着得天独厚的气候条件，也有着绿色建筑建设的强烈要求，这为屋顶绿化事业的发展提供了一个广阔市场，屋顶绿化的理念会向资源节约、植物配置多元化、低成本、低维护的方向发展，绿化形式也更趋向于回归自然。立体绿化与建筑的一体化设计是当今立体绿化发展的必然趋势。新建建筑设计阶段推行屋顶绿化，是推广实施屋顶绿化的最佳方法，可使得屋顶绿化与建筑一体化方面完美结合，保障屋顶绿化的质量。

第四节　技术案例分析

一、侨城坊项目

侨城坊是深圳市政府批复的大沙河创新走廊新兴产业基地（一期）重点园区之一。园区定位为文化创意产业，将大力引进文化创意类企业，并为入园企业提供研发创意、人才公寓、金融、文体、商务等综合配套服务，逐步形成文化创意产业集群。

图3　侨城坊创意屋顶

屋顶绿化设计遵从建筑的现代感，以简洁草坪为主，局部点缀个性化的艺术雕塑，增强空间感染力，如图3所示。采用种植屋面覆土造景——耐根穿刺防水层、蓄排水层、过滤层、种植基质、绿化种植的施工工艺。项目屋面为弧形钢架结构，最大坡度为60°，填土厚度30cm。为防止土壤流失及下滑，采用土工格式工艺固定土壤，并用不锈钢丝拉索固定土工格。基质方面，利用植物废弃物发酵形成的生物有机肥作为主要配料，有效活菌数（cfu）≥0.3亿/g，有机质的质量分数（以烘干基计）≥45%，加入复合肥和轻质矿质基材，如陶粒、珍珠岩等，混合而成。具有轻质、保水肥、有机质含量高和不易滋生蚊虫等特点，满足植物生长所需条件。项目面积7000m²，为了精准化控制，对该项目的滴灌系统进行分区域控制。分两个整体屋面，每个屋面分为5～6个区域控制，方便养护人员能及时发现问题并进行操作。

二、深交所营运中心工程项目

深交所营运中心工程项目以最低消耗（节约资源、节约能源）和健康舒适环境（风环境、热环境、光环境、声环境、绿化环境、空气质量）为设计和施工理念，其绿色建筑目标为创建《绿色建筑评价标准》（GB/T 50378—2006）公共建筑类三星级绿色建筑（最高级别）。

图4　深交所花园式屋顶绿化鸟瞰

深圳证券交易所屋顶绿化项目。如图4所示，分布在二层（约1000m²）、九层（约200m²）和十层（约11000m²）。应用的屋顶绿化技术均采用种植屋面覆土造景——耐根穿刺防水层、蓄排水层、种植基质、绿化种植的施工工艺。在植物配置上，为配合花岗岩地面，二层平台屋顶绿化为方格式马尼拉草透水草地。在半封闭、狭长的天井环境中，九层屋顶绿化是由姿态优美、浅根、耐阴竹子、观叶灌木、观花灌木、芳香类灌木、多年生花卉、草类地被组成的多层次庭院式精致小花园。

位于该项目十层的抬升裙楼屋顶花园为世界上最大最高的悬挑平台，设计上融合了传统的英式园林风格与中国剪纸元素，将富于中国艺术特色的版画与国际文化设计语言相结合，用简约的自由曲线与线型元素勾勒出一个灵动、开放、活力的人性化环境；同时在植物配置上，选择矮小、浅根、抗风力强、耐修剪的花灌木、球根花卉和多年生花卉、藤本及草地；在植物的高度上也设计了不同层次以创造出一个面向整个城市的立体空间。灌溉系统采用自动化感应中水喷灌系统，根据现场反馈数据，设定相应的灌溉启闭频率，达到均匀浇灌、准确控制水量的目标。采取间断性加肥加药，根据植物的生理、生态需求，设置一定频率添加肥料和农药。

第三章 建筑隔声楼板

噪声越来越成为人们居住水平的衡量因素之一。随着人们生活水平的不断提高，房屋已经不仅需要满足居住的要求。由于日常工作生活大部分的时间都是在室内度过的，在物理改变室外环境的条件下，营造和维护一个优质的建筑室内环境对于城市居民的身心健康、生活质量与舒适度尤其重要。

根据世界卫生组织的定义，噪声是人们不需要或有害的声音。它不仅包括杂乱无章、不协调的声音，还包括影响旁人工作、休息、睡眠的各种声音。因此，对噪声的判断往往与个人所处的环境和主观愿望有关，而非单纯取决于音量的高低。声环境是反映室内环境质量的重要指标之一，其中，建筑内部的楼板隔声也日益引起人们的重视。

第一节 建筑隔声楼板的发展现状及展望

一、建筑隔声楼板的现状

长期以来，我国居住建筑的隔声性能差，特别是楼板撞击声隔声薄弱，这导致撞击噪声干扰一直是邻里纠纷的热点，严重影响了人们的生活质量。现阶段我国房地产市场以毛坯房为主（截至 2019 年），但南方地区与北方情况完全不同。北方地区为了防止分户间层供热量的转移和损失，强制要求分户楼板做保温构造处理，而做了保温和地热构造的楼板计权标准化撞击声压级通常在 75dB 以下，完全能够满足隔声要求。而南方地区没有采暖要求，根据现场测量，毛坯楼板的计权标准化撞击声压级在 80dB 左右；如果直接铺面砖，同样只能维持在 80dB 左右，楼板的撞击声隔声性能无法达到《民用建筑隔声设计规范》的要求。总体来看，南方地区楼板隔声问题比较严重，高房价和低隔声的品质形成鲜明对比，住户常常抱怨此类问题，因此必须采取构造措施以提高楼板的撞击声隔声性能。

随着国内经济发展水平的提高和环保意识的增强，老百姓对健康舒适的居住体验有了更高的要求。同时，城市工作压力加大、生活节奏加快对优质睡眠的需求愈加强烈，一个安静、舒适的室内环境是"美好家"的基本诉求。

国内大多数建筑光裸楼板的厚度往往只有 10 ～ 12cm，其撞击声压级在 78 ～ 85dB，铺设瓷砖地面后一般达不到 ≤75dB 的低限值要求。改善楼板隔音的做法包括增加楼板厚度和铺装地毯，但前者往往不经济，厚度要达到 200mm 以上才能满足隔音要求；而后者则不利于日常生活的打理。因此，隔音楼板就成了一个普遍采用的做法。

但是，传统的浮筑楼板、建筑施工水平在一定程度上影响和限制了建筑隔音楼板的推广和应用。主要原因是，建筑楼板的厚度往往因施工质量的原因而厚薄不均，在铺设管道后导致粘贴保护层的厚度不足，出现空鼓和开裂现象。如果要从根本上改变建筑隔音性能，业界呼吁采用建筑隔声楼板的新材料和新工艺。

二、常见隔声楼板优缺点对比

表1　常见降低楼板撞击声的措施比较

比较内容 隔音措施	隔音垫	隔音砂浆	隔音涂料	地　毯	木地板
工程做法 （由上至下）	1. 地砖（业主自理） 2. 30厚干性砂浆 3. 40厚细石混凝土（铺筋网片） 4. 3～5厚隔音垫 5. 粘接剂 6. 水泥砂浆找平 7. 120厚混凝土楼板	1. 地砖（业主自理） 2. 30厚干性砂浆 3. 40厚细石混凝土（铺筋） 4. 30厚隔音砂浆 5. 水泥砂浆找平 6. 120厚混凝土楼板	1. 地砖（业主自理） 2. 30厚干性砂浆 3. 3～5厚隔音涂料 4. 水泥砂浆找平 5. 120厚混凝土楼板	1. 地毯 2. 地毯粘接剂 3. 水泥砂浆找平 4. 120厚混凝土楼板	1. 8～10木地板 2. 水泥砂浆找平 3. 120厚混凝土楼板
隔音量	大于10dB	大于10dB	大于10dB	大于10dB	大于10dB
优点	1. 隔音效果佳	1. 隔音效果佳 2. 若精装交房可以代替干性砂浆铺贴	1. 隔音效果佳 2. 施工厚度薄 3. 抗裂强度高，毛坯交房满足要求	1. 隔音效果佳 2. 工序简单 3. 适用于酒店	1. 隔音效果佳 2. 工序简单 3. 适用于精装交房
缺点	1. 施工工序繁琐 2. 容易产生空鼓 3. 层高受影响	1. 施工工序繁琐 2. 容易产生空鼓 3. 层高受影响	1. 涂刷质量要求高	1. 适用范围小 2. 造价高	1. 适用范围小 2. 造价高
造价分析	62～79元/平方米	65元/平方米	52～67元/平方米	80元/平方米	80～120元/平方米

三、建筑隔声楼板的发展展望

常规的建筑光面建筑楼板，尤其在没有保温要求的南方，它们的撞击声级大多数是78～85 dB，与国际标准化组织要求的67 dB 相差甚远，与日本的标准50～60 dB 相比差得更远。绿色建筑要求为人们提供一个健康、适用、舒适的使用空间，楼板隔声是建筑作为商品的重要质量指标之一。因此绿色建筑评价标准对楼板的隔声量也提出了较高的要求。

良好的隔声环境是绿色住宅建筑的重要特征之一，也是绿色住宅建筑整体质量的重要保证。住宅建筑噪声一般以空气传声和撞击传声两种方式进行传递，其中住宅楼板的撞击声，是影响住宅建筑质量的一个重要因素。

相关标准条文如下：《绿色建筑评价标准》GB/T 50378—2018 中又延续了这一控制性条款。控制项8.1.1：主要功能房间的室内允许噪声级和隔声性能应满足现行国家标准《民用建筑隔声设计规范》（GB 50118）。8.2.2：主要功能房间的隔声性能良好，评价总分值为 6 分，并按下列规则分别评分并累计：

（1）构件及相邻房间之间的空气声隔声性能达到现行国家标准《民用建筑隔声设计规范》（GB 50118）中的低限标准限值和高要求标准限值的平均值，得 2 分；达到高要求标准限值，得 3 分。

（2）楼板的撞击声隔声性能达到现行国家标准《民用建筑隔声设计规范》（GB 50118）中的低限标准限值和高要求标准限值的平均值，得 2 分；达到高要求标准限值，得 3 分。

而按现行《民用建筑隔声设计规范》（GB 50118—2010）、《民用建筑设计通则》（GB 50352—2005）和《住宅建筑规范》（GB 50368—2005）全文强制性标准的规定，有隔声要求的楼板的撞击声隔声性能指标，计权标准化撞击声压级 $L'_{nT \cdot w}$ 应不大于 75dB。

随着绿色建筑在全国逐渐全面铺开，各省市的执行力度不断加强，以及新版住宅规范，对项目全装修交付的政策，建筑隔音楼板将逐渐成为行业常态。隔声楼板，作为一种实用、有效的隔声措施，将不再只应用于一些高级住宅项目中。

第二节 隔音垫的技术案例分析

一、艾朗特隔音垫的特点及产品细分

（一）隔音垫的特点

图 1 隔音垫样式照片

（1）抗压缩变形性，即弹性具有持久性，可以保证配件得到长期的减振保护。

（2）原材料是环保材料。

（3）具有阻燃性能，不含有害物质，不残留、不会污染设备，对金属不具有腐蚀性。

（4）表面具有优异的浸润性，容易粘接，易于制作、便于冲切。

（5）施工便捷，降低传统地板安装难度，提高铺装效率，带胶面朝上可直接 DIY 铺装地板，例如 PVC 地板、塑胶地板等；若带胶面朝下，则地面可免涂胶。

（6）良好的保温效果。

（二）隔音垫的主要技术性能

在计权规范化撞击声压级为 $L_{n,w} = 78dB$ 的钢筋混凝土楼板上，铺装该 3mm 聚氨酯橡胶隔声垫后，整体楼板构造经撞击声隔声检测，计权规范化撞击声压级 $L_{n,w} = 64dB$，计权撞击声压级改善量 $\Delta L_w = 14dB$。依据《民用建筑隔声设计规范》（GB 50118—2010）中的楼板撞击声隔声标准，该隔音楼板撞击声隔声性能均达到住宅建筑、学校建筑、医院建筑和旅馆建筑相应等级标准。

（三）隔音垫的铺设方法

使用过程中首先需要将地面清扫干净，做到无突起物（3mm 橡胶隔声减振垫突起物不能超过 3mm，凹凸不能太明显），地面平整，若对地面要求较高，则需要找平。

橡胶隔声减振垫，相接处要整齐密封，如边角不齐，需用刀剪切齐，相接的地方可采取搭接或平接的方式连接，平接则必须用专用胶水将接缝粘牢，接缝处用胶带封严，若不常重复安装上层地板，不强求用胶带封严（如图 2）。

找平 ⟶ 橡胶隔音减振垫 ⟶ 安装面层地板 ⟶ 压实清洁维护
　　　　　　　　　　　　　　　（木地板/PVC地板/大理石）

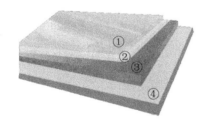

①木地板/竹地板/石材地板/乙烯基卷材等　　①木地板/竹地板/石材地板/乙烯基卷材等
②水泥砂浆层　　　　　　　　　　　　　　②胶黏剂
③艾朗特隔音减振垫　　　　　　　　　　　③艾朗特隔音减振垫
④地面基础/水泥砂浆层　　　　　　　　　　④地面基础/水泥砂浆层

图 2　施工工艺示意

（四）隔音垫产品细分

1．单面背胶地垫（注：可两面加胶）

（1）特点

①抗压缩变形性，即弹性具有持久性，可以保证配件得到长期的减振保护。

②原材料是环保材料，不含有害物质，不残留、不会污染设备，对金属不具有腐蚀性。

③燃烧性能 B_2 级，具有阻燃性能。

④表面具有优异的浸润性，容易粘接，易于制作，便于冲切。

⑤良好的保温效果。

（2）施工要点及适用范围

①施工要点：施工便捷，降低传统地板安装难度，提高铺装效率，带胶面朝上可直接 DIY 铺装地板，例如 PVC 地板、塑胶地板等；若带胶面朝下，则地面可免涂胶。

②使用场所：住宅、办公楼、KTV、酒店等的墙面。

图3 施工工艺示意

2. 无背胶地垫

（1）特点

①抗压缩变形性，即弹性具有持久性，可以保证配件得到长期的减震保护。

②原材料是环保材料，不含有害物质，不残留、不会污染设备，对金属不具有腐蚀性。

③燃烧性能 B_2 级，具有阻燃性能。

④表面具有优异的浸润性，容易粘接，易于制作，便于冲切。

⑤柔软度比其他系统好，良好的保温效果。

（2）施工要点及适用范围

①施工要点：施工便捷，降低传统地板安装难度，提高铺装效率，可直接 DIY 铺装锁扣地板，瓷砖、大理石及其他地板则需要水泥胶。

②使用场所：住宅地面。

3. （软木）系列

（1）特点

①软木的吸音功能：比其他原材料的吸音效果更好。

②隔热、防静电功能：软木吸音垫的此项功能能很好地呵护家用电器，延长家用电器的使用寿命，减少静电带给家人的危害。

③抗压缩变形性，即弹性具有可持久性，可以保证配件得到长期的减振保护。

④原材料是环保材料，不含有害物质，不残留、不会污染设备，对金属不具有腐蚀性。

⑤燃烧性能 B_2 级，具有阻燃性能。

⑥良好的保温效果。

（2）施工要点及适用范围

①施工要点：软木垫吸音降噪的范围在 30～50dB，广泛适用于各种需要吸音降噪的场所，可以创建一个安静、舒适的环境，施工便捷，降低传统地板安装难度，提高铺装效率，可直接 DIY 铺装锁扣地板，此系列需要刷 108 胶水。

②使用场所：住宅地面。

4. 橡胶运动地板卷材 & 片材（锁扣）

（1）特点

①具有优良的回弹性，不易变形，抗压性比其他系列强（除了橡胶运动地板），减振的不二之选。

②原材料是环保材料，不含有害物质，不残留、不会污染设备，对金属不具有腐蚀性。

③防滑且耐磨，耐油性，耐化学腐蚀性。

④燃烧级别达到 B_1 级，且绝缘性强，防静电。

（2）施工要点及适用范围

①施工要点：施工便捷，降低传统地板安装难度，提高铺装效率，可直接 DIY 铺装锁扣地板、瓷砖、大理石，其他地板则需要水泥胶或其他粘合性好的环保胶。

②使用场景：住宅、办公楼、商业、酒店、KTV、健身房等的地面。

 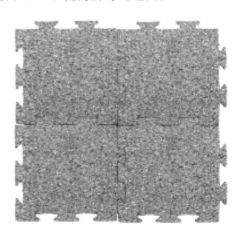

图 4　施工工艺示意

5. 橡胶运动地板

（1）产品特点

①抗压缩变形性，即弹性具有持久性，可以保证配件得到长期的减振保护。

②原材料是环保材料，不含有害物质，不残留、不会污染设备，对金属不具有腐蚀性。

③燃烧性能 B₂ 级，具有阻燃性能。

④耐油性，耐化学腐蚀性

（2）施工要点及适用范围

①施工要点：施工便捷，降低传统地板安装难度，提高铺装效率，可直接铺装锁扣橡胶运动地板，不需涂胶。

②使用场所：健身房地面。

6．隔音垫

隔音垫成品图及施工图，如图 5 所示。

图 5　成品施工工艺示意

二、隔音垫案例分析

（一）众冠保障房项目应用

为贯彻落实深圳市南山区推进民生工程的有关部署、加强住房保障工作解决片区产业配套住房问题、促进片区经济健康快速发展，深圳市南山区住房和建设局在龙井路以南、龙珠四路以东建设众冠地块保障性住房（图6）。众冠保障房项目采用艾朗特提供的 3mm

图 6　众冠保障房效果图

厚聚氨酯橡胶隔音垫，如图7所示，令分户楼板撞击隔声量达到绿建三星标准要求，成为深圳市南山区绿色建筑标准示范项目。

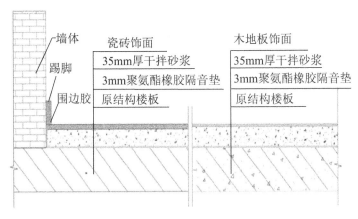

构造做法：
瓷砖饰面/木地板饰面
35mm厚干拌砂浆
3mm聚氨酯橡胶隔音垫
150mm混凝土楼板
计权规范化撞击声压级=58dB
注：以上楼板隔音效果为项目样板房实测结果，同样构造做法亦可能因环境差异而发生改变，具体以项目现场实测为准。

图7 构造做法示意

（二）南昌航天国际广场项目应用

南昌航空工业城位于瑶湖之畔，是一个集航空产业产品的研发与制造、航空通用运营与服务、航空教育、博览、旅游、文化、运动娱乐以及住宅小区建设为一体的科技进步、经济发达、社区繁荣的现代化综合城区，如图8所示。而南昌航天国际广场作为江西航天地产的开山之作，区位优势明显，该项目位于高新区紫阳大道南侧，规划路以西、江西科技学院对面区域，交通便利，地理环境优越，是集商业、办公等功能为一体的综合项目。

该项目采用艾朗特提供的5mm聚氨酯橡胶隔音垫作为地面的浮筑楼板隔声系统，如图9所示，在充分考虑了项目所需的和谐声环境后，艾朗特对整个项目机电设备的振动控制、系统门窗隔音、墙体的空气隔声、楼板撞击隔声等提出了切实可行的处理方案及材料供应服务，充分凸显了项目对室内环境质量与舒适度的要求，经测试，撞击隔声量达到53dB，改善量达到25dB，完全满足江西省一星级绿建项目规范要求，成为南昌地区绿建项目的新标杆。

图8 南昌航空工业城效果图

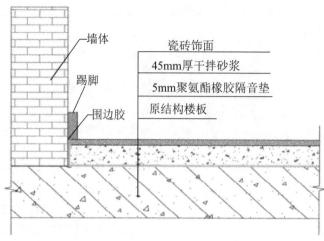

构造做法：

瓷砖饰面

45mm厚干拌砂浆

5mm聚氨酯橡胶隔音垫

120mm混凝土楼板

计权规范化撞击声压级=63dB

注：以上楼板隔音效果为项目样板房实测结果；同样构造做法亦可能因环境差异而发生改变，具体以项目现场实测为准。

图9 施工工艺示意

第三节 隔音涂料的技术案例分析

一、艾朗特隔音涂料特点及施工工艺

（一）隔音涂料介绍

隔音涂料（图10）适用于室内外建筑物如一般住宅小区、路边住宅、隧道、道路隔音屏障、别墅、高档住宅、酒店、学校、体育馆、音乐厅、歌剧院、工厂等的表面。吸音性能强大，并能有效地减少和缓解噪声，效果极佳。色彩丰富亮丽、流平性能卓越，涂刷简便，具有极佳的附着力、优良的保色性及抗老化性，具有防霉抗藻、抗碱、抗紫外线辐射等诸多功能。

图10 桶装隔音涂料

（二）隔音涂料施工工艺

底材温度应不低于5℃并且至少应当高于空气露点温度3℃以上，温度和相对湿度应当在邻近底材的地方测量。

使用于狭窄空间时，通常需要有良好的通风环境以确保正常的干燥。

刷涂：建议在预涂和小面积涂装时采用，但必须达到规定的干膜厚度。

辊涂：推荐使用，在辊涂时应当注意施工有足够的材料以达到规定的干膜厚度。

喷涂：可以使用高压无气喷涂，也可使用空气喷涂。喷涂压力：$6 \sim 8 kg/cm^2$，喷涂距离：$50 \sim 100cm$，喷嘴口径：$5 \sim 8mm$。

施工时，地面均匀施工，墙角处上翻5cm。

表2　施工工艺指标

指标名称	测试结果或描述
混合比（重量）	涂料加入水不超过20%，搅拌均匀后使用
稀释剂/清洗剂	净化水
建议重涂次数	2～3次
建议干膜厚度/mm	1.5～2
理论用量（2mm干膜）/（kg·m⁻²）	0.8～1.2

二、隔音涂料案例分析

群峰花园（图11）是开发面积为 801 404m² ，建设面积为 1 225 457.16m² 的超大型社区，包括住宅、商业、社区用房及配套用房等。该项目采用艾朗特隔音涂料，具体施工方法为采用 3mm 水性阻尼隔音涂料，如图 12 所示，即隔音涂料基本不影响楼层净空高度。具体构造做法即现场施工照片如图 13 所示。

—8～10厚地砖，干水泥砂浆填缝
—20厚1:3干硬性水泥砂浆结合层，面撒水泥粉
—3厚水性阻尼隔音涂料，上返30mm
—钢盘砼楼板

图 11　惠州群峰花园效果图　　　　图 12　构造做法

图 13　施工现场照片

第四章 建筑防水

建筑防水对保证建筑物的正常使用功能和结构使用寿命具有重要作用，它广泛用于各类工业和民用建筑、道桥、隧道、水利等工程中，其作用关乎百姓民生安康与社会和谐。提高建筑防水工程质量，大幅降低工程渗漏水率，对提高建筑能效和建筑品质，节能减排，降低建筑全寿命周期成本，保障民众正常生活和工作，提升民众对生活的获得感、满意度和幸福感，具有重要意义。

防水材料主要包括防水卷材、防水涂料、防水密封材料、刚性防水材料和一些防水辅材，其主要功能就是防水、密封与防护。由于防水材料一旦失效导致渗漏发生，水会对钢筋混凝土等建筑主体结构、保温材料等功能结构产生侵蚀和霉变，日积月累，直接影响建筑工程的寿命，因此防水材料是关乎国计民生的重要建材。随着技术的发展，建筑防水材料及密封材料技术飞速发展，除防水以外的功能越来越多，防潮、隔气、保温、热反射、防腐、堵漏、隔热、防滑等功能也集合在各类防水材料中，因此防水材料在建筑材料中的重要性日益明显。

第一节 建筑防水材料的行业标准及规范

中国的建筑防水领域经过了三十多年的高速发展，涉及的产品、装备、工艺、技术、工法众多，发展至今已有100余项产品标准，60余项方法标准，10余项基础类通用标准和20余项工程规范标准。包含国家标准约98项，建材（JC）行业标准约56项，建工（JG）等行业标准约28项。此外还有大量的在研标准项目，大量的地方标准、团体标准和企业标准等。防水领域的标准化体系已经十分完备。

一、建筑防水标准

防水材料国家和行业标准主要由"全国轻质与装饰装修建筑材料标准化技术委员会建筑防水材料分技术委员会（TC195/SC1）"负责组织修订，并归口管理；密封胶国家和行业标准主要由"全国轻质与装饰装修建筑材料标准化技术委员会建筑密封材料分技术委员会（TC195/SC3）"负责。其他标准化技术委员会也制定并归口了一部分的防水材料领域标准。

（一）TC195/SC1 负责组织起草并归口的防水材料标准

TC195/SC1 归口管理防水领域有49项现行国家标准和31项现行建材行业标准。

（二）TC195/SC3 归口的密封材料标准

TC195/SC3 归口管理密封领域有29项现行国家标准和15项现行建材行业标准。

（三）其他单位负责编制或归口的防水密封领域标准

收集到的由其他单位归口的现行防水密封标准,有国家标准 11 项,环境标准 3 项,建材标准 9 项,建工标准 6 项,交通标准 6 项,农业标准 1 项,铁路标准 4 项。

二、建筑防水规程及规范类

规程及规范也是标准。规程是指:为产品过程或服务全生命周期的相关阶段推荐良好惯例或程序的标准规定产品。规范是指:过程或服务需要满足的要求以及用于判定其要求是否得到满足的证实方法的标准。

前文提到的防水领域标准,主要是涉及产品(材料)、试验方法、基础通用和管理类的。目前国家建筑防水行业其他的规程和规范类标准,主要涉及工程,按应用可以分为:建筑屋面、建筑外墙、建筑室内、地下工程、道路桥梁和其他几个领域。

（一）建筑屋面防水工程标准

序 号	标准号	标准名称	发布单位
1	GB 50207—2012	屋面工程质量验收规范	住房和城乡建设部
2	GB 50345—2012	屋面工程技术规范	住房和城乡建设部
3	GB 50404—2017	硬泡聚氨酯保温防水工程技术规范	住房和城乡建设部
4	GB 50693—2011	坡屋面工程技术规范	住房和城乡建设部
5	JC/T 2279—2014	玻璃纤维增强水泥(GRC)屋面防水应用技术规程	工业和信息化部
6	JGJ 155—2013	种植屋面工程技术规程	住房和城乡建设部
7	JGJ 230—2013	倒置式屋面工程技术规程	住房和城乡建设部
8	JGJ 255—2012	采光顶与金属屋面工程技术规程	住房和城乡建设部
9	JGJ/T 316—2013	单层卷材屋面工程技术规程	住房和城乡建设部

（二）建筑外墙防水工程标准

序 号	标准号	标准名称	发布单位
1	GB/T	建筑金属围护系统工程技术规程(在编)	住房和城乡建设部
2	GB/T	建筑金属板围护系统检测鉴定及加固技术标准(在编)	住房和城乡建设部
3	JGJ 144—2008	外墙外保温工程技术规程	住房和城乡建设部
4	JGJ/T 235—2011	建筑外墙防水工程技术规程	住房和城乡建设部

（三）建筑室内防水工程标准

序 号	标准号	标准名称	发布单位
1	JGJ 298—2013	住宅室内防水工程技术规程	住房和城乡建设部

（四）地下工程防水工程标准

序　号	标准号	标准名称	发布单位
1	GB 50108（正在修订）	地下工程防水技术规范	住房和城乡建设部
2	GB 50208—2011	地下防水工程质量验收规范	住房和城乡建设部
3	JGJ/T 53—2011	房屋渗漏修缮技术规程	住房和城乡建设部
4	JGJ/T 212—2010	地下工程渗漏治理技术规程	住房和城乡建设部

（五）道路桥梁防水工程标准

序　号	标准号	标准名称	发布单位
1	CJJ 139—2010	城市桥梁桥面防水工程技术规程	住房和城乡建设部

（六）其他防水工程标准

序　号	标准号	标准名称	发布单位
1	JGJ/T 200—2010	喷涂聚脲防水工程技术规程	住房和城乡建设部

（七）绿色产品评价规范

序　号	标准号	标准名称	发布单位
1	GB/T 35609—2017	《绿色产品评价　防水与密封材料》	住房和城乡建设部

上述标准和规范的标准年代号、名称仅供参考，随着行业的发展、技术的进步和标准化工作的不断深入，防水领域还有一大批的标准正在制定和修订的过程中。

第二节　建筑防水材料的现状及发展概况

建筑防水对保证建筑物正常使用功能和结构使用寿命具有重要作用，关乎民生安康和社会和谐。提高建筑防水工程质量，大幅降低工程渗漏水率，对提高建筑能效和建筑品质，节能减排，降低建筑全寿命周期成本，保障民众正常生活和工作，提升民众对生活的获得感、满意度和幸福感，具有重要意义。随着技术的发展，建筑防水材料及密封材料除防水以外的功能越来越多，应用也越来越广泛。其中，防水材料主要包括防水卷材和防水涂料，其主要功能就是防水与防护。防水材料一旦失效导致渗漏发生，水会对钢筋混凝土等建筑主体结构、保温材料等功能结构产生侵蚀，并使之霉变，日积月累，直接影响建筑工程的寿命，因此是关乎国计民生的重要建材。2016 年，中国防水卷材产量约为 11.6 亿 m^2，防水涂料产量约为 5.2 亿 m^2，两者同比 2015 年增长 8.4%。

2013 年中国建筑防水协会委托某调研公司的调查报告显示，9 成以上的家庭住宅或多或少存在渗漏问题，其中以屋面、外墙、卫生间、地下室的渗漏问题尤为严重。调研的结果触目惊心，反映出中国建筑渗漏问题的严重性。其实渗漏早已是住宅工程质量投诉的第一焦点和热点问题。很多百姓买了商品房入住几年后，发生了屋面或侧墙漏水的情况，开发商不管，物业不负责，动用维修基金需要层层申报，排队等待审批。许多人投诉无门只能举家搬迁。如果说高房价是百姓不能承受之重，那房屋渗漏更是百姓心中永远的痛。房屋漏水虽不会造成重大事故或重大损失，但它却如附骨之疽啃噬着每一个深受其害的人。因此，防水材料工程的质量是国计民生关注的焦点。

防水卷材广泛应用于各类桥梁、隧道、公路铁路、地下管网、水力大坝、核电站及商业民用建筑中。在防水卷材中，沥青基防水卷材的生产和应用占比高达77%，高分子卷材仅占23%。沥青基卷材以改性沥青为原材料，在绝大部分企业生产中为了降低成本，还会大量添加欧美国家从不使用的胶粉和机油，其气味大，生产温度高，能耗大，烟气排放挥发大。沥青基卷材在施工时采用煤气喷灯进行明火施工，气味大、温度高，对周边环境有很大影响。在2014年10月底，300余家污染企业被强制要求退出北京，其中就涉及多家沥青防水卷材生产企业。而到了2016年，北京已经停退所有沥青类防水材料生产企业，大部分生产企业转战河北。在严酷的环境压力下，2017年3月河北省石家庄市人民政府印发《石家庄市产业发展鼓励和禁限指导意见（2017—2019年)》，明文禁止新建和扩建防水卷材（油毡）生产线。由此可见沥青类防水卷材的减排工作任重道远。但与此同时，中国在经济发展过程中对建筑防水材料有着巨大的需求，2017年防水行业还将按国外先进产能要求再新建30条以上的防水卷材生产线。排放端的巨大压力和市场的巨大需求形成了强烈的矛盾。

防水涂料除了大量应用在各类工程外，还被作为室内轻质装饰装修材料，用于厨卫、屋面、外墙、地下室等环境。大量的民用住宅发生的屋面、侧墙、卫生间渗漏问题，都与防水涂料的使用和施工有关。与此同时，防水涂料的绿色环保性能直接关乎施工人员的生命健康安全。为了增加施工性，一些不法厂商会在防水涂料中加入有毒有害增塑剂和有机溶剂，由于监管不够严厉，导致低质假冒伪劣产品层出不穷。防水涂料施工时毒倒工人的案例屡见不鲜，恒大、万科等大型开发商在其建筑工程中均发生过此类事故。因此，如今开发商和工程承包单位也对防水涂料的选择尤为慎重。

建筑用密封胶主要起防水密封和材料粘接的重要作用，同时也是室内装饰材料的重点产品，家家户户装修房屋都会大量用到，真真切切地存在于每个角落。中国是玻璃幕墙的第一大应用国，几乎所有的幕墙建筑都会应用硅酮结构密封胶。它承担着幕墙材料间的密封粘合和结构承载的重要作用，由于幕墙脱落砸伤行人的案例频发，因此结构密封胶的性能直接关乎人身财产安全。在2016年国家强制性标准的清理整合中，由于该产品直接关系安全，因此依然保留了其产品标准GB 16776—2005《建筑用硅酮结构密封胶》的强制标准性质。而在家装中，厨卫、阳台、门窗、地板、踢脚线、安装、粘贴、装饰等都会用到密封胶产品，其绿色环保性能，更是与人体健康安全息息相关。由此可见，密封胶也是室内装饰装修的重要材料，其安全性能和绿色化的要求不容忽视。

综上所述，建筑防水材料和密封材料不仅量大面广，具有巨大的经济效益，而且其品质直接关乎国家和社会财产安全以及人民的生命安全。制定防水和密封产品的绿色评价规范对引导行业的绿色化发展具有重要意义。

一、建筑防水卷材产业发展概况

防水卷材是指可卷曲成卷状的柔性防水材料，主要分为聚合物改性沥青防水卷材和合成高分子卷材。改性沥青防水卷材是用改性沥青作浸涂材料制成的沥青防水卷材；高分子防水卷材是以橡胶、合成树脂或两者共混为基料，加入适量助剂和填料，经混炼压延或挤出等工序加工而成的防水卷材。由于防水卷材在工厂采用机械化制作生产，生产条件和影响产品质量的因素可以得到很好的控制，因此产品质量的稳定性较好。与防水涂料相比，其厚度均匀且易于控制，是防水材料中的主流产品。

建筑防水卷材是中国建筑工程不可缺少的功能性材料，占到防水材料的 80% 左右，在建筑应用中起着防水抗渗的重要作用，广泛应用于房屋建筑、公路、铁路、机场、水利设施、粮库、军工国防等各类重要工程。建筑防水卷材产品质量直接关系建筑质量、财产安全、生活舒适和节能环保，与经济社会发展和人民群众的切身利益息息相关。

在 20 世纪 80 年代末 90 年代初，中国开始引进国外先进设备与技术，生产 SBS、APP 改性沥青防水卷材。20 世纪 90 年代后半期，先后开发出自粘型防水卷材和预铺、湿铺防水卷材等，防水材料的品种进一步扩大，产品进一步完善。从 80 年代初期的几十家油毡生产企业，发展到现在持有建筑防水卷材生产许可证企业达 800 余家，还有为数不少的无证企业，且其数量远大于有证企业。防水卷材产量从 2000 年的 3 亿 m^2 发展到 2016 年的 18.97 亿 m^2，同比增长 6.9%。2016 年建筑防水材料的产品结构中，防水卷材占比最大，为 61.18%；防水卷材中，SBS/APP 改性沥青防水卷材占比达到 44.32%，居首位，自粘聚合物改性沥青防水卷材 32.90% 次之，合成高分子防水卷材 22.78% 居第三位。[①]

国家将建筑防水卷材列入工业产品生产许可证管理的产品，到目前为止，在全国已形成了几个生产企业集中性区域，如山东、辽宁、江苏、河北、河南、浙江等地，但生产企业结构仍处于企业规模小、企业数量多的状态，未能形成集约化规模化经营，影响了行业整体实力的增强。全国大型卷材企业约有 25 家，大中小型企业比例约为 1∶15∶20、产值比为 2∶7∶9。同时，防水卷材行业虽然产量大，但中低端产品多，高端产品的产量和应用量占比不到 20%，高技术含量的产品在国内目前都没有得到较广泛的使用和发展。低端产品充斥市场，严重影响了防水行业的发展，也阻碍了行业整体水平的提高。

建筑物和构筑物的防水是依靠具有防水性能的材料来实现的，防水材料质量的好坏直接影响建筑物防水功能的发挥。建筑防水卷材是目前防水工程中使用最多的防水材料。由于许多不同种类的防水卷材产品外观类似，故假冒伪劣、以次充好的现象较为严重，其价格与合格产品相差甚远，因而造成市面上的产品质量始终不稳定。防水材料的好坏，在施工验收阶段很难发现，但性能低劣的产品会严重影响建筑物的使用功能和寿命。

目前防水卷材存在的主要质量问题是：

（1）可溶物含量低。可溶物含量是表征改性防水卷材主要原材料含量及防水性能的重要指标。可溶物含量不足的产品，厚度及耐久性能不易有保障，在使用过程中，耐老化性能差，防水层太薄，开裂后的自愈能力就更差，影响产品的施工性能，也间接影响产品的使用寿命，降低了产品的防水功能。可溶物含量越高，卷材相应成本也就越高。

---

① 数据信息来自 2017 年初中国建筑防水协会行业年度报告。

（2）低温柔性差。低温柔性是表征防水卷材在指定低温条件下经受弯曲后的柔韧性能，也是体现材料在低温条件下抵抗基层开裂的能力或保持伸长的能力。低温柔性不合格的产品在冬季使用过程中承受基层变形的能力差，材料发硬，容易开裂，从而失去防水效果，缩短使用寿命。

（3）耐热老化性能差。热老化是反映产品使用寿命的指标。该项目不合格，说明在经受热环境后或经过夏季与冬季的自然老化后，产品容易变形、收缩或隆起，产品失粘，在基层变形中容易拉裂或拉断，导致建筑物漏水。

建筑防水卷材产品种类很多，具体见表1。

表1 建筑防水卷材产品种类

产品种类名称	细分种类名称	执行标准	简 称
建筑防水卷材	弹性体改性沥青方式卷材	GB 18242—2008	SBS 防水卷材
	塑性体改性沥青方式卷材	GB 18243—2008	APP 防水卷材
	胶粉改性沥青玻纤毡与玻纤网格布增强防水卷材	JC/T 1076—2008	—
	胶粉改性沥青玻纤毡与聚乙烯膜增强防水卷材	JC/T 1077—2008	—
	胶粉改性沥青聚酯毡与玻纤网格布增强防水卷材	JC/T 1078—2008	—
	自粘聚合物改性沥青防水卷材	GB 23441—2009	自粘卷材
	预铺防水卷材	GB/T 23457—2017	—
	湿铺防水卷材	GB/T 35467—2017	—
	热塑性聚烯烃（TPO）防水卷材	GB 27789—2011	TPO 卷材
	聚氯乙烯（PVC）防水卷材	GB 12952—2011	PVC 卷材
	氯化聚乙烯防水卷材	GB 12953—2003	CPE 卷材
	高分子防水材料（片材）	GB/T 18173.1—2012	—
	轨道交通工程用天然钠基膨润土防水毯	GB/T35470—2017	—
	种植屋面用耐根穿刺防水卷材	GB/T 35468—2017	—

二、建筑防水涂料产业发展概况

防水涂料是建筑防水材料的一种，广泛应用于屋面、地下室、厕浴间、水池、水塔、外墙、地下铁道、桥梁路面、水利工程等方面的防水、防潮和防渗。这些部位的基层一般是水泥类材料，使用环境的温度变化大，因各种原因造成的裂缝十分常见，因而对防水涂膜的耐高、低温性及延展性有一定要求。防水涂料就是一种能在基础或基层上形成能够防止雨水或地下水等液体渗漏的涂膜材料，其液料经固化后形成的防水涂膜具有一定的延伸性、弹塑性、抗裂性、抗渗性及耐候性，从而对建筑起到防水、防渗和保护作用；其具有的良好的温度适应性、施工性，使工人操作简便，效率提高，尤其适用于节点繁多、形状复杂的工作面。

中国建筑防水涂料的开发与应用始于20世纪60年代，从80年代开始得到快速发展，品种繁多，产量快速增长。目前，防水涂料占建筑防水材料总产量的27%左右，据2010

年的统计数据，一定生产规模的防水涂料生产厂家有 200 多家，每年的生产总量已超过 20 万吨。2015 年，中国防水涂料使用面积已达到 4.57 亿平米，实际产量为 210 万吨，其中聚氨酯类防水涂料约占防水涂料产品市场的 30% 左右。这类涂料的主要生产区域集中在广东、山东、江苏、上海等经济较为发达的沿海地区。

聚氨酯防水涂料是由异氰酸酯、聚醚等经加成聚合反应而成的含异氰酸酯基的预聚体，配以催化剂、无水助剂、无水填充剂、溶剂等，经混合等工序加工制成的防水涂料。该类涂料为反应固化型（湿气固化）涂料，具有强度高、延伸率大、耐水性能好等特点，对基层变形的适应能力强，是一种液态施工的防水涂料。它与空气中的湿气接触后固化，在基层表面形成一层坚韧的无接缝整体涂膜，从而达到防水效果。

2008 年国家首次颁布实施了 JC 1066—2008《建筑防水涂料中有害物质限量》强制性标准。该标准对聚氨酯防水涂料中的挥发性有机化合物（VOC）、苯、甲苯＋乙苯＋二甲苯、苯酚、蒽、萘、可溶性重金属均规定了限量指标。2014 年，国家又颁布了修订后的 GB/T 19250—2013《聚氨酯防水涂料》，在标准中明确指出，涉及对人体、生物或环境有影响的防水涂料，其使用的安全和环保要求需符合相关标准。

中国防水涂料起步较晚，大型企业少，缺少知名品牌，加上中国涂料生产的门槛较低，造成企业规模小、数量多，经济实力不强，生产工艺比较落后的现象。有的企业生产设备极为简陋，人员只有几个，缺乏必要的检测设备和检测手段，更谈不上应有的质保体系，产品质量良莠不齐。随着竞争的加剧，有的企业为了进一步降低原材料成本，采用劣质甚至废弃溶剂制备涂料，致使建筑防水涂料产品质量不尽人意，有毒有害物质超标现象时有发生，严重损害了消费者的利益。聚氨酯防水涂料产品不合格项目主要集中在游离 TDI、苯、蒽、萘、低温弯折性和固体含量等，其中游离 TDI、苯、蒽、萘等为强制性标准中有毒有害限量物质，属于极重要的项目。

随着国家各类环保政策、法规、标准的出台，防水涂料的环保升级工作在加大力度推行，政策引导着企业朝着环保健康的方向发展。

建筑防水涂料产品种类和涉及标准主要有 9 项，具体见表 2。

表 2　建筑防水涂料产品种类

产品种类名称	细分产品名称	产品标准
建筑防水涂料	聚合物水泥防水涂料	GB/T 23445—2009
	水乳型沥青防水涂料	JC/T 408—2005
	聚合物乳液建筑防水涂料	JC/T 864—2008
	道桥用防水涂料	JC/T 975—2005
	金属屋面丙烯酸高弹防水涂料	JG/T 375—2012
	聚氨酯防水涂料	GB/T 19250—2013
	喷涂聚脲防水涂料	GB/T 23446—2009
	聚甲基丙烯酸甲酯（PMMA）防水涂料	JC/T 2251—2014
	单组分聚脲防水涂料	JC/T 2435—2018
	非固化橡胶沥青防水涂料	JC/T 2428—2017

三、建筑密封胶产业发展概况

建筑用密封胶是一种以非成型状态嵌入接缝中，通过与接缝表面粘结，从而起到承受接缝位移以及达到气密、水密效果的材料。自20世纪末国内建筑结构设计的进步发展和新型建材的应用，密封胶在各类幕墙工程、中空玻璃等建筑工程和家装使用上迅速发展。无论是建筑的外围护、窗结构还是建筑室内装饰装修，各种形式的围护和装饰结构都可以将它们看成是单元组成，这些单元之间的接缝，绝大部分都需要通过建筑用密封胶来密封填充。

密封胶分类方式多种：①按基础聚合物分，主要有硅酮、聚氨酯、聚硫、丙烯酸、丁基、沥青及油性树脂改性产品等，其中硅酮、聚硫等密封胶在中国应用最为广泛，尤其是硅酮密封胶产品；②按用途分，通常可以分结构用和非结构用两种：结构密封胶用于结构性粘结、固定，除此之外的密封胶均属于非结构用密封胶；③按组分分，有单组分和双组分密封胶的区别。单组分密封胶是通过接触空气中的水分固化，产生物理性质的改变从而具有性能；双组分胶则是将A、B两组胶浆通过混合，产生化学反应，固化后具有性能。目前市场上最常见的是单组分硅酮胶，具有优异的耐老化性能和力学性能，弹性好，强度高，施工简便，节能无污染。

建筑用密封胶行业经过近二十年的发展，现也开始进入市场饱和阶段，形成了一大批国内外知名品牌共存的现状，且国内外品牌在产品质量、服务体系以及市场占有率方面的差距越来越小。据中国门窗幕墙行业2016年的统计数据，密封胶年产量为80万～100万吨，产值84亿，其中门窗用胶占45.6%，幕墙用胶占37.6%。全国密封胶生产企业至今约有300多家，以中小型企业居多，其中大型企业占7%～10%，中型企业约占70%，大中小型企业数比例约为1:7:2，产量比例约为3:5:2。通过行业认证的企业过百家，这些企业无论在产品质量、技术创新还是在服务开发方面，都具有不俗的表现，尤其是一些结构密封胶生产企业，高新技术企业约占到2/3。密封胶生产企业主要集中在北京、山东、江苏、浙江、上海、广东、四川等地。随着消费者对工作、住宅环境要求的不断提高，密封胶的产品质量越来越受到大众的关注和重视，尤其体现在用于结构性建筑时。但是到目前为止，密封胶产品不属于国家行政许可管理或3C管理产品范围，因此产品质量参差不齐，不合格产品对公众安全危害严重。

硅酮结构胶最先是从美国发展起来，后来在现代高层建筑上广泛使用，国外的主要生产企业有美国的道康宁，欧洲的瓦克、汉高、西卡，日本的GE迈图、信越等，进口量最多的是道康宁和GE迈图的产品。国外密封胶产品性能稳定，抗老化性能优异，力学性能和弹性兼顾较好，因此一直用于国内一些大型、超大型、高档次幕墙建筑主体。相比之下，国内产品质量差异大，性能不够稳定，技术服务方面也稍显逊色。幕墙建筑的外露接缝通常用硅酮密封胶来密封粘结，在整个建筑上，与结构密封胶常配套使用。

中空密封胶主要用于中空玻璃的腔体密封粘结。随着节能、环保、绿色建筑的不断推行，中空密封胶在近10年的发展极为迅速，生产企业众多，产品质量差异极大。中空密封胶质量不好，将导致中空玻璃性能失效、外观污染等多种现象。

中国目前建筑用密封胶产品存在的主要质量问题是：

（1）产品粘结力不够。作为接缝材料，本身既要有较强的粘结力，又要与基层有良好的粘结。常用的基材有铝材、玻璃、石材、砂浆、金属等材料，不同基材与密封胶的粘结力效果不一。如果产品适用范围窄，粘结力不够，会造成结构破坏，出现严重安全事故。

（2）弹性差。密封胶产品工艺配方中如果加入过多填料，会造成固化后的胶体弹性差，无法适应变形，起不到密封作用。

（3）耐老化性能差。密封胶的抗老化性能决定了其使用寿命的长短。一些密封胶厂家为追逐暴利，在密封胶中添加白油、裂解硅油等小分子物质。白油又称矿物油，其主要成分为饱和碳氢化合物，没有活性基团，不能参与化学反应，它被添加到密封胶后，完全以一种游离状态存在于硅橡胶形成的立体网状结构内。由于沸点较低，经过紫外线照射后，会从硅酮密封胶内挥发或渗透出来。白油挥发出来，会使密封胶变硬、变脆，失去弹性，导致密封胶开裂；如果白油渗透到中空玻璃内部，就会溶解丁基胶（中空玻璃第一道密封胶），导致中空玻璃流油，使中空玻璃性能失效，致使整个装配系统的寿命大为缩短，严重时会出现中空玻璃掉落现象。裂解硅油是回收已固化过的硅酮密封胶经高温裂解提取所得的硅油，其挥发份高，化学成分复杂，含有多种极性物质，如果添加到硅酮结构密封胶中，不但与主体硅橡胶不好相容、易挥发，使硅酮结构密封胶变硬变脆，还会与丁基胶或型材发生不良反应，导致密封胶脱粘失效，存在严重安全隐患。

随着国家对绿色节能建筑、装配式建筑的不断推广以及城市化发展的快速推进，建筑用密封胶市场需求将不断扩大，未来发展前景光明。

建筑用密封胶产品种类很多，涉及标准主要有 16 项，具体见表 3。

表 3　建筑用密封胶产品种类

序　号	产品种类名称	细分种类名称	
1	建筑用硅酮结构密封胶	按组分分	单组分、双组分
2	中空玻璃用硅酮结构密封胶	按组分分	单组分、双组分
3	硅酮建筑密封胶	按位移能力和模量分	25HM、25LM、20HM、20LM
		按用途分	镶装玻璃用、建筑接缝用
4	石材用建筑密封胶	按位移能力和模量分	50HM、50LM、25HM、25LM、20HM、20LM、12.5E
		按组分分	单组分、双组分
		按聚合物种类分	硅酮、改性硅酮、聚硫、聚氨酯等
5	建筑用阻燃密封胶	按位移能力和模量分	25HM、25LM、20HM、20LM、12.5E、7.5P
		按聚合物种类分	硅酮、改性硅酮、聚硫、聚氨酯、丙烯酸、丁基
6	聚氨酯建筑密封胶	按位移能力和模量分	20HM、25LM、20LM
		按组分分	单组分、双组分
		按流动性分	非下垂型（N）和自流平型（L）

序　号	产品种类名称	细分种类名称	
7	聚硫建筑密封胶	按位移能力和模量分	20HM、25LM、20LM
		按流动性分	非下垂型（N）、自流平型（L）
8	丙烯酸酯建筑密封胶	按位移能力和模量分	12.5E、12.5P、7.5P
9	建筑窗用弹性密封胶	按物理力学性能分	1级、2级、3级
		按聚合物种类分	硅酮、改性硅酮、聚硫、聚氨酯、丙烯酸、丁基、氯丁、丁苯
10	中空玻璃用弹性密封胶	按聚合物种类分	聚硫（PS）、硅酮（SR）、聚氨酯（PU）
11	混凝土建筑接缝用密封胶	按位移能力和模量分	25HM、20HM、25LM、20LM、12.5E、12.5P、7.5P
		按组分分	单组分、双组分
		按流动性分	非下垂型（N）和自流平型（S）
12	幕墙玻璃接缝用密封胶	按位移能力和模量分	25HM、20HM、25LM、20LM
		按组分分	单组分、双组分
13	彩色涂层钢板用建筑密封胶	按位移能力和模量分	25HM、20HM、25LM、20LM、12.5E
		按组分分	单组分、双组分
		按聚合物种类分	硅酮、改性硅酮、聚硫、聚氨酯等
14	建筑用防霉密封胶	按位移能力和模量分	20HM、20LM、12.5E
		按聚合物种类分	硅酮、改性硅酮、聚硫、聚氨酯等
		按耐霉等级分	0级、1级
15	中空玻璃用丁基热熔密封胶	—	—
16	道桥嵌缝用密封胶	按位移能力和模量分	25LM、20LM
		按流动性分	非下垂型（N）、自流平型（S）
		按组分分	单组分、双组分
		按聚合物种类分	硅酮、聚硫、聚氨酯

第三节　应用技术案例分析

现代建筑工程中，新型防水材料的应用越来越广泛，施工方法多种多样，应用的场合也日益广泛。以防水卷材为例，根据不同材料，主要分为沥青基卷材和高分子卷材；根据卷材与卷材的搭接方式，可以分为热熔搭接、热风焊接、胶粘剂搭接等几种形式；根据不同的工法应用，主要分有满粘、空铺、条粘、点粘、湿铺、预铺反粘这几类。多种多样的材料和工法，最终的目的均是满足各类防水工程的应用。

一、热塑性聚烯烃（TPO）防水卷材的应用技术阐述与分析

在国家中长期发展规划中，新型防水材料在全国防水工程中的市场份额将进一步增长，传统防水材料的市场份额将大幅度下降。在新型防水材料中，以 TPO 防水卷材为代表的符合当今世界发展潮流的新型环保防水材料将占据重要地位。TPO 防水卷材是一种新的环保型高分子防水材料，过去十多年在欧美的防水材料工业中取得了令人难以置信的成功。由于 TPO 防水卷材在全球范围内表现出优异的物理机械性能、方法可靠的安装性和经过长期使用所证实的可信度，TPO 防水卷材已经获得了全球防水卷材工业的广泛认可。在 ASTM D6878—2017 标准对 TPO 卷材的物理机械性能的规范下，TPO 防水卷材体系已经可以提供 30 年的质量保证。

进口 TPO/PVC 防水卷材生产线的主要产品为 TPO 防水卷材，也可生产 PVC 防水卷材；TPO 防水卷材是在 TPO 的表层和底层中间加上一层增强纤维来构成，主要的增强纤维为聚酯（PET）机织织物和玻纤毡。

TPO 防水卷材综合了 EPDM 和 PVC 的性能优点，除了提供高强、优异的耐候能力，优良的耐高、低温性和尺寸稳定性外，同时也提供了优良的可焊接性。其特点如下：

（1）环保性：其分子结构组成中只有烯烃类聚合物，不含有苯环、杂环、增塑剂以及其它有害物质，在生产和使用过程中均不产生对动植物有害的化学物质，所以环保性能优良。

（2）可回收、循环再生利用性：TPO 防水卷材为热塑性弹性体，在加工和使用过程中所产生的边角料和废料均可以回收、再生循环利用，不会产生建筑垃圾。

（一）TPO 的特点

TPO（thermoplastic polyolefin）即热塑性聚烯烃，是使用现有工艺水平的聚合物生产技术，基于聚丙烯（PP）、聚乙烯（PE）和乙丙橡胶（EPR）一起聚合所得的聚合物。这种材料远不是单纯的聚丙烯与乙丙橡胶的共混物，它的成分是共聚的，是一个均匀分布的共存连续相，有一系列独特的性能，例如较高的弹性、拉伸强度和较宽的热焊接温度范围。

TPO 聚合物里不含氯，在加工过程中也没有含氯成分加入，仅仅是由碳原子和氢原子构成，对环境的影响极小。在低温下具有柔韧性，还具备长时间的尺寸稳定性。

TPO 在任何一个使用阶段（从聚合出来到使用寿命完结中的任意时间点上）都可循环再利用；它可以用任意色调染色，不仅美观，还可以利用白色反射日光表面来节能。

（二）TPO 屋面卷材的产品结构

TPO 树脂可以与耐候性添加剂、阻燃添加剂（如果有要求的话）或者色料进行共混，来制造能够承受屋顶暴露环境的基材。防水卷材可以由在 TPO 的表层和底层中间加上一层增强纤维来构成，目前，主要的增强纤维为聚酯（PET）材质的机织织物。TPO 基材和增强纤维的结合可以提供较高的撕裂强度和抗穿刺性能，更易于机械固定安装。

（三）TPO 屋面卷材的优点

（1）环保性。其分子结构组成中只有烯烃类聚合物，不含有苯环、杂环、增塑剂以及其它有害物质，在生产和使用过程中均不产生对动植物有害的化学物质，所以环保性能

优良。

（2）可回收、循环再生利用性。该材料为热塑性弹性体，在加工和使用过程中所产生的边角料和废料均可以回收，再生循环利用，不会产生建筑垃圾。

（3）耐老化。可直接暴露在紫外线和臭氧的作用下，其物理性能仍然保持稳定，耐久性好，抗老化性能强，使用寿命长。暴露在外的卷材表面不易老化，任何时间点都可以重复热焊接。

（4）可焊接性好。该材料属于热塑性材料，具有热焊接性，TPO 可以使用热空气焊接来安装，热焊接处的强度比卷材本身的强度还要好，使接缝结合牢固，封闭严密，非常可靠、快速；防水处理的细节部分，例如排气阀、管道和拐角处，都完全可以利用 TPO 屋面材料进行热焊接。TPO 产品有很宽的热焊接范围，可以在一个很宽的温度范围内进行热焊接。

（5）使用范围广。该材料具有良好的耐热性和耐寒性，可在 $-60C° \sim 135C°$ 的环境下长期使用。

（6）应用广泛。TPO 防水卷材是一种高性能的防水材料，不仅适用于地下防水工程以及地铁、隧道、涵洞、地下停车场等，还适用于外露和非外露的屋顶、水池、水渠、垃圾填埋场的 I 、II 级防水工程。

（7）密度低（$0.98g/cm^3$ 以下），质量轻，柔韧性好，装卸和施工都非常方便。

（8）尺寸稳定性好。加热伸缩量小，变形小。

（9）耐磨性、抗疲劳性好。可用作膜结构建筑。

（10）抗穿刺性好。TPO 卷材还有一种新的应用领域，那就是用作种植屋面的耐根穿刺防水层。TPO 卷材对植物根系的穿刺具有很强的抵抗力，同时没有氯元素、重金属或是对植物根系有害的成分，这使得种植屋面更加环保，具有更好的生态效果。

（11）热反射节能性。TPO 防水卷材的另一个优点是，当在生产过程中加入了白色颜料，得到的卷材就会有很高的日光反射率。白色的 TPO 卷材符合甚至超过了美国环境保护局的"能源之星"标准。白色的 TPO 卷材日光反射率高于 80%（"能源之星"标准要求 65% 即可），在干净的环境下，在户外放置三年后，其反射率略低于 80%（"能源之星"标准要求 50% 即可）。TPO 卷材还有很好的抵抗霉菌和藻类生长的能力，而霉菌和藻类会降低日光反射率、破坏节能效果和美观。在美国，"能源之星"标准是必然趋势，加利福尼亚州"24 号法规"文件对屋顶材料的日光反射要求也是推动使用 TPO 卷材的一个巨大的动力。这些要求不仅和建筑的节能表现有关，而且也关系到安装过程中的环境，在美国佛罗里达的温暖气候下，用白色 TPO 卷材时屋顶的温度比用黑色 EPDM、改性沥青卷材或者沥青叠层系统要低 40C°。一个阳光反射型的白色 TPO 卷材屋面意味着更好地节约能源和更好地保护环境，更有利于建设节约型社会和环保建筑。

（12）宽幅。TPO 防水卷材的幅宽可以做到 3.66 米，幅宽大的卷材可以节约安装成本、降低安装工作量、减少搭接所消耗的卷材数量。

国家环保发展的要求和人们环保意识的增强，环保特性将成为防水产品的重要标志，谁在这方面做得更好更快，谁就会在未来的市场竞争中占据先机。目前，中国 TPO 防水卷材还处在起步阶段，研究推广还需大量投入，同时蕴藏了巨大的增长空间。

二、单层屋面系统应用技术及分析[①]

单层卷材屋面系统，主要是指单层热塑性聚烯烃（TPO）防水卷材、聚氯乙烯（PVC）防水卷材、三元乙丙橡胶（EPDM）防水卷材、弹性体（SBS）改性沥青防水卷材、塑性体（APP）改性沥青防水卷材等外露使用，由单层防水卷材、保温材料、隔汽材料、系统配套件、机械固定件等组成的屋面系统。

单层卷材屋面系统的关键技术，包括可单层使用、具有优异耐久性的防水卷材的选用及工程施工和节点处理技术；满足屋面要求的保温材料；配套的系统配件（机械固定件、胶粘剂、胶粘带）、施工机具的选用或组合；满足消防要求的防火构造；屋面系统的抗风揭设计及施工技术；施工人员的培训体系；配套的标准、图集、规范的编制，资质认证和职业技能鉴定等。

（一）卷材

目前单层屋面用防水卷材的种类主要是 PVC、TPO、EPDM，还有少量的 SBS、APP改性沥青卷材。其共同点是都必须满足优异的耐候性，如在 GB 50693—2011《坡屋面工程技术规范》中规定，所有用于单层屋面系统的防水卷材人工气候加速老化都要求达到 2500 h 以上。此外还要求具有良好的施工性，如 PVC、TPO 的可靠焊接、EPDM 的可靠搭接（目前大量采用胶带）等；满足不断提高的防火安全要求，并解决由此带来的对可施工性与耐久性的影响；有各种配套的用于节点处理的部件，以提高防水施工的质量。

（二）保温材料

所采用的保温材料要满足屋面施工的荷载和固定件安装需要、抗风揭的荷载规定、屋面热阻设计的厚度规定以及屋面阻燃等级规定，材料长期使用的吸水性、尺寸稳定性符合规范要求，与防水卷材的相容性符合要求。

（三）系统配件

包括隔汽层、隔离材料、机械固定件、胶粘剂、胶粘带等。对系统配件的要求有：材料的耐久性应能满足屋面防水等级规定的使用年限；材料的可靠性，包括机械固定件的耐腐蚀、抗拉拔、抗松脱，以及胶粘剂、胶粘带的粘合性、耐水性、施工安全性、施工环境的适应性等。

（四）施工机具

施工机具对卷材焊接缝的质量至关重要。影响焊接缝施工质量的主要因素有：自动焊接机的参数调节、对焊接面的处理、焊接可靠性检测（正压法与负压法）等。

（五）满足消防要求的防火构造

按照 GB 50016—2014《建筑设计防火规范》的规定：难燃或可燃屋顶的保温层，应采用厚度不小于 10 mm 的不燃材料覆盖。对于采用什么样的不燃材料、如何覆盖（构造位置、施工方式）等问题，值得研究。

---

① 朱志远，单层卷材屋面系统关键技术及标准体系［J］．中国建筑防水，2012.15.

（六）抗风揭设计

按照 GB 50009—2012《建筑结构荷载规范》的要求，计算屋面的风荷载，并根据设计需要的安全系数，计算需要的固定件数量及固定强度，确定固定件的安装布置方式和边角区域的增强措施等。

（七）系统的施工技术

目前单层卷材屋面主要采用机械固定施工方式，也有采用满粘和空铺压顶（主要在国外）施工方式的，不同施工方式有相应的施工技术要求和步骤、节点处理方式。

（八）施工人员培训体系

单层卷材屋面的施工与传统施工方式存在很大差异，它对最终工程质量的影响更大、更直接，需要完善培训体系的教材、模型、施工方式与步骤、质量检查等。

（九）配套的标准、图集、规范的编制，资质认证和职业技能鉴定

需结合行业和工程实际需要开展，逐渐完善。

三、种植屋面用耐根穿刺防水系统应用技术及分析[①]

屋顶绿化具有美化城市景观、净化空气、充分利用雨水灌溉、调节环境温度、降低热岛效应等优点。世界上屋顶绿化已有4000多年的悠久历史，从古代幼发拉底河下游（现伊拉克）的城堡庙塔至巴比伦王国宫廷的屋顶花园，从明代南京旧城墙、山西古长城至承德宗庙石筑平台上种植的花木，均展示了屋顶绿化发展的历史足迹。

到了现代，由于大规模的城市开发，产生了热岛效应，改变了气候与人的生存环境，而抑制城市热岛效应最有效的途径之一是绿化。屋顶绿化、地面绿化与垂直绿化构成了城市绿化的三大支柱，但大城市建筑、街道拥挤，不可能提供大面积土地供城市绿化，而大量裸露的建筑屋面使增加绿化种植面积成为可能，这样就使得屋顶绿化成为现代建筑发展的一种趋势。在许多国家和地区，由于对环保和温室效应的充分认识，对局部小气候的改善和现实生活中为缓解工作压力而对环境美观与视觉的要求，促成了种植屋面的出现和发展。

中国20上世纪80年代初，开始发展种植屋面。北京一些涉外饭店如长城饭店、首都大酒店开始建筑屋顶花园。2005年北京市政府率先推广种植屋面，至2015年底，完成全国政协、国家体育总局、红桥市场、北大口腔医院等屋顶绿化工程，面积约150万平方米。上海、广州、深圳、重庆、成都、武汉等市也制订规划，大力推广种植屋面防水应用技术，改善城市生态与居住环境。

种植屋面构造主要组成为屋面板、保温层、耐根穿刺防水层、蓄（排）水层、种植基质和种植植被。种植屋面技术既可以用于平屋面，也可以用于坡屋面。种植绿化是生态建筑、绿化建筑的直接形式。种植屋面的作用是多方面的，不仅仅是节能，更能改善生态环境，其作用是综合性的。种植屋面的特点如下：

（1）改变环境景观，种植屋面可以创造一个美好的活动环境，使人更加亲近自然、

---

① 朱冬青，朱志远，绿色建筑屋面系统技术概述［J］. 中国建筑防水. 屋面工程，2013.23.

融于自然，心情更加愉悦。

（2）植物有折射、发散和吸收作用，可以起到减少城市噪声的作用。

（3）植物的叶片、茎可起到吸收尘埃颗粒的作用，这是由于植物的光合作用，可以减少大气中粉尘的活动，并可吸收二氧化碳，排出氧气，因此种植屋面也是治理 PM2.5 等城市空气污染的重要手段之一。

（4）种植屋面对高低温气候环境有很好的调节作用，可抑制城市热岛效应。在夏天，种植屋面起到了隔热降温作用，在冬天起到了保温的作用，提高了建筑顶层的居住舒适性，节约了建筑能耗。

（5）种植屋面还可以保持昼夜温差均衡，避免因温度应力引起的屋面构造开裂损坏，提高屋面防水层的效能和屋面系统耐久性。

（6）种植屋面由于植物和种植土对雨水的截留和蒸发作用，使种植屋面的雨水排放量明显减少和延迟。排入城市下水道的雨水量明显减少和延迟，减缓大都市暴雨引起的城市内涝，节约市政实施的投资。

种植屋面涉及建筑安全性。其关键技术在于建筑构造中必须具有耐根穿刺防水层。中国于 2007 年建立了防水材料耐根穿刺性能检测中心，2008 年发布了行业标准 JC/T 1075—2008《种植屋面用耐根穿刺防水卷材》，自 2007 年 6 月至 2016 年 10 月，共接收试样 193 个，其中改性沥青卷材 130 个，合成高分子卷材 52 个，防水涂料 6 个，其他材料 5 个，为推广屋顶绿化作出积极的贡献。目前 JC/T 1075—2008 已经经过修订，并升级为推荐性国家标准，该国标于 2018 年正式发布。

四、安泰建筑胶应用案例分析

2016 年 5 月 27 日，中共中央政治局会议提出建设北京城市副中心，建设高水平城市副中心，示范带动非首都功能疏解，北京城市副中心将与雄安新区共同形成北京新的两翼。

北京行政副中心工程建设全面推广绿色建筑和建筑产业化，绿色施工比例达到 100%，装配式建筑比例不低于 80%，区域内建筑绿色建筑二星级达到 100%，绿色建筑三星达到 90%。充分利用地热能、光伏发电、智能配电等新技术，达到清洁能源利用 100%，可再生能源比重达到 40%。

北京行政副中心南区包括 A1、A3、A4 共三个地块，规划为北京市委、人大、政协的办公区，由北京江河幕墙系统工程有限公司、北京南隆建筑装饰工程有限公司、北京和平幕墙工程有限公司、北京嘉寓门窗幕墙股份有限公司以及北京东方泰洋装饰工程有限公司中标建设，其中幕墙面积总计 43 万平方米，项目中所使用的结构胶、耐候胶及石材胶全部选用安泰胶。

硅酮结构密封胶是玻璃幕墙的关键材料，其质量好坏直接影响到玻璃幕墙的安全和使用寿命。安泰胶以高品质为幕墙的安全和使用寿命保驾护航。安泰－建筑幕墙用硅酮结构密封胶 168－25 符合现行强制性国家标准《建筑用硅酮结构密封胶》GB 16776—2005、建工行业标准《建筑幕墙用硅酮结构密封胶》JG/T 475—2015 和欧盟 ETAG 002—2012 的规范要求。JG/T 475—2015 主要参考 ETAG 002—2012 编制而成，适用于设计使用年限不少于 25 年的建筑幕墙工程用硅酮结构密封胶。

安泰 – 中性硅酮耐候胶（石材专用）195，满足国家标准 GB/T 23261—2009《石材用建筑密封胶》要求，位移能力达到 35 级，且不对石材产生污染。

安泰 – 中性硅酮耐候胶 193，符合现行行业标准《幕墙玻璃接缝用密封胶》JC/T 882—2001 和国家标准《建筑密封胶分级和要求》GB/T 22083—2008，位移能力达到 35 级。

第五章 太阳能光伏建筑应用

第一节 广东省太阳能光伏产业的应用、现状和展望

当前，建筑节能是一个世界性的潮流趋势与发展方向，也是现代化建筑技术发展的重大导向基点。在中国，实施建筑节能措施更是落实科学发展观、节约能源、保护环境、确保经济社会可持续向前发展的重大举措，是国家大力开展经济建设与民生工作的一项具有长远战略意义的方针政策。

节约资源和推广应用绿色建筑技术理念作为建筑节能策略的根本出发点，合理有效地将诸如太阳能、地热能、风能等可再生能源应用于现代建筑之中，则是实现建筑节能与可持续发展的重要技术手段。广东省作为中国改革开放以来经济社会发展的桥头堡与前沿阵地，始终以"资源节约"和"环境友好"方针作为建筑业发展的基本准则，而太阳能建筑一体化设计理念则是新时代下环保节能型的建筑节能典型技术手段。

本章着重介绍有关广东省太阳能光伏产业的发展与应用情况，内容涵盖目前广东省太阳能光伏产业的发展现状、建筑光伏一体化的发展状况、分布式光伏电站的发展状况、太阳能光伏产业的应用剖析等。

第二节 技术分析和案例分析

一、综述

近年来，中国在太阳能光伏发电产业得到了长足的发展，且势头迅猛蓬勃。自2013年7月15日国务院发布《关于促进光伏产业健康发展的若干意见》以来，国家多部委纷纷出台相应的政策、意见，鼓励并支持扶植太阳能光伏发电项目。

在国家政策如此利好的大环境下，多个省、区、市陆续出台相应的政策及规章制度，旨在贯彻落实国务院精神，推动太阳能光伏发电项目的建设和发展。广东省当然不甘落后。现阶段，广东省已出台多个相应的政策支持太阳能光伏发电产业项目，于2014年3月5日出台《广东省人民政府办公厅关于促进光伏产业健康发展的实施意见》（粤府办〔2014〕9号），于2014年8月20日发布《广东省太阳能光伏发电发展规划（2014—2020年）》，这些施政策略进一步明确了太阳能光伏产业的发展目标。深圳、佛山、广州等地相继出台政策，扶持太阳能光伏发电项目建设。其中，广州和佛山已出台针对分布式光伏项目度电补贴政策的征求意见稿。

二、太阳能硅片市场现状

当前,太阳能硅片产品生产制造区主要集中在中国大陆、台湾和东南亚,其生产规模持续增长与扩大。其中,多晶硅电池板产业仍然是市场主流,产业规模化、产业化、集中度稳步提升。

自 2010 年以来,太阳能硅片产量增长率保持在 7.5% 左右,且多晶硅电池产量与单晶硅电池产量配额比例约为 3:1。就近 5 年的太阳能硅片产量数据来看,总体上呈现逐年增长趋势,但产量增幅日趋平稳。近 15 年中国光伏装机容量如表 1 所示。

表 1 近 15 年中国光伏装机容量统计 (单位:万 kW)

年 份	当年新增装机容量	累计装机容量	增长率/%
2000	0.3	1.9	18.8
2001	0.5	2.4	23.7
2002	1.9	4.2	78.7
2003	1	5.2	23.8
2004	1	6.2	19.2
2005	0.8	7	12.9
2006	1	8	14.3
2007	2	10	25.0
2008	4	14	40.0
2009	14.4	28.4	102.9
2010	57.9	86.4	204.2
2011	207	293.4	239.6
2012	356.6	650	121.5
2013	1094.8	1744.8	168.4
2014	1060.8	2805.1	60.8
2015	1513	4318.1	55.9

三、太阳能光伏产业发展状况

在党的十八大和十八届三中全会精神大背景下,为贯彻落实《国务院关于促进光伏产业健康发展的若干意见》(国发〔2013〕24 号),围绕"三个定位、两个率先"的总目标,激发光伏应用有效需求,增强光伏产业自主创新能力,提升企业核心竞争力,推动光伏产业加快结构调整和转型升级,促进广东省光伏产业健康有序发展。更细致、更深入、更全面地总结分析当前省内光伏产业发展现状将显得十分迫切和至关重要。

2015 年间,中国光伏产业新增装机容量 1513 万千瓦,占全球新增装机容量的四分之一以上,截至 2015 年底,中国光伏发电累计装机容量 4318 万千瓦,成为全球光伏发电装机容量最大的国家，大部分地区光伏发电运行情况良好。其中，广东省成绩斐然。据国家能源局 2016 年 2 月份公布的统计数据得知，广东省 2015 年装机容量 63 万千瓦，其中光伏电站装机 7 万千瓦；2015 年新增装机容量 11 万千瓦，其中光伏电站为 5 万千瓦。2015 年分布式光伏发电装机为 57 万千瓦，是中国分布式光伏发电装机容量较大的地区。

广东省凭借优越的地区资源和光伏政策，光伏产业发展迅速，为全国光伏产业的发展起到了良好的带头和示范作用。Solarbe 索比光伏网对广东省 2015 年发布的光伏政策和其他现行有效的政策文件进行了归纳整理，作为一个了解广东省光伏产业发展状况的政策入口。

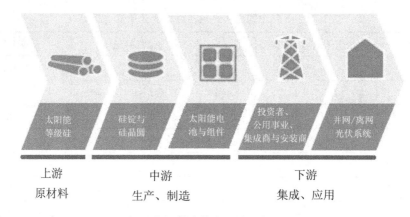

上游　　　　　　中游　　　　　　　　下游
原材料　　　　生产、制造　　　　　集成、应用

图 2　太阳能光伏产业链基本流程

以下针对广东省"珠三角"地区两个光伏产业代表性市（区）——深圳经济特区和珠海经济特区的光伏产业及企业发展状况做分析与总结。

（一）深圳市

在整个广东省光伏产业中，深圳市是光伏企业最多、产业集群分布最密且效应最好的一个城市。2009 年深圳光伏产业实现产值约 45 亿元（其中包括光伏相关配套企业），电池产能达到 200MW，产量超过 50MW，组件产能超过 500MW，产量超过 250MW。

改革开放以来，作为中国南部窗口的深圳市，其工业发展已开始涉及太阳能光伏产业，2003 年之前，深圳在国内光伏产业发展中走在前列，特别以太阳能庭院灯、路灯、非晶硅电池及太阳能电池组件为主的光伏产业链产品，当时在国内遥遥领先。

但由于受到用地紧张、政府支持政策不明晰、缺乏雄厚技术研究支撑等因素限制，如今深圳的光伏产业的发展也或多或少出现了瓶颈。依靠早年的兴起发展优势，当前深圳光伏产业发展呈现出如下几个特征：

（1）缺龙头引领，多为小规模企业集聚；

（2）产业链较完整，产业配套能力较强，但缺乏技术实力；

（3）应用领域产业特色明显，政策尚待更明晰。

虽然深圳市目前在太阳能光伏产业的政策方面存在不足及短板，但是深圳市在国家"十二五"规划太阳能光伏发展目标为 300 万平方米建筑面积太阳能应用，100 万平方米光伏应用。加上此前出台的有关新能源振兴规划与计划，这些都是加快太阳能光伏产业发展脚步的信号。

(二) 珠海市

海滨城市珠海,位于珠江入海口,地接澳门、水连香港,具有良好的区域优势和发达的国际物流网络。珠海岛屿众多,而海岛地处偏远且用电负荷不大,所以用电网送电不太合理,适合采用当地直接发电的方式,现在海岛常用的柴油发电机成本高,太阳能光伏发电正可派上用场。在这样的现实环境下,吸引了一批光伏企业在该市发展,呈现出鲜明的地区性特征——海岛风光柴互补项目,光伏建筑一体化(BIPV)与设备企业突出。

在珠海的光伏产业及企业中,中国兴业太阳能技术控股有限公司无疑是最具知名度、最具产业规模的企业。在光伏建筑一体化方面,国际奥林匹克体育中心幕墙工程、威海市民文化中心、青岛火车站、呼和浩特东站等项目的成功令其在国内众多企业中拔得头筹,成为首个国家级 BIPV 应用示范企业。同时,兴业太阳能根据珠海当地的地理情况,积极为岛屿建设风光柴互补独立电站,这对于力求加快新能源开发、推动能源综合利用的珠海而言,更是具有战略性可持续性的发展方向。

虽然有兴业太阳能这样的企业脱颖而出,但总体而言珠海的光伏产业并不发达,为业内知晓的光伏项目当属目前中国二十二冶集团在珠海横琴岛保税区的太阳能光伏发电展览园区与国际贸易中心,这一投资 6 亿元的绿色环保项目已经于 2012 年完工。园区采用了太阳能光伏发电系统、太阳能集热系统、土壤源热泵系统、循环水系统、电源控制系统等数百项当今世界领先的节能环保技术,所有建筑物均采用太阳能光伏发电为主要能源。

此外,如今珠海的光伏企业分布相对比较集中,如位于南屏科技工业园的珠海粤茂激光设备工程有限公司(广宇科技集团有限公司),香洲区的珠海柏欣机械设备有限公司、珠海市天成光伏科技有限公司,保税区的迅得能源、泰科电子以及位于拱北的珠海顺益等。

表2　广东省太阳能光伏产业链代表性企业名录

单晶硅/多晶硅/非晶硅电池组件企业	太阳能光电应用/光伏系统设计
杜邦太阳能	中国兴业太阳能技术控股有限公司
深圳拓日新能源	艾默生(能源)
深圳日月环太阳能	晶辰(逆变控制器)
深圳先行电子	迅得能源(设备)
南玻集团	深圳伽伟(灯具)
新天光电	庆丰科技
太阳能应用与研究企业	其他光伏配套企业
深圳市太阳能电池及应用产品研发中心	深圳捷佳创
电力系统研究实验室	恒通源
深圳市建筑节能重点实验室	碧海永乐
杜邦太阳能	中国兴业太阳能技术控股有限公司
深圳拓日新能源	艾默生(能源)
深圳日月环太阳能	晶辰(逆变控制器)
深圳先行电子	迅得能源(设备)
南玻集团	深圳伽伟(灯具)
新天光电	庆丰科技

四、太阳能光伏产业发展的相关政策

在 2013 年 7 月 15 日，国务院发布了《关于促进发展光伏产业健康发展的若干建议》（以下简称《意见》），其中对太阳能光伏新产业今后新增的项目有了更为严格的技术要求，其目的在于推动太阳能光伏全行业的企业重组，进一步淘汰落后的产能。同时，把扩大国内市场、提升技术水平、加快产业转型升级等作为促进太阳能光伏产业持续健康发展的根本立足点。

另外，《意见》明确强调，抑制太阳能光伏产能的盲目扩张，严格控制单纯扩大产能的多晶硅、光伏电池及组件项目。《意见》中还首次提及"对太阳能光伏电站，由电网企业按照规定或招标确定的太阳能光伏发电上网电价与发电企业按月全额结算，对于分布式光伏发电，建立由电网企业按月转付补贴资金的制度"。

随着《意见》的出台，国家部委和地方政府也相继出台了促进太阳能光伏发电的政策法规。其中，近两年来（2014—2015），广东省出台有关促进太阳能光伏发电的政策法规汇总如下：

（一）广东省 2015 年太阳能光伏产业政策

1. 粤发改能新函〔2015〕2248 号《广东省发改委关于下达广东省 2015 年光伏发电建设计划的通知》

放开分布式光伏发电项目建设。对分布式光伏发电项目（含屋顶分布式和全部自发自用的地面分布式光伏发电项目）不限制建设规模，各地发展改革部门随时受理项目备案，电网企业及时办理并网手续，项目建成后即纳入补贴范围。对目前已落实屋顶资源在建或年内具备备案开工建设条件的较大规模分布式光伏发电项目（3 兆瓦及以上），各市发展改革局（委）要重点跟踪协调，推动项目早日建成投产。2015 年广东省光伏电站建设计划为 121.5 万千瓦，其中 2014 年结转项目 31.5 万千瓦，2015 年新增项目 90 万千瓦。

2. 粤发改能新函〔2015〕396 号《广东省发改委印发关于加快推进广东省清洁能源建设的实施方案的通知》

到 2015 年底，光伏发电装机容量达到 100 万千瓦（新增装机容量约 50 万千瓦），到 2017 年光伏发电装机容量达到 220 万千瓦（新增装机容量约 170 万千瓦）。重点工程有 2015 年的推动阳东县大沟镇 5 万千瓦光伏电站项目、阳江印山南药基地光伏电站项目等地面光伏电站项目、中山格兰仕 6 万千瓦光伏发电等分布式光伏项目，以及佛山三水、广州从化、深圳前海国家分布式光伏应用示范区建设，年度新增建成光伏发电装机容量 50 万千瓦，新增投资 40 亿元。2016 年，新增建成光伏发电装机容量 60 万千瓦，新增投资 48 亿元。2017 年，新增建成光伏发电装机容量 60 万千瓦，新增投资 48 亿元。

3. 粤经信节能〔2015〕458 号《广东省关于印发加快省产业转移工业园分布式光伏发电推广应用工作实施方案的通知》

到 2017 年底，广东省产业园分布式光伏发电总装机容量新增 200 兆瓦。到 2020 年，省产业园新建厂房屋顶同步考虑分布式光伏发电系统的设计和安装，具备条件的既有厂房屋顶分期分批建设分布式光伏发电系统。重点推进试点建设，选取深圳、珠海、肇庆大旺、江门、深圳南山、东莞大岭山产业园等 6 个园区开展试点工作，优先落实扶持政策，重点跟进项目实施。加大财政支持力度，全面落实国家有关可再生能源发电、企业兼并重组的各项税收政策及有关光伏发电的电价补贴政策。统筹省级相关财政资金支持省产业园内建设规模 1 兆瓦以上且投入运行的光伏发电项目，根据装机容量对屋顶业主给予一次性补贴。

4. 发改办经体〔2015〕3117 号《国家发改委、能源局关于同意重庆、广东开展售电侧改革试点的复函》

按照《中共中央国务院关于进一步深化电力体制改革的若干意见》（以下简称中发 9 号文）和《关于推进售电侧改革的实施意见》精神，结合实际细化试点方案、完善配套细则、突出工作重点，规范售电侧市场主体准入与退出机制，多途径培育售电侧市场竞争主体，健全电力市场化交易机制、加强信用体系建设与风险防范，加快构建有效竞争的市场结构和市场体系，为推进全国面上的改革探索路径、积累经验。建议广东省将"拥有分布式能源电源或微网的用户可以委托售电公司代理购售电业务"的内容纳入《试点方案》。

（二）广东省 2014 年太阳能光伏产业政策

1. 粤府办〔2014〕9 号《广东省人民政府办公厅关于促进光伏产业健康发展的实施意见》

广东省光伏发电总装机容量争取在 2015 年达到 100 万千瓦，在 2020 年达到 400 万千瓦。广东省按照光伏电站标杆上网电价为 1 元/千瓦时，分布式光伏发电，施行全电量补贴政策，补贴标准为 0.42 元/千瓦时（含税）。

2. 粤发改能源〔2014〕161 号《广东省发展改革委关于下达 2014 年光伏发电年度新增建设规模的通知》

广东省 2014 年光伏发电年度新增建设规模 1000 兆瓦，其中分布式光伏发电 900 兆瓦，光伏电站 100 兆瓦。经综合考虑各市经济发展、可利用屋顶资源、项目储备等情况，现将广东省 2014 年光伏发电年度新增建设规模进一步分解下达到各地级以上城市，同时一并下达 2014 年光伏发电重点项目计划。

3. 粤发改能源〔2014〕496 号《广东省发展改革委关于印发〈广东省太阳能光伏发电发展规划（2014—2020 年）〉的通知》

要求加强规划指导，优化建设布局；重点发展分布式光伏发电，立足就地消纳；落实和完善扶持政策，协调项目建设；制定年度实施计划，开展监督检查；加强光伏信息统计和报送，做好光伏发电信息监测工作。

4. 东发改〔2014〕178 号《关于印发〈东莞市分布式光伏发电项目管理暂行办法〉的通知》

本办法所称的分布式光伏发电是指用户所在场地或附近建设运行，以用户侧自发自用为主、多余电量以 35 千伏以下电压等级并网且在配电网系统平衡调节为特征的光伏发电设施。本方法涉及项目备案、登记和指标分配，并网、计量与结算及附则。

5. 粤发改能新〔2014〕37号《深圳市发展改革委关于我市分布式光伏发电项目管理工作的通知》

个人利用自有住宅及在住宅区域内建设的分布式光伏发电项目，直接向深圳供电局或深圳招商供电公司申请登记，深圳供电局、深圳招商供电公司按月集中向我委申请纳入年度补贴规模，我委根据我市年度规模指标情况出具纳入年度补贴规模的意见。

6. 佛府办〔2014〕12号《佛山市人民政府办公室关于促进光伏发电应用的实施意见》

严格落实国家和省对光伏发电的价格标准及政策要求，落实国家可再生能源发展基金对分布式光伏发电的电量补贴政策，电网企业做好分布式光伏发电所发电量、电费结算工作，并按照国家确定的补贴标准，及时支付补贴资金，确保补贴足额及时到位。落实国家关于光伏发电财税优惠政策在2015年底前，对纳税人销售自产的利用光伏生产的电力产品，实行增值税即征即退50%的政策等。

7. 顺府办发〔2014〕59号《顺德区人民政府办公室关于印发顺德区推进太阳能光伏产业发展总体工作方案的通知》

发展目标：到2014年底，全区力争完成光伏发电装机容量90兆瓦；到2015年底，全区完成光伏发电装机容量140兆瓦；到2020年底，全区光伏发电装机容量争取达到300兆瓦。争取3年内积极引进和培育一批具有竞争力的光伏关键部件企业，带动相关产业链的发展。保障措施：周密部署，认真落实；部门联动，协调推进；积极协作，加强沟通。

第三节　广东省建筑光伏一体化产业的发展状况

一、综述

太阳能光伏发电在城市推广利用的最佳形式就是与公共电网并网，并且与建筑结合，即光伏建筑一体化（BIPV）。光伏发电系统与建筑结合的早期形式主要就是所谓的"屋顶计划"，这是德国率先提出的方案并进行具体实施的。统计表明，建筑耗能占总能耗的三分之一，光伏发电系统最核心的部件就是太阳电池组件，而太阳电池组件通常是一个平板状结构，经过特殊设计和加工完全满足建筑材料的基本要求，因此，光伏发电系统与一般的建筑结合，即通常简称的光伏建筑一体化，应该是太阳能利用的最佳形式。

中国光伏发电的发展水平总体处于示范起步阶段。目前国家和地方政府也在开展城市太阳能光伏并网发电示范和逐步推广利用一些项目。从中国实际情况来看，应该继续在西部缺电地区发展光伏发电，但也要积极在发达地区，特别是在城市发展光伏并网发电。在江苏、广东、上海等地区的城市进行小规模推广，并适当地实施太阳能建筑光伏发电项目发展。

从太阳能与建筑一体化设计的角度来看，可以将太阳能光伏建筑一体化的设计理念定义为：①太阳能光伏发电技术与先进的建筑节能材料和节能产品等集成化组合，使建筑可以利用太阳能的部位（诸如屋顶、幕墙及遮阳板等）得以充分利用；②太阳能光伏系统与建筑同步规划设计、同步施工安装,通过建筑材料或构件实现与光伏组件的有机结合,降低太阳能光伏系统的安装成本和建筑能耗成本;③光伏系统与建筑本身融为一体,保持建筑物的整体美观性和安全性。

图3　建筑光伏一体化(BIPV)系统

2014 年 3 月出台的《广东省人民政府办公厅关于促进光伏产业健康发展的实施意见》中明确指出,截至 2015 年,广东省光伏制造业持续稳健发展,资源配置进一步优化,骨干光伏企业核心竞争力稳步提升,产业技术水平和自主创新能力位居全国前列;分布式光伏发电应用有效拓展,广东省光伏发电总装机容量在 2015 年达到 100 万千瓦,2020 年将达到 400 万千瓦。

当前,广东省针对建筑光伏产业化发展总体规划与要求,在《广东省人民政府办公厅关于促进光伏产业健康发展的实施意见》中明确提出了一系列富有战略性的发展任务布局,内容如下:

(一)促进光伏产业自主创新

1.突破产业化关键技术

强化上游装备及材料领域产业优势,重点支持扩散设备、离子注入设备、丝网印刷设备、电池组件测试设备等生产和检测设备,以及光伏镀膜玻璃、封装胶膜、新型电极材料等关键材料的研发和产业化。支持中游电池及组件领域加快技术攻关,重点发展新型光伏电池、高质量光伏组件,提高光电转化率,降低生产成本。提升光伏发电系统集成技术水平,重点加强逆变器、电站监控设备、测试设备、大容量储电、智能微电网等产品和技术的研发,提高电站建设、运营和服务能力。利用省光伏产业公共服务平台,推动产业链企业开展技术交流和产业协作,实现关键技术共享和产业链相关产品本地配套合作。

2.加强技术创新载体建设

鼓励和支持骨干光伏企业与科研院所、高等院校等合作建设光伏领域的国家重点实验室、工程实验室、工程研究中心、企业技术中心或分支机构、标准制修订委员会。支持光伏企业参与制修订光伏电池及组件、太阳能建筑一体化、并网光伏发电等领域的国际、国家、行业和地方标准。依托国家和省级科研院校,建设国内领先的光伏产业检验检测机构，提高对光伏电池及组件、逆变器及控制设备等产品和各类光伏电站工程的检验检测能力。

（二）推动光伏制造业稳健发展

1．做优做强光伏制造业

发挥电子信息产业基础优势，以广州、深圳、佛山、东莞、珠海、河源等光伏产业及示范应用集聚区为重点，加快形成各具特色、优势互补的建筑光伏产业集群。加强省市共建太阳能光伏产业基地建设。依托深圳重点发展建筑光伏装备、逆变器和光伏建筑一体化，依托佛山重点发展高效光伏电池、光伏支架及系统集成技术，依托东莞重点发展高效光伏电池及组件，依托河源重点发展薄膜光伏电池。依托广州、珠海、中山等地区的特色建筑光伏一体化产业，重点推动新型光伏电池、光伏光热集成技术、智能微电网的研发和示范应用。

2．加快培育骨干光伏企业

引导和支持光伏装备、材料、光伏电池、系统集成及电站建设等领域的骨干培育企业、重点企业加快发展。支持骨干建筑光伏一体化企业对上下游企业实施产业链整合机制，开展跨省区、跨国并购举措，进一步优化资源配置，提高经营能力和水平。

（三）积极开拓光伏应用市场

1．加快推进光伏发电应用

大力开展规模化应用示范，推动具有稳定用电负荷、连片屋顶资源的经济技术开发区、高新技术开发区、产业转移园区等各类产业园规模化分布式光伏发电应用示范区的建设，重点抓好佛山三水工业园、广州从化明珠工业园、深圳前海深港现代服务业合作区等列入国家分布式光伏发电示范区的项目建设。鼓励各类社会主体投资建设安装分布式光伏发电系统，重点推动一批用电价格较高的规模以上工商企业建设以自发自用及就地利用为主、余量上网的分布式光伏发电系统。支持在公共建筑、居民社区开展光伏建筑一体化建设。鼓励在城市路灯照明、城市景观、通信基站、交通信号灯及农业生产等领域推广分布式光伏电源。

2．大力拓展国内外市场

鼓励省内光伏企业积极探索与消费电子、玩具、照明、汽配、轮船、农业生产等传统行业相结合的创新型应用产品，拓宽光伏应用领域。支持光伏产业链企业开展合作，重点推动光伏电池及组件企业与系统集成及电站建设企业进行深入合作，共同开拓国内外市场。支持企业通过产业联盟、协会等组织，积极应对国际贸易摩擦，积极拓展国外新兴市场。

二、广东省 BIPV 行业发展分析

光伏建筑一体化（BIPV），是应用太阳能发电的一种新概念，简单地讲就是将太阳能光伏发电组件安装在建筑的围护结构外表面来提供电力。光伏组件不仅要满足光伏发电的功能要求，同时还要兼顾建筑的基本功能要求。公共机构和商业机构由于用电量较大，参与节能的意愿相对较高，而且具有资金优势，比较适合发展光伏建筑一体化模式。光伏建筑一体化应用技术有如下优点：

（1）太阳能光伏建筑一体化产生的是绿色能源，是应用太阳能发电，不会污染环境。太阳能是最清洁并且免费的能源，在开发利用过程中不会产生任何生态方面的副作用。它又是一种再生能源，取之不尽，用之不竭。

（2）太阳能光伏组件一般安装在闲置的屋顶或外墙上，不需要额外占用土地，这对于土地昂贵的城市建筑来说尤其重要。夏天是用电高峰的季节，也正好是日照量最大、光伏系统发电量最多的时期，对电网可以起到调峰作用。

（3）太阳能光伏建筑一体技术采用并网光伏系统，不需要配备蓄电池，既节省投资，又不受蓄电池荷电状态的限制，可以充分利用建筑光伏一体化系统所发出的电力。

（4）光伏阵列吸收太阳能转化为电能，大大降低了室外综合温度，减少了墙体得热和室内空调冷负荷，所以也可以起到建筑节能的作用。因此，发展太阳能光伏建筑一体化，可以实现真正意义上的节能减排。

近年来，广东省光伏建筑一体化产业相关领域发展较为活跃，且前景被业内人士所看好。但是，这些年光伏建筑一体化行业在发展过程中也暴露出了一些问题。比如，作为光伏建筑一体化的实际执行者，房地产行业不愿将二者结合在一起，即便是增加卖点，也不愿去尝试。这主要是由于光伏建筑一体化存在成本高、投资回收周期长、行业标准不统一等弊端，同时房地产商在申请国家政策补贴方面又会遇到种种限制，因此他们干脆放弃了对光伏建筑一体化的产业技术应用的尝试。

有行业内专家表示，广东省光伏建筑一体化市场还比较有限，目前技术基本成熟，关键是建设成本比较高，投资回收周期较长。BAPV（光伏系统附着在建筑上）通常可以进行投资分析，一般系统造价为 10 元/瓦，而 BIPV（光伏建筑一体化）则很难进行合算，但成本肯定很高。一般投建 BIPV，绝大多数业主单位并非为了获取经济效益而是出于美观或者是广告效应，比如作为标志性示范工程，作为某地的地标性建筑。其实际市场规模化应用量相对较少，这自然与成本居高不下有关。据调查显示，目前在广东省内 1 瓦装机的市场报价约为 10 元，当一年发电约 1.2 千瓦时，若执行 1 元/千瓦时的标杆上网电价，收回成本的周期需 7 至 8 年的时间。但实际上只有五大发电集团等大型国有发电企业才能享受到标杆上网电价这一待遇，一些民营企业是无法涉足和企及的。

中国可再生能源学会副理事长孟宪淦也曾明确表示，广东省光电建筑一体化在城市的应用市场并不大，因为项目要牵涉到与城市建设规划、建筑标准协调以及对建筑物进行重新设计改造等问题，又会产生额外的费用，而这些成本往往在台面上是无法看到且明确计算的。

另外，有关建筑光伏一体化产业还缺少完善的行业标准，光伏建筑一体化水平参差不齐，也影响着投资回报率。据了解，目前广东省对于"太阳能建筑光伏一体化"的准确定义还处在应用研究阶段，太阳能建筑一体化技术和体系也不健全。没有完整的设计规范、标准及相关图集，也没有建立产品的检测中心和认证机构，更没有完善的施工验收及维护技术规程等。

时任住建部科技发展促进中心副主任梁俊强称，"在光伏建筑一体化建设中，企业应做好技术创新，解决安全美观、经济耐用等一系列问题"。对于目前光伏建筑一体化应用水平不高的情况，他还建议要推进光伏建筑应用集成系统标准，引导规范光伏建筑行业，提高一体化的应用建设水平。他表示，应制定一套可供参考的标准，组织一个专门的委员会管理机构，由专家具体负责制定标准，专业的检测机构来做检测。此外，由于企业开发的产品的一体化水平高低不一，梁俊强还建议建立等级评价体系。

三、广东省 BIPV 重点应用领域剖析

太阳能光伏幕墙系统是一种将太阳能与现代建筑完美结合的新型绿色能源利用形式，其基本含义是指将太阳能光伏组件设置在建筑围护结构的外表面或直接取代建筑外围护结构，实现了光伏发电与建筑物有机结合的一种新型建筑能源应用方式。光伏幕墙不仅可以为建筑提供绿色电力，还具备传统幕墙的遮阳和隔热等功能。除此之外，光伏幕墙系统还赋予了建筑物新的功能、新的属性，它使得建筑能够供人居住的同时，提供可持续能源，这是太阳能光伏发电技术与建筑节能发展的主流方向。

图 4　建筑幕墙系统应用实景

作为 BIPV 重要应用形式的建筑光伏幕墙一体化系统，不仅可为建筑提供电力输出，同时还可以起到遮阳、隔热的作用，已经逐渐成为 21 世纪新型节能建筑技术领域的热点之一，如图 4 所示。

（一）光伏幕墙分类

根据光伏幕墙组成形式的不同，可以分成以下几种类型：

1. 依据光伏系统的形式分类

（1）独立式光伏幕墙系统：光伏发电系统所产生的电力，直接或通过蓄电池间接为负载提供电力，独立于市外电网的系统；

（2）并网式光伏幕墙系统：光伏发电系统所产生的直流电，通过逆变器转变成交流电，进入市外电网再为负载提供电力的系统。

2. 依据光伏组件与建筑围护物结合方式分类

（1）单层光伏幕墙系统：光伏组件与建筑墙体或窗户相结合直接替代建筑围护结构的系统；

（2）双层光伏幕墙系统：是将光伏组件设置在建筑围护结构的外表面，与建筑结构之间存在一定厚度的空气层，通过自然通风或者机械辅助通风的方式，实现提高电力输出、遮阳与隔热等多种功能的系统。

3．依据幕墙结构分类

根据幕墙的结构，又可将双层光伏幕墙系统分成以下几种类型：

（1）整体式：这种类型，幕墙中不存在水平垂直分区。空气腔通风是由空气腔底部和顶部附近的大的开启实现的；

（2）走廊式：由于隔声、安全和通风的原因，进行了水平分区；

（3）窗盒式：这种类型要横向、纵向分割，把幕墙分成多个很小并且独立的盒子；

（4）竖井式：在这种类型的幕墙中设置了一系列的窗盒组件，这些窗盒通过固定在幕墙中的竖井相连，这些竖井可以使烟囱效应得到加强。

（二）光伏幕墙应用特点

1．光伏幕墙优点

（1）能够为建筑提供绿色电力，减少环境污染；

（2）由于建筑屋顶的使用空间有限，可以增加建筑太阳能的利用面积；

（3）减少外界噪音的影响，改善建筑围护结构的隔音效果；

（4）遮阳、隔热作用，降低墙体的壁温，改善室内环境的舒适性；

（5）减少建筑围护结构的得热量，降低室内的空调运行负荷。

2．光伏幕墙缺点

（1）造价昂贵。和传统建筑相比，除了幕墙的成本外，还需要加入太阳能电池和电力系统的成本，其高昂造价让普通百姓很难接受。

（2）发电效率偏低。首先，由于受限于光伏组件本身的发电效率，一般商用的太阳能光伏组件的效率多在5%～18%之间，对于整个太阳能光伏发电系统而言，效率则更低；其次，建筑墙面所接受的太阳辐射量有限，虽然增大了太阳能的利用面积，但降低了太阳辐射的使用率。

（3）散热问题。如果通风双层幕墙设计不当，空气流通道中的空气温度将过高，影响光伏组件的寿命和发电性能，而且晶体硅的光伏组件温度每升高1℃就会使太阳能电池的能量转换效率降低0.5%左右。除此之外，还会增加空调的运行负荷，降低室内环境的舒适性。

（三）广东省太阳能光伏幕墙发展现状

如今，建筑节能领域的应用技术工作已经成为各国竞相研究、开发并实施应用的热点领域。据统计，中国建筑总能耗的增长速度远远超越了当前中国的能源增长速度，建筑总能耗约占社会总能耗的33%左右。为了适应可持续发展的战略要求，必须充分认识到建筑节能的重要性，应该大力提倡节能型建筑。这不仅可以缓解因中国社会经济发展所带来的能源紧张问题，还可以减少污染物的排放，有效保护生态环境。对于能源高耗的广东省而言，不仅有效地解决了经济发展中面临的能源短缺问题和环境保护问题，还是广东省深入贯彻落实科学发展观，建设可持续发展的新型社会的发展方向。虽然广东省的光伏幕墙技术发展得较快，然而比起浙江省及山东省等省区，广东省有关光伏幕墙产业的发展速度仍处于较低的水平。广东省光伏产业远远不能满足经济社会发展对能源的需求，需要加大投入力度快速赶上。

近年来，中国政府已出台对太阳能建筑进行财政补贴、政策扶持和示范工程建设等

"三文件"的相关支持政策。广东省作为改革开放的前沿阵地，在秉承国家对太阳能建筑进行财政补贴、政策扶持和示范工程建设等相关政策的大环境下，太阳能光伏幕墙技术行业也呈现出如雨后春笋般的发展势头，先后建成了包括深圳南玻大厦光伏幕墙示范工程在内的代表性太阳能光伏幕墙技术工程。

第四节　广东省分布式光伏电站产业的发展状况

一、综述

分布式光伏发电技术特指在用户场地附近建设，运行方式以用户侧自发自用、多余电量上网，且在配电系统平衡调节为特征的光伏发电设施，实景图如图5所示。分布式光伏发电遵循因地制宜、清洁高效、分散布局、就近利用的原则，充分利用当地太阳能资源，替代和减少化石能源消耗。分布式光伏发电特指采用光伏组件，将太阳能直接转换为电能的分布式发电系统。它是一种新型的、具有广阔发展前景的发电和能源综合利用方式，它倡导就近发电、就近并网、就近转换、就近使用的原则，不仅能有效提高同等规模光伏电站的发电量，同时还有效解决电力在升压及长途运输中的损耗问题。

目前，应用最为广泛的分布式光伏发电系统，是建在城市建筑物屋顶的光伏发电项目。该类项目必须接入公共电网，与公共电网一起为附近的用户供电，在德国、日本和美国占主流。其中，德国的"10万屋顶计划"、日本的"10万屋顶计划"以及美国的"百万屋顶计划"都是针对低压配电侧并网的屋顶分布式光伏发电系统。

图5　分布式光伏发电实景图

（一）分布式光伏发电的特点

（1）输出功率相对较小。一般而言，一个分布式光伏发电项目的容量在数千瓦以内。与集中式电站不同，光伏电站的大小对发电效率的影响很小，因此对其经济性的影响也很小，小型光伏系统的投资收益率并不会比大型的低。

（2）污染小，环保效益突出。分布式光伏发电项目在发电过程中没有噪声，也不会对空气和水产生污染。

（3）能够在一定程度上缓解局部的用电紧张状况。但是，分布式光伏发电的能量密度相对较低，每平方米分布式光伏发电系统的功率仅约100瓦，再加上适合安装光伏组件的建筑屋顶面积有限，不能从根本上解决用电紧张问题。

（4）可以发电用电并存。大型地面电站发电是升压接入输电网，仅作为发电电站而运行；而分布式光伏发电是接入配电网，发电用电并存，且要求尽可能就地消纳。

（二）分布式光伏发电的应用与解决方案

分布式光伏发电系统通常可在农村、山区，发展中的大、中、小城市或商业区附近建造，解决当地用户用电需求，系统图如图6所示。

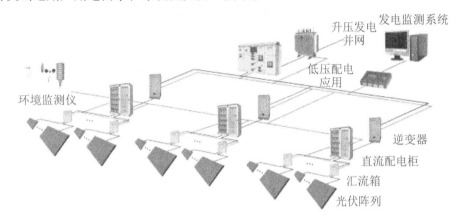

图6　分布式光伏发电系统图

分布式光伏发电系统，又称为分散式发电或分布式供能，是指在用户现场或靠近用电现场配置较小的光伏发电供电系统，以满足特定用户的需求，支持现存配电网的经济运行，或者同时满足这两个方面的要求。

分布式光伏发电系统的基本设备包括光伏电池组件、光伏方阵支架、直流汇流箱、直流配电柜、并网逆变器、交流配电柜等设备，另外还有供电系统监控装置和环境监测装置。其运行模式是在有太阳辐射的条件下，光伏发电系统的太阳能电池组件阵列将太阳能转换为输出的电能，经过直流汇流箱集中送入直流配电柜，由并网逆变器逆变成交流电供给建筑自身负载，多余或不足的电力通过连接电网来调节。

中国从2009年开始实施特许权招标，推动地面大型光伏电站建设。时任国家发展改革委副主任、国家能源局局长吴新雄指出，要抓紧落实国务院关于促进光伏产业健康发展指导意见的要求，大力开拓分布式光伏发电市场，促进光伏产业健康发展。他同时强调，各地要充分认识光伏发电的重要性，准确把握光伏产业的发展形势，抓住光伏产业的发展机遇，把大力推动分布式光伏发电应用作为一项重要工作。重点在经济发达地区选择网购电价格高、电力负荷峰谷差大、补贴相对少、用电量大且负荷稳定的工业园区，按照"自发自用、就地消纳"原则开展分布式光伏应用示范。

二、广东省分布式光伏产业发展现状

根据广东省出台的《关于促进光伏产业健康发展的实施意见》，规划到2015年，广东省光伏发电总装机容量争取达到1GW，2020年达到4GW。OFweek行业研究中心高级分析师潘伟认为，按10元/瓦粗略计算，2015年广东省光伏发电市场规模达到100亿元，2020年将达到400亿元。

（一）广东省光伏发电条件与资源

广东省一次能源资源匮乏，煤炭、石油主要依靠省外调入或进口。广东省能源局提供的资料显示，广东省太阳能资源较为丰富，年辐照时数为2200小时左右，年辐射总量为4200兆～5800兆焦耳/平方米，相当于一年辐射在省内土地的能量达300亿吨标煤左右。

按照国家的发展重点布局规划要求，广东省主要发展分布式光伏发电。广东省分布式光伏发电重点领域是厂房屋顶集中的各类产业园区。从屋顶资源来看，广东省有较为丰富的可利用条件。截至2013年底，广东省有各类工（产）业园区近200个，规模以上的工业企业约4万家，广东省每年新增的建筑屋顶面积超过8000万平方米。据此计算，广东省目前可建设光伏发电装机容量达800万千瓦以上。目前，国家已经批准广州从化、佛山三水和深圳前海三个国家级分布式光伏发电示范区。

（二）广东省分布式光伏产业现状

近5年以来，广东省分布式光伏发电系统建设一直在不断展开。早在2004年，深圳市就已建成当时亚洲装机规模最大的1兆瓦并网屋顶光伏发电示范系统。虽起步较早，但与其他省份相比，广东省的分布式光伏发电建设的社会知名度不如其他省份高，气氛不如其他省热烈，主要是由于电网公司和地方媒体一直保持低调所致。据OFweek行业研究中心统计，截至2014年末，广东省分布式光伏累计并网容量为300MW，占全国市场份额的9.7%，与湖南省并列第二。截至2015年全国各省份分布式光伏发电项目累计装机容量如表3所示。

表3　截至2015年全国各省份分布式光伏发电项目累计装机容量

序号	省份	分布式	地面电站	总装机容量/MW
1	甘肃省	4	606	610
2	青海省	0	564	564
3	内蒙古自治区	18	471	489
4	江苏省	118	304	422
5	新疆自治区	4	402	406
6	宁夏自治区	3	306	309
7	河北省	27	212	239
8	浙江省	122	42	164
9	新疆生产建设兵团	0	160	160
10	山东省	44	89	133
11	安徽省	32	89	121
12	陕西省	5	112	117
13	山西省	2	111	113

序号	省份	分布式	地面电站	总装机容量/MW
14	云南省	2	63	65
15	广东省	56	7	63
16	湖北省	6	43	49
17	江西省	26	17	43
18	河南省	27	14	41
19	四川省	3	33	36
20	湖南	29	0	29
21	海南	5	19	24
22	上海	19	2	21
23	西藏自治区	0	17	17
24	辽宁省	9	7	16
25	北京市	14	2	16
26	福建省	12	3	15
27	天津市	9	3	12
28	广西	7	5	12
29	吉林省	1	6	7
30	贵州省	0	3	3
31	黑龙江省	1	1	2
合计		606	3712	90

2014 年 5 月，广东省开展太阳能主题公园建设和产业社区及民居光伏试点建设。今后在佛山市三水工业园的住宅、商业服务业设施、邻里中心及保障性住房等的建设，将应用分布式光伏设施，打造光伏建筑一体化工程。同时，利用现有"三旧"改造项目，建设居民自用的结合分布式光伏应用的二类住宅，普及清洁能源的使用。佛山市三水工业园区已开始探索城镇化建设与光伏应用相融合的发展模式，谋求打造广东省最大的光伏社区。

三、广东省分布式光伏产业配套政策

自 2013 年下半年以来，国家不断出台光伏产业利好政策，带动了国内光伏市场回暖，自国务院发布《关于促进光伏产业健康发展的若干意见》后，各有关部门密切配合，陆续按国务院的要求制定配套政策文件，用以消除分布式光伏发展过程中遇到的阻碍，如财政部出台了《关于分布式光伏发电实行按照电量补贴政策等有关问题的通知》《关于分布式光伏发电自发自用电量免征政府性基金有关问题的通知》；国家发改委发布《关于调整可再生能源电价附加标准与环保电价有关事宜的通知》《关于发挥价格杠杆作用促进光伏产业健康发展的通知》；财政部和国家税务总局出台了《光伏发电增值税政策的通知》；

国家能源局印发了《分布式发电管理办法》；国家能源局会同国家开发银行出台了《关于支持分布式光伏发电金融服务的意见》；国家电网公司发布了《关于做好分布式光伏发电并网服务工作的意见》；南方电网公司出台了《关于进一步支持光伏等新能源发展的指导意见》等。

　　广东省分布式光伏发电行业当然也不甘落后，在上述国家利好政策的指导下，2014年3月5日出台《广东省人民政府办公厅关于促进光伏产业健康发展的实施意见》（以下简称《意见》）以推动广东光伏产业的发展。该《意见》特别指出，加快推进光伏发电应用。大力开展规模化应用示范，推动具有稳定用电负荷、连片屋顶资源的经济技术开发区、高新技术开发区、产业转移园区、物流园区等各类产业园区建设规模化分布式光伏发电应用示范区，重点抓好佛山三水工业园、广州从化明珠工业园、深圳前海深港现代服务业合作区等列入国家分布式光伏发电示范区的项目建设。另外，广东省相关部门组织编制了《广东省光伏发电应用发展"十二五"规划》。

　　2014年初，广东省佛山市也出台了《关于促进佛山市太阳能发电应用的实施意见》（以下简称《实施意见》）。在《实施意见》中，佛山市提出计划到2014年底全市要建成光伏发电装机容量400兆瓦，其中要求顺德区完成90兆瓦的建设任务，目前顺德已提前完成。随着国家、省市等分布式政策的逐步实施，广东省分布式光伏电站将迎来新一轮的发展良机。

四、广东省分布式光伏产业发展前景

　　根据调查发现，广东省有大量工业厂房的屋顶被长期闲置，若能充分加以规划利用，内需的增长将为广东省光伏产业的发展带来新的曙光。广东省出台的《广东省人民政府办公厅关于促进光伏产业健康发展的实施意见》提出，大力拓展分布式光伏发电应用。2014年广东省39个备案光伏发电项目发布，新增光伏发电规模100万千瓦，其中分布式光伏90万千瓦，光伏电站10万千瓦，新增建设项目规模与河北省相同，仅次于山东、江苏、浙江三省。其中，分布式光伏项目35个，备案（核准）装机容量610MW，地面光伏电站4个，备案（核准）装机容量80MW。2015年，广东省光伏发电总装机容量争取达到1GW，2020年达到4GW。在国家政策的指导下，广东光伏发电市场在大力发展的同时，还会带动广东省经济的整体前进，广东省分布式光伏装机市场的前景不可限量（表4～表7）。

表4　广东省主要分布式光伏发电规划项目一览表

项目名称	装机容量/MW	投资额/亿元
广州从化明珠工业园分布式光伏发电示范区项目	152	12
佛山三水工业园分布式光伏发电规模化应用示范区	130	10
深圳市前海区合作区分布式光伏发电规模化应用示范区	50	4
佛山南新太阳能投资有限公司三水兴发铝业光伏发电项目	11	1
梅州紫晶光电科技有限公司广10兆瓦光伏发电示范项目	10	1
汉能增城工厂17兆瓦光伏发电示范项目	17	1
合计/兆瓦	370	29

表5　广东省主要分布式光伏发电在建项目一览表

序 号	项目名称
1	广州萝岗区分布式光伏发电规模化应用项目
2	广州从化华南光伏产业科技园光伏发电项目
3	广州增城经济技术开发区分布式光伏发电规应用项目
4	广州国家级增城经济开发区分布式光伏发电项目
5	珠海高新区三灶科技工业园分布式光伏发电示范区
6	珠海横琴新区及西部城区分布式光伏发电应用示范区
7	韶关翁源官渡经济开发区太阳能光伏发电示范区
8	梅州市客家天地酒业有限公司光伏发电项目
9	东莞松山湖高新区分布式光伏发电项目
10	东莞南玻光伏产业园光伏发电项目
11	东莞麻涌镇70兆瓦分布式光伏发电项目
12	江门台山市工业园区分布式光伏发电应用示范区
13	江门开平市翠山湖新区工业园光伏发电项目
14	阳江江城区银铃科技园分布式光伏发电示范区
15	阳江高新区福冈工业片区分布式光伏发电示范区
16	阳江高新技术开发区分布式光伏发电示范区
17	阳东万象工业园区分布式光伏发电项目
18	肇庆市分布式光伏发电规模化应用示范区
19	肇庆市国家高新区分布式光伏发电项目
合 计	6300兆瓦

表6　广东省光伏发电主要备选项目一览表

序 号	项目名称
1	广州恒运热力有限公司广州开发区东区光伏发电项目
2	广州丰田汽车有限公司屋顶光伏项目
3	广州万宝集团有限公司光伏发电项目
4	广州锦兴纺织漂染有限公司屋顶光伏发电项目
5	广州从化软实业有限公司屋顶光伏发电项目
6	广州美的华凌冰箱有限公司屋顶光伏发电项目
7	广州南沙中船龙穴造船分布式光伏发电项目
8	深圳华为坂田基地分布式光伏发电示范项目
9	深圳龙岗区宝龙工业区分布式光伏发电示范项目
10	深圳富士康科技园区光伏发电项目

序　号	项目名称
11	深圳水务集团光伏发电项目
12	中广核深圳机场 10 兆瓦光伏发电项目
13	珠海格力电器股份有限公司分布式光伏发电项目
14	珠海斗门玉柴分布式光伏发电项目
15	珠海斗门白兔分布式光伏发电项目
16	珠海斗门旭日分布式光伏发电项目
17	珠海斗门汉胜分布式光伏发电项目
18	珠海惠生能源分布式光伏发电项目
19	珠海银通分布式能源站光伏发电项目
20	珠海市保税区光伏发电项目
21	佛山市顺德区新宝电器光伏发电项目
22	佛山顺德区海信科龙电器光伏发电项目
23	佛山顺德区富华工程机械光伏发电项目
24	佛山高明区津西冷轧板光伏发电项目
25	东莞茶山工业园区屋顶光伏发电项目
26	东莞莞城科技园光伏屋顶发电项目
27	东莞虎门镇振兴家私厂 20MW 分布式光伏发电项目
28	中山市美的环境电器制造有限公司光伏发电项目
29	中山市格兰仕家用电器有限公司光伏发电项目
30	清远国电美吉华南装饰屋顶光伏分布式能源站项目
合　计	1500 兆瓦

表7　广东省其他各领域分布式光伏发电项目一览表

序　号	项目名称
1	河源连平县江阴市柠之檬电器有限公司连平光伏发电厂
2	梅州兴宁 20 兆瓦光伏发电项目
3	惠州中电太阳能电力有限公司马安太阳能光伏电站项目
4	惠州利海晨真农业光伏大鹏项目
5	阳江阳西新余镇分布式光伏发电应用项目
6	湛江麻章区太平镇无人岛光伏电站发电应用项目
7	湛江雷州市企水镇 60 兆瓦光伏发电项目
8	茂名化州良光谷 200 兆瓦农业光伏大鹏及光伏电站项目
9	清远连州市大路边镇 100 兆瓦光伏项目
10	清远连南三排 50 兆瓦光伏发电项目
合　计	1600 兆瓦

第五节 合理化建议与前瞻性展望

一、广东省太阳能光伏应用存在的问题

由于光伏建筑一体化存在成本高、投资回收周期长以及行业标准不统一等弊端，同时房地产商在申请国家政策补贴方面又会遇到种种限制，因而他们干脆就放弃了对光伏建筑一体化的尝试。

（1）国家战略层面缺乏系统的顶层设计，产业发展政策跟进较慢，制约光伏产业进一步的发展；

（2）产业链构件畸形，高纯度多晶硅材料成为产业发展瓶颈；

（3）自主知识产权缺乏，核心技术与设备有待突破；

（4）行业标准体系尚未建立，缺少应对竞争手段；

（5）高层次人才短缺、自主创新能力不强；

（6）光伏发电产业资源散、统筹难及业主积极性不高。

二、广东省太阳能光伏产业合理化建议

目前，广东省太阳能光伏建筑应用还处在高速发展阶段，市场需求量潜力巨大，产业商业化运作有待进一步革新。同时，应注重统筹规划、突出制度创新，强化太阳能光伏技术进步，完善太阳能光伏产业政策措施，规范太阳能光伏建筑产业市场秩序，加大对太阳能光伏产业的扶持力度，促进太阳能光伏在绿色建筑节能领域规模化、产业化应用。与此同时，着力从以下5个方面做实做强广东省太阳能光伏建筑产业：

（一）整合建筑屋顶资源，优化光伏建筑一体化设计与应用

广东省拥有很大规模的建筑屋顶资源，但完善统一的整体规划体系尚未出台，城市规划与建筑设计缺乏相应的配套管理机制。在建筑设计阶段应考虑到使新建建筑满足光伏建筑应用的具体要求，通过技术设计增加新建屋顶面积。另外，鼓励成立专业机构对建筑屋顶资源进行统一的管理和协调。

（二）加快提升光伏产业适应建筑应用的创新能力

必须统筹组织对太阳能光伏建筑应用标准、规范、技术规程、工程规章制度及标准图集的编制与修订工作，完善太阳能光伏建筑应用设计、施工及验收等环节的技术标准体系；支持光伏建筑构件组件的研发及应用创新，研发适应绿色建筑应用的不同类型的光伏产品构件，如不同颜色、不同透光率的光伏组件，以便更好地适应建筑设计师的不同需要，开发多种型号的天窗、遮阳板、百叶窗和幕墙等光伏构件，从而更有效地在建筑中推广应用。

（三）积极开展光伏建筑综合效益评定

在积极开展光伏建筑综合效益评定工作的过程中，不仅需要考虑光伏系统的经济性分析，还需要兼顾建筑光伏一体化应用所带来的其他经济效益，主要包括建筑光伏构件或光伏系统的遮阳、隔热、通风等多重功能。

（四）完善建筑光伏产品的质量认证体系

建立建筑光伏产品质量检测的认证体系，保障光伏组件和太阳能地面电站符合设计预期要求，将太阳能光伏产品的质量风险降到最低。同时，将金融机构对光伏电站的要求，包括光伏电站输出功率、性能、效率及电量等因素有效地融入标准化程序中，为投资和运营商提供电动筛选和评估的量化标准，另外，也为保险服务提供数据参考依据，为建立市场化的分布式光伏建筑应用的商业环境提供基础。开展太阳能光伏建筑应用系统的评价，通过第三方独立评价平台，规范建筑光伏产业市场新秩序。

（五）开创新型建筑光伏商业模式行业管理机制

针对分布式光伏发电项目，出台规范合同能源管理办法和交易明细标准，并制定相应的保障措施，加强对合同能源管理模式的监管，保障各方利益，避免对光伏发电电费结算的潜在风险。此外，建议在分布式光伏项目开发链的每一个关键操作环节组建统一的协调平台，使项目资源统一，操作集中，以降低管理和开发成本，从而形成规模效应。鼓励各市区政府和管理部门承担更多的协调工作，特别是在企业比较集中的开发区、工业区，管委会可在协调光伏屋顶业主、发电方和用电方等方面发挥主动性。此外，也可考虑管委会、开发商共同成立光伏物业管理公司，负责辖区内所有分布式光伏设备的电网对接、电费结算、运行维护等服务工作。

三、广东省太阳能光伏产业前瞻性展望

太阳能建筑光伏产业作为一种绿色、可持续的新型产业，在建筑光伏产业发展推广的过程中，存在这样或那样的问题与不足属于正常现象，只有坚实基础，不断创新，才是制胜之道。相关资料显示，目前广东省有大量建筑屋顶长期处于闲置状态，若能充分加以利用，将为广东省光伏产业的发展带来新的曙光。与此同时，广东省出台的关于《广东省人民政府办公厅关于促进光伏产业健康发展的实施意见》提出，要大力拓展建筑光伏发电产业，在2015年广东省光伏发电市场规模达到100亿元，到2020年时广东省光伏发电市场规模达到400亿元。同时，在国家相关政策的正确指导下，广东省建筑光伏发电市场将会进一步迎来大发展，从而形成广东省建筑光伏产业的规模化、高水平的良性发展轨道。

第六章　太阳能光热建筑应用

第一节　广东省太阳能光热产业的发展与应用

改革开发以来，国务院有关部委相继出台了有关可再生能源发展的政策法规，诸如《中华人民共和国可再生能源法》《财政部、建设部关于推进可再生能源在建筑中的实施意见》，这些政策法规的出台有力地拉动了中国太阳能光热建筑应用行业的迅速发展与壮大，越来越多的高层类型建筑开始利用太阳能光热系统，太阳能光热应用市场也从零售市场转向工程市场。

目前，中国已成为世界上最大的太阳能集热器的生产国和应用国，太阳能产品逐步从广大农村走向城市，逐步从住户零散使用转向工程项目规模化应用，从单一的供给热水逐步融合采暖、空调等多元化用途，太阳能光热项目的应用规模稳步增长，其普及率随之提升。与此同时，太阳能光热集热利用技术也不断发展进步，太阳能中低温集热利用技术日渐成熟。

本章着重介绍有关广东省太阳能光热建筑应用产业的发展与应用情况，内容涵盖目前广东省太阳能光热建筑应用产业的发展现状、广东省光热建筑应用发展政策、太阳能光热建筑产业发展的合理化建议等。

第二节　太阳能光热建筑产业的发展现状

一、综述

长期以来，世界能源主要以石油、煤炭等矿物燃料为主。矿物燃料属于不可再生资源，其储量不断减少，而且矿物燃料在使用的过程中，会产生大量的二氧化碳，这也是造成全球变暖的一个重要原因。太阳能作为无污染且用之不竭的可再生资源，有着普遍、无害、巨大、长久的特点，在建筑节能应用中得到了广泛的关注和研究，并已经得到了快速的发展。太阳能在建筑中的应用包括整体式、平板式、分体式（阳台壁挂）太阳能热水器、太阳能中央热水器、阳台栏板太阳能热水器、太阳能集热系统、太阳能采暖系统、光热光电一体化等太阳能建筑系统产品。

太阳能热利用应用范围和领域越来越广，在建筑节能减排中的作用日益被重视，已经成为社会经济发展不可或缺的重要力量。在经济下行压力较大的时期，太阳能光热行业亦不能独善其身。近年来，太阳能光热建筑行业整体上处于调整阶段，一些技术含量低、产品同质化严重、调整不及时的企业生产经营面临困难，而主动适应新常态，注重调整结构，追求创新驱动和质量提升，努力走向产业中高端的企业，形势渐好。

表1　全国2015年1～6月太阳能光热产业主要数据统计一览表

序号	项目类别	完成量/万 m²	总功率/MW	与2014年同比/占比
1	真空管型集热器及系统	2083	15623	下降17.2%
2	平板型集热器及系统	245	1837	下降14.0%
3	太阳能集热器及系统	2328	17460	下降16.9%
4	工程市场	1273	9548	占市场总销量54.7%
5	零售市场	1055	7912	占市场总销量45.3%
6	总产值	349 亿元	—	下降16.9%
	合计	6984	52380	—

由表1可知，2015年1～6月太阳能集热器及系统总销量为2328m²，同比下降16.9%。其中，真空管型集热器及系统销量为2083m²，同比下降17.2%；平板型集热器及系统为245m²，同比下降14.0%左右；光热工程市场占比提升，工程市场占市场总额54.7%，零售市场占市场总额45.3%。工程中以住宅为主，占61%，商用占35%，工农业应用等占4%；以农村为中心的家用太阳能热水系统零售市场在2015年上半年整体仍呈下滑趋势。太阳能在工农业和建筑供热、制冷中的应用是未来十分广阔的市场，经过企业多年的创新示范，该项技术已经日渐成熟。但除工信部，以及江苏省、河北省、山东省、宁夏回族自治区、北京市、辽宁省、海南省等地政府对太阳能工农业应用、建筑采暖或制冷已经或即将出台支持政策外，全国更大范围的示范应用局面还未形成。

二、建筑光热系统应用概况

在众多建筑光热系统应用中，太阳能热水系统是最为常见的应用类型。太阳能热水系统是将太阳光能转化为热能的装置，将水从低温加热到高温，以满足人们在生活、生产中的热水使用需求。太阳能热水系统是由集热管、储水箱、循环管道、支架等相关零配件组成。

（一）太阳能热水系统分类

（1）太阳能热水器按照实际用途，可分为小容量的供家庭使用的太阳能热水器，通常被称之为家用太阳能热水器，以及供大型住宅、酒店和浴室等建筑集中使用的大容量太阳能热水器（图1）。这两者之间没有根本的区别，只是前者水容量比较少，按照国家相关规定，储热水箱水容量在600L以下为家用太阳能热水系统，使用者可直接购买，安装后即可使用；后者需考虑用户对水温水量以及对建筑物的实际情况进行了解后，进行系统设计之后开始安装，并且要在验收通过之后才能交付使用，总体而言，各项程序要比家庭用太阳能热水器复杂。

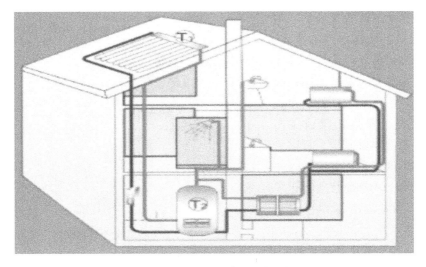

图1 太阳能光热建筑热水系统

（2）太阳能热水器按照水箱和集热器的关系可分为紧凑式系统和分离式系统。紧凑式太阳能热水器就是将真空玻璃管直接插入水箱中，利用加热水的循环，使得水箱中的水温升高，这是市场最常规的太阳能热水器；分体式热水器是将集热器与水箱分开，可大大增加太阳能热水器容量，不采用落水式的工作方式，扩大了使用范围。

（3）太阳能热水器按照供水范围又可分为集中供热水和局部供热水。其中集中供热水主要是指为单幢建筑或几幢建筑提供热水；局部供热水是指为建筑物内某一局部单元或单个用户供热水。

（二）太阳能集热器类别

太阳能集热器的定义是吸收太阳辐射并将产生的热能传递到传热工质的装置。效率比较高的集热器由收集和吸收装置组成。理论上可以将太阳能集热器分为以下类别：

（1）按集热器的传热工质类型分：液体集热器、空气集热器；

（2）按进入采光口的太阳辐射是否改变方向分：聚光型集热器、非聚光型集热器；

（3）按集热器是否跟踪太阳分：跟踪集热器、非跟踪集热器；

（4）按集热器内是否有真空空间分：平板型集热器、真空管集热器；

（5）按集热器的工作温度范围分：低温集热器、中温集热器、高温集热器。

（a）平板型集热器　　　　　　　（b）真空管集热器

图2 典型太阳能集热器类型

太阳能集热器的常见分类一般为平板型集热器、真空管集热器、聚光集热器和平面反射镜等几种类型。根据太阳界智库对于太阳能光伏行业的统计数据显示，目前市场上太阳能光热建筑应用项目中有72%的光热建筑项目采用了真空管集热器，24%的光热建筑项目采用了平板集热器，4%的光热建筑项目采用了平板＋真空管耦合集热器，如图3所示。

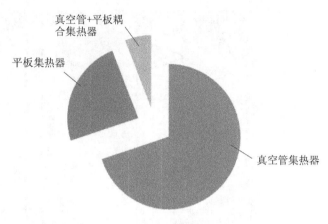

图3　不同类别太阳能集热器使用量占比份额

（三）太阳能集热系统应用形式

目前，太阳能光热建筑应用重在满足生活热水用水需求，仅仅有少部分示范工程项目用于供热采暖和空调制冷，用途相对较为单一，并不像发达国家一样更多地采用太阳能供热采暖及空调制冷的综合应用。据调查数据显示，当前中国光热建筑应用项目中，92%的光热建筑应用项目使用热水系统形式，6%的光热建筑应用项目使用热水与采暖系统相结合的形式，1%左右的光热建筑应用项目使用采暖系统的形式，1%的光热建筑应用项目使用热水、采暖及空调相结合的形式，如图4所示。

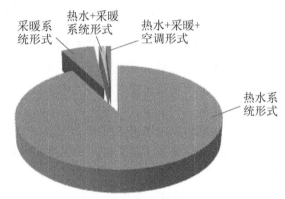

图4　不同太阳能光热建筑应用类别占比份额

（四）太阳能光热建筑应用的政策

随着中国新型城镇化的发展与居民生活水平的提高，太阳能作为可再生能源不仅要实现绿色节能，更要做到满足居民对生活品质的追求，做到舒适、智能及高效，这就需要不断改进太阳能集热器系统的设计、安装、运行方式。目前，太阳能集热系统与建筑结合的安装方式主要包括以下三种：

（1）建筑平屋面支架式；

（2）建筑阳台壁挂式；

（3）建筑坡屋顶内嵌式。

据调查显示，目前光热建筑应用项目中采用建筑平屋面支架安装方式的项目占光热应用项目总量的73%，采用建筑阳台壁挂式安装方式的项目占光热应用项目总量的11%，采用建筑坡屋顶内嵌式安装方式的项目占光热应用项目总量的3%，综合应用多种安装形式的占光热应用项目总量的8%。此外，还有5%左右的光热建筑应用项目使用了其他与建筑结合的方式，如平板集热器与建筑幕墙的结合、阳光屋顶融合等，如图5所示。

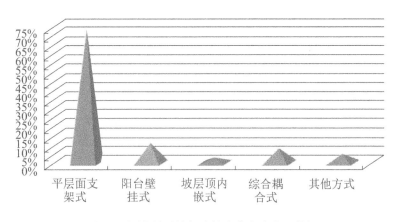

图 5 不同集热系统与建筑安装方式占比份额

（五）中国太阳能光热建筑应用的政策

财政部、住建部联合下发的《关于完善可再生能源建筑应用政策及调整资金分配管理方式的通知》（财建〔2012〕604 号）以及《绿色建筑行动方案》（国发办〔2013〕1号），进一步完善了可再生能源建筑应用政策，调整了资金分配管理方式，推进了太阳能等新能源产品进入公共设施及家庭，还进一步放大了可再生能源建筑应用政策效应。

现有的有关太阳能光热建筑热水系统推广应用政策，可以根据政策规定的约束程度分为：

（1）建筑强制安装太阳能热水系统；

（2）建筑应当安装太阳能热水系统；

（3）建筑鼓励安装太阳能热水系统。

其中，强制安装是指在一定条件（如建筑楼层高度、建筑用途、能源使用情况）下"必须安装"太阳能热水系统或是含有"凡是未按规定建议设计和安装太阳能热水系统的建筑工程将不予出具施工图审查合格书"的政策。

第三节 广东省太阳能光热建筑应用发展状况

一、广东省光热建筑应用现状

广东省作为一个太阳能光热资源丰富的省份，在当前这样一种经济社会大环境下，广东省住建厅有关负责人表示，广东省政府针对太阳能光热建筑应用项目产业的工作一直在推进。据了解，广东省 2007 年时发布了《关于发展广东省太阳能产业的意见》，其中明确提到"新建建筑在安装太阳能热水系统时，应与建筑同步设计，同步施工，按规程验收。暂不安装的新建建筑，应预留管路和适当的设备安装位置"。此外，广东省政府在2011 年公布的《广东省建筑节能"十二五"规划》中也明确提到要新增太阳能光热建筑应用项目面积 1000 多万平方米的规划目标。

作为一个经济大省，广东省太阳能光热建筑应用项目的发展现状并不如想象中那么良好，太阳能光热建筑应用市场前景发展空间很大。调查发现，作为广东省会城市的广州市内多个大型社区，安装使用太阳能热水器系统的住户很少，每户都有楼盘预留的空调安装位置，但并没有在阳台预留安装平板太阳能热水器的地方。即使有个别楼盘预留了位置，但基本都没有安装太阳能热水系统。

二、广东省光热建筑应用政策

目前，广东省将绿色建筑建设管理要求纳入立法。其中，广州市、深圳市及珠海市都针对太阳能光热建筑应用出台了相应的政策法规：

一是《广州市绿色建筑和建筑节能管理规定》，它要求"新建12层以下（含12层）居住建筑和实行集中供应热水的医院、宿舍、宾馆等公共建筑，应当统一设计、安装太阳能热水系统，不具备太阳能热水系统安装条件的，可以采用其他可再生能源技术措施替代"。

二是《珠海市建筑节能办法》规定，珠海市具备太阳能集热条件的新建12层以下住宅建筑，建设单位应当为全体住户配置太阳能热水系统。新建12层以下住宅建筑不具备太阳能集热条件的，建设单位应当在报建时向市建设行政主管部门申请认定；市建设行政主管部门认定不具备太阳能集热条件的，应予以公示；未经认定不配置太阳能热水系统的，不得通过建筑节能分部工程验收。

三是《深圳市人居环境保护与建设"十二五"规划（报审稿）》显示，深圳将大力推动国际低碳总部基地的建设，建设光明、坪山、前海和大鹏半岛4个低碳生态示范城区，建立包括碳交易在内的环境权益交易所，率先建立以低能耗、低污染、低排放为特征的低碳城市。实施太阳能屋顶计划，具备太阳能集热条件的新建12层以下的住宅建筑，将强制安装太阳能热水系统。它还要求凡12层以下商用建筑必须预留节能产品（太阳能、光伏）安装位置，否则对该建筑不予验收。而在节能产品安装完成之后，对于达标的节能建筑，该市政府相关部门还给予每平方米400多元的补贴。

三、广东省光热建应用存在的问题

2013年3月1日，广东省出台了《广东市绿色建筑和建筑节能管理规定》，其中第十六条提到，鼓励在建筑中推广应用太阳能热水、太阳能光伏发电、自然采光照明、热泵热水、空调热回收等可再生能源利用技术。可见，广东省政府对于发展绿色节能产业的重视。三十多年的发展历程中，广东省太阳能光热建筑应用行业可说是蓬勃发展。近年来，广东省太阳能光热行业实现了高速增长。但是，太阳能光热产品及光热建筑应用项目在发展过程中，也存在一定的不足和问题，集中体现在以下几个方面：

（一）光热产品质量参差不齐

在光热行业发展鼎盛时期，很多小企业以家庭作坊的形式在市场上购买各种配件组装太阳能。这种产品因价格低廉很受农村消费者青睐，但往往使用不了几年就出现各种问题，且产品质量和售后服务根本得不到保障，买来的太阳能热水器就成了一种摆设。久而久之，造成了消费者对太阳能光热行业的不信任，甚至在心理上排斥。而以品牌和质量致胜的光热企业，尚待以其品质优势和品牌作用发起更有力的绝地反击，在品牌化布局战略中，打造出让城乡居民信赖的好的光热建筑应用产品。

（二）技术研发力度不强

太阳能光热行业的发展离不开新技术的研发与产品的推陈出新，这是整个光热行业优胜劣汰的关键因素。很多光热企业不够重视产品研发，甚至不少企业的研发投入几乎为零。这样的恶性循环，只会导致行业的停滞不前和追赶不上用户需求升级的步伐。在一家企业推出新产品以后，其他企业很快跟风模仿，不尊重其他企业的知识产权，在没有完全掌握工作原理和产品性能的情况下纷纷上马，最终导致光热企业发展乏力。在与其他家用电器的竞争力度上，传统太阳能热利用产品尽管在节能优势上略胜一筹，但多数产品在便捷性、稳定性等方面仍逊色不少。以目前来看，太阳能热水器技术有待提高和技术升级。

（三）价格战加速质量下滑

在零售市场的份额上，太阳能热水器因为前几年的家电下乡和惠民补贴政策造成的市场透支，并没有太多的市场份额可以抢占。全国很多城市的"强装令"给太阳能工程市场带来了无限生机，几乎所有的太阳能企业都将工程市场作为公司发展的"救命稻草"。在竞标过程中，很多企业为了中标不惜一切代价一再压低成本。一味追求价格低廉只会造成产品的偷工减料和质量不过关，在几乎没有任何利润而言的情况下，企业在价格战的硝烟中步履蹒跚、举步维艰。

此外，广东省太阳能光热建筑热水系统在各个地区的发展还不平衡，大部分地区对太阳能热水系统使用、施工以及安装都存在不同的认识，比如各个地区对高层住宅使用太阳能光热热水系统的规定规范不同；各地对太阳能光热建筑热水系统技术层面上的问题等都还有相当多的问题有待解决。这些现象及问题的产生有诸多方面的因素。

（1）管理层面上的问题。各个地区因为条件相差较大，且不同地区的政府对于太阳能的认识水平存在差异，所以政府的法律或相关的规定要求不一，导致各地区关于太阳能的规定和应用范围也有很大的不同。还有，作为建筑设计主体的各专业建筑设计员，过去基本上没有介入太阳能光热建筑热水系统的设计，对太阳能集热系统缺乏了解，没有相关的设计参数可供参考，后期技术也就得不到保证。这样一来大大增加了成本和难度，在目前市场条件下就缺乏相应的前进方向与动力。

（2）技术层面上的问题。目前，高层住宅的太阳能热水系统还未形成建筑一体化的规模，技术尚待进一步开发。高层建筑中供水的水压高、压力差值大以及用水的峰值变化不规律等特点都会直接导致集中式太阳能热水系统产生热量分布不均匀、设备短路等问题。而且在高层建筑群中安装太阳能，因为采光区域的面积有限，可以安装太阳能光热建筑热水系统的位置有限，在其安装上无法完全使用南向采光从而提高太阳能所能接受的日照量，再加上有的高层建筑屋面因为造型或其他原因，也会导致集热器无法正常安装。

（3）地产开发商必须承担太阳能热水系统的前期投资，由于太阳能光热建筑项目的前期成本较大，如果建造的太阳能建筑房屋没有销路，就会严重削弱地产开发商的积极性。

综上所述，我们看到的问题也许还是近年来广东省光热建筑应用行业问题的冰山一角，其他诸如行业标准化体系不健全、质量管理混乱、产品检验疏漏等问题还一直困扰着广东省光热建筑应用的发展。

第四节　合理化建议与前瞻性展望

一、广东省太阳能光热建筑应用产业合理化建议

太阳能光热建筑应用产业是可再生节能环保产业的重要组成部分，也是广东省范围内具有较强竞争优势的产业。同时，太阳能光热技术是目前太阳能应用领域比较成熟、具有较大发展潜力的技术。推广太阳能光热技术产品，发展太阳能光热产业，对优化广东省能源消费结构，促进节能减排具有重要意义。

但是，在太阳能光热产业快速发展的过程中，也面临一些新情况、新问题，产业转型发展面临较大挑战。针对广东省太阳能光热建筑的发展现状，建议从以下几方面为切入点，来改善与发展广东省太阳能光热建筑应用产业。

（一）加强光热产业组织领导

各市要结合当地实际情况，深入研究太阳能光热产业转型发展问题，明确转型发展重点，强化相关政策措施。要将深化太阳能光热应用、促进产业转型发展作为节能工作的重要任务，纳入节能目标责任考核体系。省节能主管部门要加强行业统筹规划，加快完善相关配套政策，加大扶持力度。各部门要密切配合，认真落实国家和省关于简政放权、转变职能的要求，逐步简化涉及太阳能企业的各类手续，取消各类不合理收费，为太阳能光热产业转型发展营造良好环境。还要发挥行业中介组织的平台作用，及时分析产业转型发展中所遇到的问题，研究提出应对措施。定期调度通报太阳能光热产业运行情况，建立风险评价、预警制度。

（二）规范财税金融政策扶持

发挥节能资金引导作用，创新资金使用方式，鼓励太阳能光热深度应用技术研发，加大太阳能集热系统推广应用支持力度，重点支持公共领域推广应用太阳能集热系统。推动太阳能集热系统在工业领域扩大应用，组织创建太阳能应用示范市、县（市、区）。创新节能服务发展模式，鼓励利用合同能源管理机制，推广太阳能光热产品，推动企业充分享受合同能源管理等财税优惠政策。对大型太阳能光热应用项目和高新技术太阳能应用示范项目，鼓励采用"建设—经营—移交"模式进行融资建设。鼓励各类金融、担保机构、基金公司和风险投资公司打造融资平台，加大对太阳能光热产业投入，形成多元化长效机制，拓宽企业融资渠道。

（三）加强创新科技支撑

务必加大创新科技投入，鼓励企业与院校、科研单位实行产学研联合，建立行业专家库、资源数据库，为产业创新提供智力支持。打造一批高水平技术创新平台，推动建设工程技术中心、企业技术中心和行业技术中心等，建立以企业为主体的现代化技术创新体系。支持开发具有自主知识产权的太阳能光热新技术、新产品，加速科研成果转化及产业化，扭转光热产品低端同质化局面。加大对拥有核心技术、具有良好发展潜力的中小型企业的扶持，打造国际知名太阳能品牌。加强太阳能光热行业知识产权保护工作。在工业、

农业、畜牧业和服务业领域，支持建设一批大型太阳能光热系统应用示范项目。

（四）加强市场开拓

利用省级招商展览和市场开拓专项资金，支持太阳能企业参加太阳能行业论坛、展览及贸易投资促进活动。强化产品宣传推介，增强市场占有率。支持太阳能光热企业开展国际合作。针对广东省太阳能光热产业，引进国外关键技术、设备和先进管理、营销理念。指导企业加强与世界银行、亚洲开发银行等国际组织的合作，引导政策性外资投向太阳能光热产业。优化外商投资软环境，丰富资金引进方式，利用国际资金带动广东省光热产业转型发展。支持太阳能光热企业"走出去"，鼓励企业到境外推广产品、承揽工程和相关服务项目，打造广东省太阳能光热产业国际名片。

二、广东省太阳能光热建筑应用产业前瞻性展望

太阳能光热建筑应用产业由于其节能效应显著，且投入产出比较高，被列入国家战略性新兴产业之列，国务院关于"十三五"规划工作明确了太阳能光热产品保有量到2020年较2015年翻一番的目标。此外，数据显示，截至2015年底，广东省新增太阳能光热应用项目建筑面积1047万平方米，新增太阳能光电建筑应用装机容量达到142兆瓦。其中，梅州市、蕉岭县、揭西县大力推进国家级可再生能源建筑应用示范市、县建设工作，已竣工面积达610万平方米。

随着国家"一带一路"倡议的实施，中国较为成熟的太阳能热利用技术及产品已经逐步受到越南、印度、南非、阿联酋、埃及等国家欢迎。与此同时，根据国家能源局"十三五"能源规划工作方案和任务分工，中国农村能源行业协会太阳能热利用专委会承担了《太阳能热利用产业竞争力研究》的课题。专委会组织业内企业召开了多次座谈会。40余家大中型企业积极参与课题研究，并与国际同行和国内先进制造业进行了全面分析比较，决心重塑中国太阳能光热建筑应用产业。此外，国家发展改革委办公厅正式发布了《关于组织申报资源节约和环境保护2015年中央预算内投资备选项目的通知》（发改办环资〔2015〕631号文件）。其中太阳能工业热利用改造被列入选项范围，这意味着获得批准的太阳能热利用项目将可以享受到中央预算内投资的补助扶持，太阳能热利用正在进一步得到国家和地方政府的大力支持。

综上所述，只有借助政府的人力支持、企业自身提升产品质量、以创新为驱动提高核心竞争力，才能再次让太阳能光热产业突出重围。相信广东省光热建筑应用产业必将重新焕发生机，迎来光热建筑应用行业的再次质的飞跃及可持续发展与壮大。

第七章　建筑设备节能

第一节　高效制冷机房技术体系及推广应用

一、背景分析

我国建筑能耗的总量逐年上升，在社会终端能源消耗的比例也已占到20%以上。推动建筑节能建设有节约资源、保护环境、促进经济社会可持续发展等重要意义。公共建筑是城市构成的主要部分，是城镇化过程中资源、能源的主要消耗者，也是城镇化过程中对自然环境直接和间接的主要影响源之一。常规情况下，广东地区大型公共建筑的空调系统能耗占建筑能耗的50%以上，而制冷机房（制冷机组、水泵、冷却塔）的能耗又占空调系统能耗的60%～80%。因此，空调制冷机房的节能应成为我省建筑节能工作的重点方向之一。

制冷机房能效比，即冷源制冷量与冷源（包括冷水机组、冷冻水泵、冷却水泵、冷却塔）耗电量的比值，是衡量制冷机房运行效率高低的指标。根据调研，我省目前运行情况一般的制冷机房，其年运行平均能效比在3.0左右，运行情况良好的也很少超过4.5，而美国、新加坡等地，其项目的制冷机房运行年平均能效比往往可超过5.0。由此可见，我省空调制冷机房能效提升的空间很大，假设一个项目的制冷机房能效从3.0提高到5.0，其年能耗可降低40%，以制冷机房能耗占建筑能耗的35%估算，建筑的总能耗可因此下降14%，获得很大的节能效益。

据调研及分析，我省公共建筑的空调制冷机房能效偏低的原因是多方面的，主要受到以下现状的制约：

（1）国家及广东省的标准规范中，仅对制冷机房内的主要设备制定了最低能效的规定，但缺乏对整个制冷机房系统的能效要求，导致相关的高效制冷机房技术得不到足够的推广动力及目标支撑。

（2）目前，公共建筑制冷机房的运行监测系统普遍不够完善，测点少，测量误差大，分项缺乏科学性和合理性，用户往往难以掌握系统的运行情况和实际运行能效，无法充分认识到其中的节能潜力。

（3）在建筑设计阶段，受资源和进度的制约，制冷机房系统设计和设备选型普遍流程化及保守化，缺少针对性的优化设计；空调设计及自动控制设计之间的专业交叉不完善，设计意图难以顺利复现到运行控制逻辑中。

（4）在建筑的施工阶段，缺少完备的设备技术需求书及现场检验程序，制冷机房主要设备及材料的采购和安装容易偏离设计意图。

（5）在机电系统调试阶段，对制冷机房系统的要求停留在"能用就行"，缺乏专业化和精细化的调适过程,导致运行控制系统非常"脆弱",投入运行后很容易出现能源浪费甚至系统瘫痪而完全依赖人工控制的情况。

(6)在制冷机房系统投入使用后,对运营管理人员的节能要求和考核体系不合理,技术培训不到位,常常只以"节能量"作为考核指标;管理人员则以牺牲舒适性的"关空调""关新风"等手段来完成指标,违背了节能的初衷,制冷机房的运行能效也无从提升。

在此背景下,为协助广东省建筑节能工作的开展,促进制冷机房系统能效的提升,我们近年来进行了以下三个方面的工作:

(1)制定广东省的制冷机房能效评价标准。

(2)通过技术研究、产品研发、标准化工作等,形成适用于我省的高效制冷机房技术体系。

(3)大力开展多个高效制冷机房示范项目的建设,验证及优化技术体系,并为未来更大范围的推广工作提供样板。

下面简要介绍上述工作内容及已有成果。

二、工作进展

(一)标准编制

2013年,由广州市设计院牵头,清华大学等多家行业知名机构参与,广东省启动了国内首部制冷机房能效标准的编制工作。基于一系列工作的成果,广东省《集中空调制冷机房系统能效监测及评价标准》(DBJ/T 15–129—2017)已于2017年正式颁布,并于2018年4月1日起正式实施。目前,这一标准已得到全行业的广泛认可,逐渐成为国内制冷机房能效评价的通用体系。

在标准中,主要对集中空调制冷机房系统能效,集中空调制冷系统监测需求及方法,运行数据的收集、处理、误差分析、验证、展示等提出了规范性指标,便于相关设计、施工、调试、运营等人员参照执行。

标准中的重要条款介绍如下。

1. 制冷机房能效评价

集中空调制冷机房系统根据系统能效的高低,分1级、2级、3级共三个等级,如表1所示。1级能效等级相当于优秀水平;2级能效等级相当于良好水平,也是节能的评价基准;3级能效等级相当于合格水平;低于3级则属于不合格。这一指标体系参照了国外先进地区的标准规范,并结合我省制冷机房的调研现状,能效指标要求与美国基本持平,略低于新加坡。

表1 集中空调制冷机房系统能效要求

系统额定制冷量/kW	能效等级	制冷机房能效
<1758	3级	不低于3.2
	2级	不低于3.8
	1级	不低于4.6

续上表

系统额定制冷量/kW	能效等级	制冷机房能效
≥1758	3级	不低于 3.5
	2级	不低于 4.1
	1级	不低于 5.0

2. 制冷机房能效监测系统要求

制冷机房的能效监测系统测量参数至少应包括：

（1）制冷机房系统的耗电功率，kW；

（2）冷水回水温度，℃；

（3）冷水供水温度，℃；

（4）冷水流量，m³/h，测量进入或离开制冷机房系统的冷水的总流量；

（5）冷却水进水温度，℃，测量进入冷水机组的冷却水温度；

（6）冷却水出水温度，℃，测量离开冷水机组的冷却水温度；

（7）冷却水流量，m³/h；

（8）室外空气干球温度和湿球温度，℃，测量冷却塔周边的空气状态。

在有条件的情况下，除了对上述参数外，还应对制冷机房系统内的各个子系统进行单独计量和监测。

3. 能效监测的精度及校验要求

制冷机房系统能效监测结果的不确定度应在 ±5% 以内，应根据具体的制冷机房系统能效比的测量结果不确定度需求，确定测量设备的参数要求。传感器测量范围和精度应与二次仪表匹配，并高于工艺要求的控制和测量精度。其中，温度测量系统的最大允许不确定度不得超过 ±0.1℃，流量测量系统的最大允许不确定度应在 ±2% 以内，功率测量系统的最大允许不确定度应在 ±2% 以内。

制冷机房系统能效监测过程应进行能量平衡校验，能量平衡系数（冷水系统的热与压缩机做功之和减去冷却水系统排热的差值与冷却水系统排热的比值）的所有测试样本数据中，80%的样本应不大于10%，宜不超过15%。

（二）高效制冷机房技术体系

高效制冷机房的技术体系是对项目建设全过程的要求，涵盖方案设计、图纸设计、设备招采、深化设计、施工、调试、运营等多个阶段。每个阶段中均有技术上的要求，同时也会有相应的管理要求。

1. 方案设计阶段

（1）综合评估项目的定位、需求、建设条件、各方工作界面，制定高效制冷机房的能效目标。

（2）进行目标分解，制定实现能效目标的全过程技术路线。

（3）结合项目实际情况，针对性投入设备能效提升、电机变频、管路减阻、冷却水温优化、冷冻水系统大温差、末端水力平衡控制等节能技术。

（4）合理预测项目的运行能效，验证方案及目标的可行性。

2．图纸设计阶段

（1）根据设计方案，进行高效制冷机房的各专业图纸绘制工作。

（2）进行末端设备优化，末端控制优化，冷冻水、冷却水管路优化，制冷机房内管路连接优化，制冷主机、水泵、冷却塔、阀门等设备的参数优化及性能匹配。

3．设备招采阶段

制定高效制冷机房关键设备材料的技术需求书，严格限定供应商提供的产品质量及技术参数。

4．深化设计阶段

（1）根据到货设备、材料的实际尺寸，传感器、控制器的安装位置要求，进行重点部位的精细化设计。

（2）必要时，建立制冷机房的三维 BIM 模型，用于指导深化设计及施工。

5．施工阶段

（1）对照设备材料的技术需求书，对相关设备材料等进行全面测试，确保技术参数达标。

（2）按照高效制冷机房的施工质量要求，对施工过程进行全面监督指导。

6．调试阶段

（1）制定多工况、全系统联动的调适计划，确保设备在不同工况点的运行参数均满足设计要求，运行能效均不低于设计能效。

（2）检验制冷机房群控系统的控制逻辑及稳定性，确保自控系统对全年运行工况的完整覆盖。

7．运营阶段

（1）进行周期不少于一年的制冷机房运行数据统计分析及能效验证，如发现能效未达设计预期，及时排查并解决问题。

（2）编制高效制冷机房运行维护手册，指导运维人员对制冷机房进行长期高效管理。

综上，高效制冷机房的技术体系涵盖了项目实施各个阶段，我们已总结了每个阶段的技术要求，形成一系列的标准化文件及工作流程，可供项目管理团队参考。

（三）高效制冷机房项目案例

广州市设计院已在省内外多个项目中开展了高效制冷机房的实践工作，收获了良好成效。目前，白天鹅宾馆、设计大厦等项目已成为国内高效制冷机房的标杆，引起业内的广泛关注。重点项目介绍及能效指标详见表2。

表2　高效制冷机房项目简介

编号	项目名称	项目简介	制冷机房能效
1	白天鹅宾馆	对广州市老牌的五星级酒店白天鹅宾馆进行节能改造，应用高效制冷机房技术，改造后的制冷机房能效达全国最高，成为高效制冷机房的标杆	5.91（1级）

编号	项目名称	项目简介	制冷机房能效
2	广东省府5号楼	对广东省政府的一栋办公建筑进行节能改造，应用高效制冷机房技术，改造后的制冷机房能效达到1级水平	5.32（1级）
3	广州设计大厦	对广州设计大厦进行节能改造，在保留已使用了近20年的制冷主机的前提下，实现制冷机房能效的大幅提升，从改造前的低于3级水平达到改造后的2级水平	4.47（2级）
4	天津天河城购物中心	在北方地区实践高效制冷机房技术，达到2级能效水平	4.5（2级）
5	珠海长隆海洋科学馆	在大型游乐场馆建筑中应用高效制冷机房技术，预期可达到1级能效水平（目前项目施工中）	5.0（1级）
6	凯达尔国际枢纽广场	在全国首个TOD交通枢纽综合体中实践高效制冷机房技术，预期可达到2级能效水平（目前项目施工中）	4.6～4.8（2级）
7	五邑大学	在校园建筑中建设高效制冷机房，目标建成国内首个6.0+的高效制冷机房（目前项目设计中）	6.0（1级）

三、推广建议

当前，我省推广高效制冷机房的外部环境已初步成形。国家推行建筑能耗总量控制政策，于2016年年底颁布了《民用建筑能耗标准》（GB/T 51161—2016），对各类公共建筑的能耗规定了约束值和引导值，显然，制冷机房的高效运行是广东省内公共建筑能耗达标的必经之路。广东省《集中空调制冷机房系统能效监测及评价标准》已经颁布实施，这为高效制冷机房的设计和评价提供了依据。此外，近年来高效制冷机房的成功案例也如雨后春笋般出现，除了我院参与的多个项目外，无限极、雅居乐、赫基国际、广州地铁车陂南站等项目也都在筹划高效机房的应用。

但总体而言，我省高效制冷机房的推广应用处于起步期，技术体系尚未完善，市场结构较为散乱，亦需政府部门介入进行统筹、规划和监管，以促进行业的良性发展，创造多赢的局面。

制冷能效提升路线应以政府部门为主导，以建筑节能服务单位为执行方，以提升制冷机房能效为主要目标，围绕设计、设备招采、施工、调试、运营管理等环节，逐步开展新建建筑高效制冷机房的建设和既有建筑制冷机房的升级改造工作；通过加强政策引导，强化标准规范，完善认证体系，严控市场准入，加大监督检查力度，建立激励与约束相结合的实施机制，全面提高我省公共建筑制冷机房的能效水平。

根据我省公共建筑制冷机房的现状，能效提升工作应从基础的能效监测开始，逐步开展高效制冷机房建设、先进项目应用示范、技术革新、管理体系建设及全面推广等工作。建议的重点工作方向有以下6点：

（1）制冷机房能效监测：促进重点用能单位统一配置制冷机房能效监测系统，对不具备配置条件的单位，开展现场调研，掌握重点用能单位的制冷机房能效现状。

（2）能效大数据平台建设：将制冷机房能效监测数据纳入现有的公共建筑能耗监测

平台，或独立设置数据平台，面向政府、市场、业主、金融机构、节能服务公司等利益相关方，建立和完善制冷机房能效信息的实时监测、统计、对比、公示机制。

（3）高效制冷机房建设及示范：以积极推行节能理念的新建公建项目和能效较低的既有建筑项目作为先期推广对象，以点带面，逐步提升全省公共建筑的机房能效水平，并选出一批典型的高效制冷机房项目作为行业标杆，宣传和推广先进经验及做法。

（4）高效制冷机房标准化体系建设：以《集中空调制冷机房系统能效监测及评价标准》为基准，普及制冷机房能效的分级、评价指标，制定及完善能效监测、高效制冷机房的建设、验收等相关标准化技术文件，避免出现项目质量参差不齐及虚假宣传等乱象。

（5）市场监督及引导：研究建立高效制冷机房服务公司及第三方审核机构的"白名单"及"黑名单"制度，鼓励以合同能源管理或 PPP 等模式开展对高效制冷机房改造及建设的工作；加强与财政、金融、电力、国资、机关事务等部门和单位的沟通协调，推动落实相关市场扶持的政策。

（6）阶段性目标：以 2020 年为节点，完成一定数量指标的重点用能单位的制冷机房能效监测及高效制冷机房建设工作；建议新增 100 栋以上建筑的制冷机房能效运行监测，完成 20 个以上高效制冷机房示范项目的建设。

第二节 广州白天鹅宾馆保育绿色化更新改造项目

一、项目概述

广州白天鹅宾馆位于珠江北岸，设计始于 20 世纪 70 年代末，1979 年 7 月 19 日动工，1983 年 2 月 6 日正式开业，是白金五星级酒店，也是内地第一家中国人自行设计、施工、管理的大型现代化涉外酒店。凭借在国内建造史上特殊的历史地位、卓越的建筑设计水平及中外合资建造酒店的特殊历史背景，它成了一栋被世人认同的代表中国改革开放的具有典型价值和特殊历史意义的酒店建筑。

白天鹅宾馆受建筑功能布局、室内装修风格及机电系统老化的影响，于 2012 年开始停业更新改造，更新改造工程主要包括结构补强、装修改造、室外配套、机电设备更新改造四大部分。原建筑能耗在夏热冬暖地区五星级酒店中处于中等水平，在此基础上，项目以保护式更新、建筑总能耗降低 30% 为目标，进行更新改造。通过整体更新改造后，宾馆的运营能耗较改造前大幅下降，年节约能源费用超过 1700 万元，项目整体获绿色建筑二星级设计标识。其中，空调制冷机房全年平均能效比高达 5.91，相比改造前节能 65.2%；蒸汽锅炉系统全年平均热效率 92.3%；热回收水－水热泵系统可利用空调废热满足全年 80% 以上的生活热水需求；宾馆单位面积年综合能耗 121 kW·h/m^2，远低于《民用建筑能耗标准》的约束值和引导值。

二、保护式更新改造

白天鹅宾馆是优秀的近现代建筑，在 2010 年被列为"区级等级保护文物"，因此，白天鹅宾馆的改造不是简单的节能改造，而是包含建筑形象和文化的保护性建筑保育，即基于现有整体风貌和典型空间有效保护的前提下，开展的保护性更新的绿色节能改造工程。

　　项目的总改造建筑面积约 8.2 万 m²，含宾馆裙楼和塔楼，建筑高度 99 米。建筑方面的修改主要涉及功能性需求，包括提高建筑消防性能、调整客房面积以适应经营需求等，具体改造方案分析如图 1 所示。

　　通过更新改造，改善酒店的经营条件，同时在改造过程最大限度地保留原有构件，保留建筑设计风格和特色的风貌，达到传承文化的目的。如图 2～图 3 所示，"故乡水"中庭主要针对消防、结构加固、节能进行调整，建筑风貌得以保留。而"玉堂春暖"中餐厅（图 4）、东入口"伞状"结构雨棚（图 5）、"羽毛窗"式的塔楼外墙都得以按原状保留。

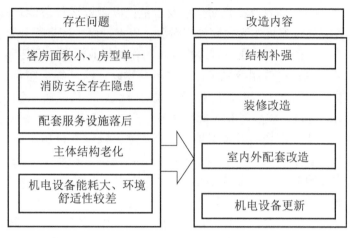

图 1　白天鹅宾馆建筑改造更新方案

图 2　"故乡水"改造前

图 3　"故乡水"改造后

图 4　"玉堂春暖"中餐厅（原状保留）

图 5　东入口"伞状"结构雨棚（按原状保留）

三、基于数据分析的节能目标确定

　　白天鹅宾馆节能更新的具体目标是在同地区同类五星级酒店能耗的横向比较，以及对自身多年能耗分析的基础上,经技术经济分析后确定的。

(一) 同类横向比较

如表 3 所示,将白天鹅宾馆 2008—2010 年三年能耗的平均值与同地区其他酒店的能耗情况进行比较,发现改造前,白天鹅宾馆的能耗水平与广州市几家相似年代的五星级酒店能耗水平及上海 38 家五星级宾馆的平均能耗水平都大致相当,若仅采用常规节能技术,难以实现大幅度的节能效果。

表 3　五星级宾馆能耗指标对比表

宾　馆	宾馆总能耗 (等价标煤) [kgce/ (m² · a)]
白天鹅宾馆 (改造前)	111.3
广州某五星级宾馆 A	83.5
广州某五星级宾馆 B	68.92
广州某五星级宾馆 C	115.4
上海 38 家五星级宾馆平均值	88

(二) 项目能耗分析

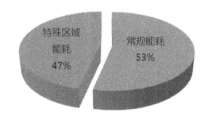

图 6　白天鹅宾馆能耗分项 (当量标煤)

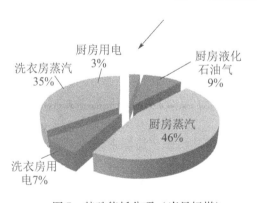

图 7　特殊能耗分项 (当量标煤)

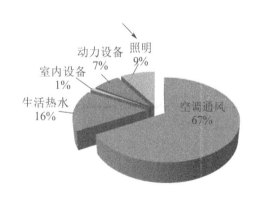

图 8　常规能耗分项 (当量标煤)

图 6 ~ 图 8 为白天鹅宾馆能耗的分项数据饼图。如图 6 所示,常规能耗约占总能耗的 53%,其中,通风与空调系统能耗占比最大,为 67%,其次为生活热水系统能耗,占比 16%;而特殊区域能耗占总能耗的 47%,其中"厨房蒸汽"和"洗衣房蒸汽"共占"特殊区域能耗"的 81%。可见,制冷机房、蒸汽锅炉房和生活热水系统的能源消耗是白

天鹅宾馆总能耗中的"能耗大户"。

（三）科学确定改造思路

基于以上能耗调查数据分析，项目更新改造方案抓住主要矛盾，配合选用适宜的节能技术，综合技术和经济因素后提出明确的节能目标，让改造项目获得最大的节能效益，具体如下：

（1）总体目标：以绿建二星设计标识为总体设计标准。

（2）节能目标：宾馆总能耗比改造前下降30%以上。

（3）目标分解：将总体节能目标分解到各个"能耗大户"上，具体包括高效空调系统、高效蒸汽锅炉房系统、生活热水系统等（具体见第四节内容）。

（4）技术路线：以提高系统能源效率为手段，实现各分项的节能目标，从而达到整体节能目标。

（5）技术措施：超高效制冷机房系统（系统能效从2.7提高至5.4）、高效蒸汽锅炉系统（油改气、系统热效率从60%提高至90%）、高效水－水热泵热回收热水系统（油改电、由锅炉热效率0.9优化为热泵机组效率8.0）。

（6）全过程目标控制：将分项节能目标落实到设计、施工、调试、运营的每个阶段上。

（7）节能效果的保障措施：精细化设计、精细化施工、精细化调试。

四、白天鹅宾馆绿色改造技术介绍

（一）超高效空调系统技术

白天鹅宾馆东区的空调制冷机房采用了超高效制冷主机房技术，通过对制冷主机、冷冻/冷却水泵、冷却塔、水处理器、变频器等设备以及相关管路的优化，辅以精细合理的运行控制策略，大幅提升了制冷主机房系统的运行能效。采用超高效制冷主机房技术后，通常能比常规空调系统的制冷主机房降低一半以上能耗，具体技术包括：

（1）空调冷水系统采用供回水温度为7℃/15℃的大温差设计，减下水系统设备选型。

（2）采用BIM设计进行机房管路优化设计，节省输送能耗、节约空间管材，见图9。

（3）全空气系统变频、需求化新风供应及全新风运行技术。

（4）高效风机及新型高效立式空气处理机组设计——单位风量输送能耗Ws为节能规范限值的50%。

（5）设计中庭"故乡水"水幕空调（图10）——采用低温水冷辐射供冷，降低大堂空调能耗。

（6）有效实用的自动控制系统——保证室内舒适性，维持冷冻水供回水温差≥设计温差，降低空调系统能耗。

（7）超高效制冷机房技术——多项技术集成、空调制冷机房系统全年能效比≥5.4，达到ASHRAE中的"EXCELLENT"级别（5.0以上）。

图9　机房管路优化设计　　　　　　　图10　"故乡水"水幕空调

（二）高效高温水－水热泵生活热水热源系统技术

白天鹅宾馆东区原生活热水热源以燃油锅炉为主，改造后使用了高效高温水－水热泵热回收系统，可提供一次侧60℃、二次侧59℃生活热水，无需锅炉房系统再热，一年中可直接满足11个月以上的生活热水需求。

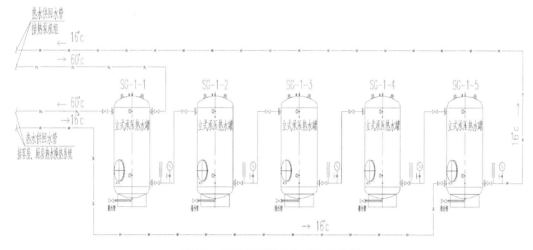

图11　多罐串联蓄热水系统示意图

如图11所示，项目采用多罐串联蓄热水系统，基于能量梯级利用的原则，逐级加热，使得各环路的平均冷凝温度尽量降低，并通过将低温蒸发器和低温冷凝器匹配对应、高温蒸发器和高温冷凝器匹配对应，使蒸发温度和冷凝温度的温差不至于过大；同时使制冷环路在低蒸发温度时，对应低冷凝温度，而高冷凝温度时对应高蒸发温度，可大幅提高机组能效。

项目研发定制的自有知识产权的新型大温差高效高温水－水热泵机组如图12所示，制冷制热能效比达8.52（制冷3.86、制热4.66），高于同类型设备产品，冷水进出水温度为7℃/15℃，热水进出水温为15℃/60℃。

图12　自有知识产权的新型大温差高效高温水－水热泵机组

（三）高效蒸汽锅炉房技术

针对宾馆的热负荷波动大的特点，并结合蒸汽使用量需求及节能目标，白天鹅宾馆改造后采用的高效锅炉房技术方案如下：

如图13所示，配置8台高效率2.0吨小型贯流燃气蒸汽锅炉、2台0.5吨小型贯流燃气蒸汽锅炉、预留1台2.0吨小型贯流油气两用蒸汽锅炉，通过进口多台联控器进行并联设置，满足最大蒸汽量需求。并通过自动分配锅炉燃烧状态的阵列式锅炉技术及全球领先的非对称燃烧控制专利技术，大幅度减少因锅炉前后吹扫带来的热损失，整个锅炉系统的能源效率达到90%以上，改造前小于60%，改造后的节能率为33.3%。并且锅炉的故障支援功能兼有备用锅炉的功能，系统还具有低排污率、起蒸时间短等优点。

图13　高效蒸汽锅炉房

（四）建筑能源管理系统技术

改造后，为实现更科学、合理的能源管理，白天鹅宾馆还全面更新、改造了建筑的其他智能化系统，实现了宾馆用电、用水、用气的分区域、分部门记录，并可实现查询、对比、分类统计、自动生成报表等功能。其中，冷冻站运行监控系统界面如图 14 所示，锅炉房集中热管理系统界面如图 15 ～ 图 17 所示。

各智能化系统包括：综合布线系统、计算机网络系统（客用网络系统、后勤管理办公网络系统）、卫星及有线电视系统、安防系统（闭路电视系统、防盗报警系统、门禁管理系统、电子巡更系统、可视对讲系统、安防集成系统）、音频及视频系统（会议室会议扩声系统、视频展示系统、远程视频终端系统、背景音乐系统、信息发布系统）、客房控制系统（集成客房安防设备、空调设备、照明设备、电动窗帘、客房使用情况等数据）、能源管理系统和设备监控系统等。

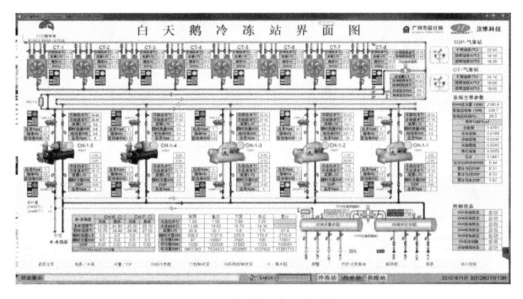

图 14　白天鹅冷冻站运行监控系统界面图

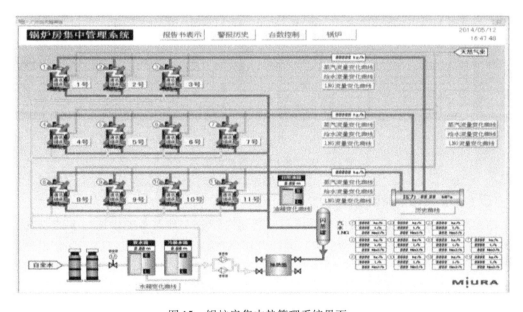

图 15　锅炉房集中热管理系统界面一

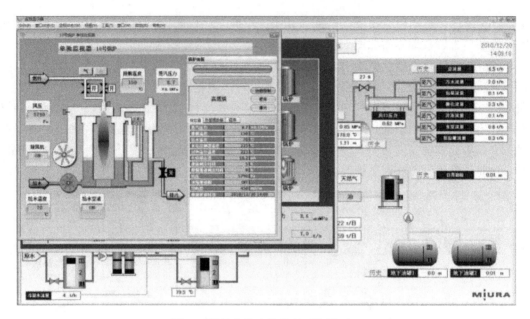

图 16 锅炉房集中热管理系统界面二

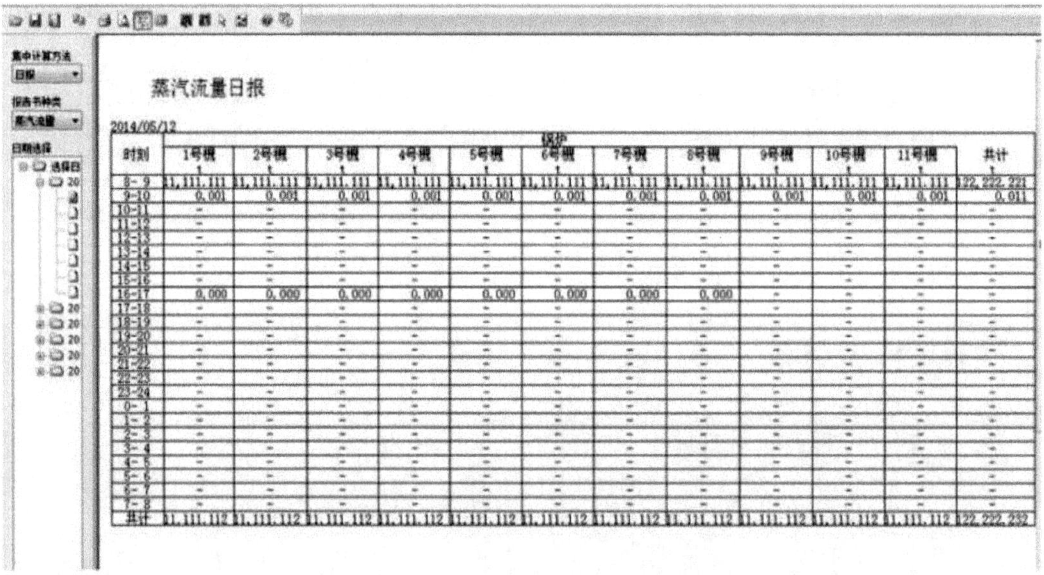

图 17 锅炉房集中热管理系统界面三

(五) 围护结构节能改造技术

白天鹅宾馆原有的围护结构设计已不能满足现行公共建筑节能设计标准的要求, 因此, 需要针对建筑围护结构的薄弱点, 并结合建筑物自身特点, 通过方案的优化组合, 选择性价比高、节能效果好的围护结构改造实施方案, 包括增加屋面、外墙保温、选用节能玻璃等措施, 优化后的围护结构热工性能可保证采暖房间在室内设计温、湿度条件下不会产生结露现象, 并满足现行国家标准《民用建筑热工设计规范》的综合权衡热工指标要求。

1．具体措施如下：

（1）外墙增设 60mm 厚的泡沫玻璃内保温层。

（2）外窗改为 Low-E 中空玻璃，气密性满足要求。

（3）屋顶改为绿化屋面或采用 50mm 厚的挤塑聚苯板保温。

（4）裙楼和塔楼均有可开启外窗的设计，可实现自然通风。

（5）"故乡水"瀑布室内景观上的采光顶玻璃改为 Low-E 中空玻璃（同时，"故乡水"瀑布景观改造后能兼具养鱼和冷辐射空调的功能）。

2．建筑节水系统改造技术

白天鹅宾馆采用的建筑节水系统改造技术包括供水压力分区、采用节水器具、空调冷凝水回收利用和屋面雨水回收利用四项，具体如下：

（1）供水压力分区。改造后白天鹅宾馆裙房 4 层及以下由市政管网直接供水，以上部分由市政水先接入首层水池，经水泵扬升至屋面水箱后减压供水。热水系统热源为空调余热回收及锅炉供热。排水系统采用雨、污、废分流，厨房污水经餐饮废水处理器处理后，生活污水经室外化粪池处理后与生活废水一起排至市政污水管网。雨水部分收集后用于绿化，部分收集后排入市政雨水管网及珠江。

（2）采用节水器具。白天鹅宾馆选用节水型卫生洁具及配水件，所用产品符合《节水型生活用水器具 CJ 164—2002》和《节水型产品通用技术条件（GBT 18870—2011）》的规定。

（3）空调冷凝水回收利用——供应空调冷却塔补水。冷凝水回收技术回收的空调冷凝水可以用于冷却塔补水，节省冷却塔补水量，同时也可回收该部分冷凝水的冷量。宾馆东区改造后通过共用冷凝水立管，回收二层及以上的空调设备以及首层吊顶内空调器的冷凝水。冷凝水立管排至设于地下一层的冷凝水回收水箱，再通过水箱内设置的潜水泵供给裙楼西北角二层屋面的冷却塔，作为冷却塔补水。

（4）屋面雨水回收利用——供应绿化灌溉。白天鹅宾馆塔楼屋面雨水收集后经弃流、过滤后流至室外雨水储存池，消毒处理后供室外绿化灌溉用水（绿化灌溉采用节水自动喷灌方式），其余部分屋面雨水及地表雨水收集后排入市政雨水管网及珠江。

实测数据显示，改造后项目的非传统水源（主要为雨水回用和空调冷凝水回用）利用率为 5.79%，年用水总量比改造前下降 49.9%。

五、改造效果分析

（一）高效空调系统的改造后运行评价

评价制冷主机房节能效果的重要指标之一是制冷主机房的全年综合能效比。白天鹅宾馆项目改造后 2016—2017 年的逐月制冷机房能效比如图 18 所示，数据是从现场制冷机房的运行监测系统中直接获得。

可见，实际运行时，白天鹅宾馆空调系统能效优于设计要求，制冷机房系统能效比达到 5.91（目标 5.4），为国内各大型公共建筑项目制冷机房能效值中最高。

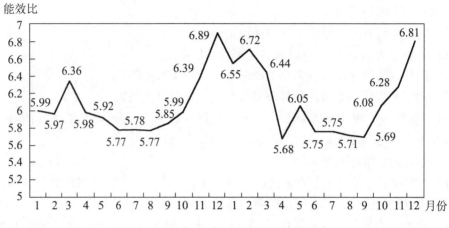

图 18　2016—2017 年逐月制冷机房能效比

（二）高效蒸汽锅炉房的改造后运行评价

白天鹅宾馆锅炉房的计量系统中 2015 年 10 月 ～ 2016 年 9 月的逐月锅炉房热效率计量数据如图 19 所示，改造后的锅炉房系统每天运行的情况稳定，热效率基本都在 90% 以上。且如表 4 所示，全年平均热效率达到 92.3%，比起改造前的锅炉房系统全年平均能源转换效率 60%，提高了 32.3%。

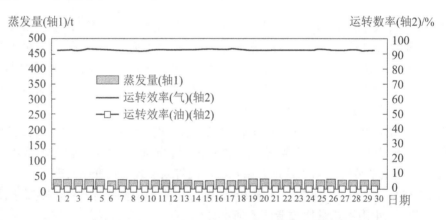

图 19　2016 年 9 月逐日平均锅炉房热效率曲线

表 4　白天鹅宾馆锅炉房 2015 年 9、10 月 ～ 2016 年 9 月逐月热效率计量数据

月　份	1 月	2 月	3 月	4 月	5 月	6 月	全年平均
月平均热效率/%	92.6	92.6	92.3	92.7	92.7	92.6	
月　份	7 月	8 月	9 月	10 月	11 月	12 月	92.3
月平均热效率/%	92.7	92.6	92.7	90.1	91.6	92.5	

（三）高效高温水 – 水热泵生活热水热源系统的改造后运行评价

水热泵生活热水系统的机组能效是决定该系统是否节能的重要指标之一。经国家压缩

机制冷设备质量监督检验中心检测，结果显示白天鹅宾馆所用的高效高温的水 – 水热泵机组在名义工况下（热水进水 15.11℃、出水 59.86℃）的综合性能系数为 8.52，检验报告如图 20 所示。经过对现场记录的水 – 水热泵运行数据进行复核，实际运行时机组热水出水温度可稳定保持在 55℃以上。

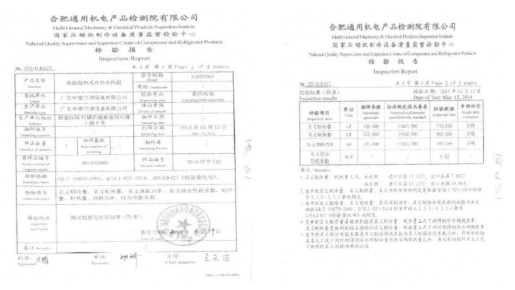

图 20　国家压缩机制冷设备质量监督检验中心出具的检验报告

图 21 为白天鹅宾馆 2016 年全年各月水 – 水热泵系统输出的总热量，根据现场数据记录，在 3～11 月份里，水 – 水热泵机组可满足宾馆的全部生活热水需求，且在宾馆 12 月、1～2 月制冷主机开启时，水 – 水热泵机组仍可提供 20% 的生活热水需求。可见，实际运行中，夏季和过渡季时宾馆无需通过锅炉蒸汽生产热水，冬季宾馆供冷时，系统也可提供部分生活热水，水 – 水热泵机组可节约 80% 的全年生活热水能耗。

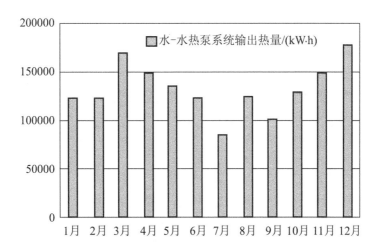

图 21　白天鹅宾馆 2016 年全年水 – 水热泵系统输出热量

（四）白天鹅宾馆项目改造前后节能效果一览表

改造后，白天鹅宾馆于 2015 年 7 月开始复业试营业，能源计量系统在之后数月内陆续调试完成。以各类能源计量总表的数据均进入稳定计量状态的时间为标志，选取 2016 年 1～12 月的自然年数据作为改造后用能评估的标准年，与改造前 2010 年的宾馆能耗数据进行分析比较，其具体结果和改造后白天鹅宾馆的各项能耗指标如表 5 所示。

表5 白天鹅宾馆项目改造前后节能效果一览表

分 类		指 标	改造前	改造后	节能率
重点用能区域指标	制冷机房	全年平均能效	约 2.7	5.91	65.2%
		全年用电量	839.4 万 kW·h	291.8 万 kW·h	
	蒸汽锅炉房	全年平均热效率	约 60%	92.30%	41.6%
		全年燃料用量	2712.9tce	1583.4tce	
	生活热水系统	高温水水热泵系统全年供热量	—	159.5 万 kW·h	约 80%[1]
总体用能指标		宾馆常规用电量[2]	—	95.9kW·h/m². a[3]	—
		宾馆常规能耗[4]	33.67kgce/m²	16.8kgce/m² [3]	50.0%
		宾馆特殊能耗[5]	29.2kgce/m²	20.0kgce/m² [3]	31.5%
		宾馆总能耗	62.8kgce/m²	36.8kgce/m² [3]	40.4%
		宾馆全年用水量	50.8 万吨	25.9 万吨	49.0%
		宾馆全年能源费用	3411.6 万元	1664.4 万元[3]	节约能源费用 1747.2 万元
		宾馆单位建筑面积年综合电耗[6]	220 kW·h/m². a	120.8kW·h/m². a	约束值220kW·h/m². a 引导值160kW·h/m². a

表6 白天鹅宾馆项目能耗分项，单位：kW·h/（m². a）

暖通空调	52.24
照明插座	41.81
动力设备	6.05
其他（生活热水等）	20.69
合 计	120.8

可见，经过保护性绿色化更新改造后，白天鹅宾馆不仅较好地保留了其文化特色和内涵，保证了五星级酒店的舒适标准，还实现了优秀的绿色节能效果，总能耗节能率为40.4%，节约全年用水量为49.0%，单位面积能耗值低于现行能耗标准的引导值。

六、项目价值和意义

白天鹅宾馆作为中国改革开放的代表性建筑、酒店行业的引领者，其更新改造的影响力巨大,且项目中所应用的各项技术对保护性建筑改造、大批改革开放初期建设项目、新建建筑节能有重要参考意义。

保护式更新:在保护既有历史建筑整体风貌的原则上开展精细化设计与施工,使建筑可以顺应时代发展,体现高效节能与环保设计理念,展现建筑时代价值与节能改造的示范意义。

绿色化改造:项目运行服务水平提高,建筑能耗下降,使用者满意度提高,经济效益提升(能源费用占营业收入的比例从12%降至6%)。项目的能耗强度远低于《民用建筑能耗标准》的引导值,在酒店行业的节能水平突出。

整体式优化:重视传统岭南建筑技术的传承和典型空间的保护,技术适宜,运行管理方便,投资回收快,为其他改革开放中前期建设的建设项目的改造提供了一种可行的技术思路和技术方案。

适用性技术:项目中采用的高效制冷机房系统技术、高效水-水热泵热回收系统等已被其他项目采用。

备注:
[1] 估算值,系统可在全年80%以上的时间内提供免费生活热水;
[2] 包括照明插座、空调通风、动力用电;
[3] 减掉改造后新增功能区域的用能量,修正为与改造前同等的使用条件;
[4] 常规用电+生活热水燃料,折算为当量标煤;
[5] 特殊区域用电+蒸汽锅炉房燃料+厨房燃料,折算为当量标煤;
[6] 依照《民用建筑能耗标准》的算法计算和修正。

第八章　建筑电气与智能化

智能建筑是新型的现代化智能楼宇，利用现代建筑、计算机网络技术、软件技术、通信技术、电子信息技术和自动控制的先进技术手段配合交叉实现，将信息设施系统、信息化应用系统、建筑设备管理系统、公共安全系统集成为整体最优化的组合，通过楼宇自动化系统（BAS）、办公自动化系统（OAS）和通信自动化系统（CAS）提供一种安全、高效、舒适、节能、环保、健康的建筑办公环境。

建筑电气智能化利用智能系统对建筑电气设备进行监控，对各种电气设备的运行状态进行调整，对电气系统的能耗进行在线监测与评估，通过调整系列参数来对电气设备进行控制，以实现节能效果，并保障电气系统运行安全稳定。智能化建筑的智能控制系统能最大程度地发挥出电气设备的节能功效，从而避免资源浪费，保障建筑安全。简单而言，建筑电气智能化类似于由各种智能设备构建而成的一个智能网络，建筑电气智能化系统是整个网络的重要组成部分，通过利用智能化信息控制平台、建筑供配电技术、建筑设备电气控制技术、电气照明技术、空调新风系统控制技术及传输技术等实现对建筑电气智能化系统进行在线监测与控制，以此来保障建筑安全，并实现节能环保目的。

建筑电气智能化是以建筑为平台，利用先进的科学理论和技术（含电工技术、电子技术、控制技术和信息技术）在建筑物有限的空间中，去创造一个人性化的工作、生活环境的智能电气系统的技术。建筑电气智能化包含一卡通（门禁、水电费、停车场等）、物联网（所有设备集中在线监控）、安全防范系统（视频监控、防范报警）、智能电网（市电作为新能源，太阳能、风能、生物质能作为补充）、智能水（污水处理及循环利用）、智能照明（根据光强、有无人员及密度自动调节亮度）、智能消防及联动（火灾自动报警、处理及反馈，水、风配合）、智能循环风（根据室内空气质量净化空气并送排风）、背景音乐及广播、有线电视、数字会议及视频会议等十几个子系统。

随着科技的发展，建筑的功能也日益丰富，建筑电气智能化技术整合了电气、通信、计算机、控制等技术，改善了建筑空间的声、光、电、热等的通信和管理，已经形成了特色鲜明的专业体系。未来的建筑电气智能化技术将在现场总线、系统集成、弱电技术与强电技术融合、节能、环保等方面取得更大发展。

第一节　建筑电气智能化节能现状和发展趋势

智能建筑对智能控制提出较高要求，而智能控制的根本取决于智能化建筑电气如何实现高效智能化节能，也即取决于如何通过电气节能技术的革新来降低智能化建筑的电气耗能，建筑电气智能化节能是智能楼宇发展的重要手段与关键性因素。当前，我国智能建筑电气智能化节能设计还处在发展阶段，与发达国家相比，还有一定的差距，这个领域的专业能力水平还不够强，针对建筑电气节能的设计标准也不完善，标准规范与设计要求还有许多漏洞，不能指导行业进步与发展。从事相关建筑电气节能的设计人员也不能充分认识到建筑电气节能的重要性，对一些新理念、新做法无法正确理解，把主要精力放在了室内建筑空调、采光、采暖等方向上，对影响建筑节能的主要因素控制得较好，但在新能源新技术方面还存在忽视的问题，需要引起足够的重视。目前来看，我国建筑电气节能设计出台的相关标准，主要有《公共建筑节能设计标准》《节约能源法》《建筑照明设计标准》以及《公共建筑节能设计标准》等，这些法律法规在约束建筑电气节能方面还不够全面，但作为设计人员操作依据，对实现智能建筑低能耗、促进智能建筑进一步发展是特别有利的。只有全面规范行业制度，才能确保行业可持续发展。

随着世界人口的膨胀、社会的发展，建筑面积越来越大，超高层建筑越来越多，城市规模越来越大，城市垃圾问题、电力短缺问题等逐渐成为城市发展过程中亟待解决的问题。同时，人们对生活质量的要求在不断提高，便捷、智能的生活方式已成为新的生活质量指标。基于大数据的互联网、智能电器、新能源、楼宇自控等技术，微电网、物联网、系统集成等新兴技术将被广泛应用。这不仅可以有效地缓解以上问题，还能使人们得到更好的生活体验。如何实现智能楼宇电气的智能化节能是眼下全球范围内建筑电气工程行业关注的焦点所在。如何对建筑物的供配电系统、安全控制系统的操作运行及管理等进行智能化的、自动化的环保节能处理是智能化建筑电气节能优化设计的核心环节所在，这也是未来建筑电气智能化节能技术的发展方向。

建筑智能化发展趋势是：智能建筑在建筑设备运行过程中，对空调、照明、电梯等能耗大、能源消耗不易察觉的机电设备采用智能化控制方式，通过系统优化，提高能耗利用率等方式，对其进行自动化控制，达到高效、便捷的目的，为节能减排和低能高效提供最优的解决方案。

第二节　建筑电气控制节能技术常见问题

我国的建筑能耗是发达国家平均建筑能耗的3～4倍，建筑能耗约占全社会总能耗的30%且仍有持续上涨的趋势，建筑节能应引起社会的重视。在建筑电气智能化节能技术方面主要面临以下几个问题：

一、缺乏建筑电气质量安全监控优化。其具体表现在建筑电气监控安全优化控制方面：某些建筑电气工程师未能全面有效地对现有建筑电气节能技术进行参考、分析和运用，导致在其具体的设计环节缺乏可实施性，使得某些智能楼宇的电气节能体系无法有效地正常运行，也不能保障智能化建筑电气节能体系的安全。

二、建筑电气节能优化设计中缺少自动化、智能化电气设备及其配套设施，导致智能化建筑的智能楼宇电气节能技术无法获得降低能耗的实际节能效果，其结果还是耗电量较大。

三、建筑电气节能体系缺乏全面合理的统筹规划设计，致使节能体系实际运行效率低下，耗电量大。

四、智能化建筑电气节能体系控制制度尚不完善，控制方式也不尽科学，消耗大量的电能，达不到节能的效果。

五、照明光源控制方式不合理。建筑照明至关重要，需要通过合理科学的设计，才能满足建筑照明需要。在进行建筑电气设计时，要全面考虑到整体电能需要，照明耗电占建筑能耗的大部分，但当前一些建筑设计不合理，自然光利用不好，导致照明系统能耗过高，同时照明设施选择不当，开关控制不到位，也会形成能源浪费与流失。

六、通风设计不合理。由于建筑地理位置不同，在进行设计时，如果没有考虑到地块情况，那么就会造成智能建筑通风不良好，形成迎风设计。这时建筑要想调节温度，就需要通过大功率空调进行调节，特别是中央空调的使用，电能使用量大，如果在办公楼及商业楼中使用，则需要 24 小时不停运行。通风的不畅、运行制度不合理或者设备选型不好，就会导致室内外通风换气冷负荷加重。

七、智能化建筑电气节能系统缺乏全面有效的协调统筹，节能系统实际运行效率低下；缺乏基础性的自动化电气节能配套设施，实际节能效果不明显；智能化建筑电气节能系统控制制度存在漏洞，控制方式不合理，导致消耗大量电能等。因此，在智能化建筑电气节能技术的具体设计过程中，应遵循适用性、安全性、节能性、环保性四大基本原则。除此之外，智能化建筑电气节能技术的设计还应符合我国现行的智能化建筑电气国家设计规程和标准。

八、工程管理制度没有形成统一规范。在进行建筑电气智能化工程施工时，没有严格的管理规范来对智能化技术进行明确管理，限制了工程设计、施工、验收环节的智能化管理。这样会导致工程施工人员缺乏工作效率意识，对电气工程智能化技术的运用不能达到极致，使工程成本增加，影响工程质量和效益。

九、工程施工人员的专业素养不够，缺乏对技术的科学认识。由于设计施工人员都存在专业知识与素质良莠不齐的情况，他们对电气工程的智能化技术认识不够，无法对工程量进行准确计量，造成工程材料的浪费，直接影响到工程的质量、造价、工期进展。

第三节　建筑电气智能化节能技术

建筑电气与智能化节能技术是建筑节能中不可忽略的重要组成部分，全面系统地实施建筑节能比某个专业或单一设备节能更有效。发展智能化技术，进一步完善建筑电气节能的相关标准，规范建筑电气节能的设计、施工、验收、使用维护及日常管理等各个环节及行业管理，正确理解绿色建筑与建筑电气节能的关系，提供建筑节能的总体解决方案等都可以更好地实现建筑节能的目标。下面介绍当前一些主流的建筑电气与智能化节能技术及系统设计。

一、智能供配电系统

智能供配电系统是建筑电气智能化系统的关键，在进行电气节能优化设计时首先就要考虑对供配电系统进行优化设计。对智能建筑供配电系统进行优化设计主要考虑两个因素：一是各种用电设备如何进行布局；二是各种用电设备都有什么样的特点。具体而言，设计人员应根据实际情况，从供配电布线、用电电压、用电设备功率、负荷容量及用电设备布局等方面进行综合考虑。首先，是要选择最为合适的供配电节能设备，从源头上减少能源消耗；其次，由于在供电系统中变压器的电能损耗较大，设计人员应重点考虑变压器负载问题，应在尽量降低成本的情况下，选择与驱动负载能力相互匹配的变压器，合理分配变压器的负载,以此来减少电能消耗。设计人员在对供电系统进行优化设计的过程中,必须要考虑到满足用户的日常用电需求,保障供电系统稳定运行,在此基础上选择能源消耗最少的节能设备以及最为合适的变压器,尽最大可能降低能源消耗,实现节能目的。

二、智能供水、空调以及通风电气系统

除了供电系统以外,智能化建筑的供水系统、空调系统以及通风系统都是设计人员重点考虑的能够降低能耗的地方,建筑设计人员在进行电气节能优化设计时,应根据实际需求,合理选择风机、水泵及空调等各种用电设备。供水系统在智能化建筑中的重要性是不言而喻的,设计人员应选择那些既节能环保又能够净化水质的设备,这样不仅可以满足用户的用水需求,还能够实现节能目的,通常情况下应选择无压供水装置。空调系统是智能化建筑中电能消耗量较大的系统,设计人员在选择空调设备时要充分考虑各种因素,尽量选择那些节能环保、零排放的空调,在现阶段,一般情况下都选择水源热泵空调,这种空调相比其他空调更为节能。通风系统在智能化建筑中是非常重要的,而风机通常都是大功率的耗能设备,设计人员应根据实际需要,选择经济实用的风机,这样就不仅保障了智能化建筑中有良好的空气环境,又能实现节能目标。

三、智能照明系统

在智能化建筑中,照明系统的能耗很大,而照明系统是具有最大节能优化空间的系统。由于灯具的型号和种类非常多,设计人员应根据实际需求,在控制运行成本的情况下,选择那些能够节约电量的智能化灯具,选择能够减少能源浪费的声控开关。另外,在设计智能化建筑的过程中,工程设计人员应充分考虑采光情况,尽可能多利用自然光,这样不仅可以提高建筑物室内的自然照明程度,提高自然光的利用效率,还能够减少能源消耗。

在进行照明系统节能设计时应当合理选择照明光源,具体选择的过程中应当考虑价格、寿命、显色指数、色温、光效等要素。在我国节能政策实施的过程中,已经广泛地运用了一些新的光源,包括 LED 照明灯等等,甚至白炽灯已经被一些新的光源取代,包括紧凑型荧光灯,虽然使用它作为光源具有初期投资略高的问题,但该类灯具的使用寿命和能耗更加优越。实际当中确定建筑工程光源时应当综合考虑工程性质、照明数量、使用场所等因素。

选择照明控制方式也是照明系统节能的主要环节,传统的照明控制系统包括双控开关质控、多灯控制、声音控制、单灯控制等。而智能照明控制方式则由探测器控制、自控系统控制、楼宇总线控制构成。现实当中应当根据实际情况进行照明控制方式的选择,但是应当满足方便节能的原则。通过对智能楼宇内外照明系统的综合分析,应当尽量将先进的节能照明灯具作为首选。如果是建筑内部室内照明,还应当对照明光源的舒适性和实用性进行综合考虑。在照明系统开关的选择上,应当考虑自动控制系统和声光控模块,这样才能够在具有较大人员流动的情况下,有效减少系统损耗。

四、电梯智能控制系统

智能电梯控制系统从控制技术原理上,可分为协议型和通断型两种。从功能上,可分

为呼梯控制方式、楼层控制方式、电梯门禁控制系统。基于不同的控制及管理功能要求，电梯控制系统大致分为四种型号：呼梯控制系统、楼控控制系统、层控控制系统、对讲联动系统。

协议型就是根据电梯原厂接口协议开发的智能控制系统。协议型控制系统通过标准插接件接口，直接插到电梯面板按键控制器标准接口上，通过原厂标准协议，调度电梯工作。该方式是最科学、使用寿命最长、最稳定的完美型控制系统，整个安装过程不超过一分钟（开孔除外）。但由于各厂内的标准协议接口是不公开技术，国内各种电梯厂商较多，使用本技术的公司较少。目前南京一恒软件工程有限公司使用了协议型技术，但也仅限于蒂森、通力、东芝、奥的斯、三菱等有限的几种品牌电梯。

通断型控制，是指使用普通继电器或光继电器串接到控制按键线路上，通过通断原理，实现对电梯的智能控制。本方式是国内绝大多数电梯智能控制系统采用的方式。继电器有使用寿命，这也成为本技术的缺点；通断技术是硬弱电控制，在功能上、匹配性上、长时间使用对系统的各方面都会有一定的影响。光继电器对电源的稳定性方面也有严格要求。

智能电梯呼梯控制系统：通过控制电梯每层的呼叫按键，只有持有管理中心授权的IC卡并刷卡后方能将电梯呼叫到本层，其他持有未经授权的IC卡或无卡的人员无法呼叫电梯。这种方式相对简单，电梯的楼层按键不受控制，进入电梯后可以选择去任何一个楼层。

IC卡电梯控制系统：系统安装在轿箱内，楼层的控制按键安装在电梯轿箱内，无合法的IC卡（即未经授权的人员）无法选择被控制楼层的按键。这种控制方法可以有效地控制非法人员在建筑物内随意流串，但对于持有已经授权IC卡的人员在楼内流动不设任何限制。因此，这种型号的电梯控制系统适合于控制和限制外来人员使用电梯的场所。

智能电梯楼层控制系统：系统安装在轿箱内，楼层控制按键安装在电梯轿箱内，无合法的IC卡（即未经授权的人员）无法选择被控制楼层的按键。持有合法IC卡者（被授权人员）也只能选择被授权楼层的按键，其他楼层按键无效。这种控制方法功能更强大，管理更方便，也更适用，特别是对于一些小区或高档写字楼或办公楼的电梯智能控制，不仅可以控制外来人员的乘梯问题，对于本大厦/大楼内部人员的走动也可以根据需要进行合理设置和管理。

智能电梯门禁控制系统也称为电梯智能控制外呼控制系统，刷卡后电梯门开放，乘客进入，进入后正常操作电梯。

智能电梯对讲联动控制系统：在IC卡电梯楼层控制系统的基础上，为了有效地解决访客乘梯的问题，增加了与楼宇对讲系统的联动功能。访客通过对讲主机呼叫业主，业主通过对讲分机确认访客身份后给业主开启单元门，同时对讲系统送给IC卡电梯控制系统相应的楼层信号；IC卡电梯控制系统根据接收到的楼层信号开放电梯相应楼层的按钮，这样访客进入电梯后即可按业主所在楼层的按键并到达业主所在楼层，而其他楼层无法到达。

在楼层控制系统及对讲联动系统的基础上，具体项目的方案设计可以增加一些扩展功能：如刷卡直达功能、收费功能、密码功能、超级功能卡等等，从而可以解决并完善访客乘梯、操作方便、收费管理等方面的问题。

目前在北京、上海、广州、深圳乃至全国，已经有相当多的小区、写字楼、办公楼等物业采用了一种ITL-DT的电梯控制系统，不仅解决了电梯通道的安全管理问题，而且在环保与节能方面还取得了良好的经济和社会效益。因为有了IC卡电梯控制系统，安全问题有了保障，从而使得电梯直接入户变成了可能。另一方面，由于IC卡系统对电梯使用的控制，也极大地减少了电梯的空转，不仅减少了电梯的运行成本，还间接地延长了电梯的使用寿命和减少了电梯维护成本。

五、智能控制系统的优化

智能控制系统的优化是建筑电气智能化节能技术系统优化的主要内容，具体包括智能控制策略的优化、智能控制管理方式的优化、智能数字控制器的优化以及智能控制网络的优化四个方面。以如何实现暖通空调系统的节能技术系统优化为例，从智能控制策略优化的角度出发，PID控制是空调的数字控制器（简称DDC）普遍采取的一种控制方式。一般而言，PID系数的高低与空调达到设定温度的过程长短成反比例关系。当PID系数无法及时实现空调机组对温度变化响应的控制时，可以采用在空调的送风道和室内同时安装温度传感器的双级控制方式，加速系统对温度波动的响应，从而达到节能系统的优化。从智能控制管理方式的优化角度出发，为了给空调使用者提供较大的舒适与便利，工程设计者可以通过在DDC上安装功能与VRV控制面板的设定器接近的专门部件来实现对暖通空调系统的中央控制。从智能数字控制器的优化角度出发，可以依据不同的场合选择不同处理能力的DDC，如在冷冻机房等空调通风密集的地方可以选择安装大型控制器，而对空调通风机可以选择安装中小型的控制器，还可以在空调通风的设备控制器中扩大可编程逻辑控制器（PLC）的使用范围。从智能控制网络的优化角度出发，依据工程的类型，基于拓扑结构在控制网络中的重要作用，可以选择性地运用基于RS-485总线的控制网络对小型智能化建筑电气节能工程进行优化或者采用基于楼层的分支、分层的多级化网络控制模式对大型智能化建筑电气节能工程进行优化。智能控制策略、智能控制管理方式、智能数字控制器以及智能控制网络的优化有助于全面实现智能控制系统的优化，从而达到节能降耗、安全环保的智能化建筑节能的目的。

六、智能化系统集成管理技术

建筑电气智能化各系统（消防、楼宇自动化、安防、背景音乐及广播、会议系统等）往往由不同的厂家设计或制造，每个系统都有各自的前端设备和操作软件，用户界面和通信接口千差万别，大多数系统之间不能信息共享。需要将各个子系统集成在一个平台上，建成各个子系统的设备统一监控和操作的智能化系统集成平台，在方便管理的同时，提高了效率。IBMS（intelligent building management system）智能大厦管理系统应运而生。IBMS可实现对各个子系统的实时检测，各个子系统通过与IBMS的通信可实时将前端设备的状态及运行参数反馈给IBMS，通过智能分析和决策，及时处理发生的故障等问题，既减少了繁琐的人员操作，又确保建筑系统稳定运行。楼宇系统集成软件（IBMS）的出现，极大方便了物业管理，减少了资源浪费，缩短了发现和解决问题的时间。系统集成经过多年的发展，各子系统的功能已经非常成熟，运行非常稳定，为实现建筑电气智能化节能提供了很好的保障。

七、结束语

随着信息技术、计算机控制技术、网络通信技术在建筑领域的应用越来越广泛，建筑电气工程的智能化技术不仅可以满足传统工程所需的供配电、照明、设备控制、电梯控制等需求，还能不断扩大应用范围，以及满足人们对智能建筑提出的更高要求。在实现建筑的通信自动化、办公自动化、建筑设备自动化、消防自动化、安全防范自动化之后，还可以通过智能化技术集成，对建筑物和建筑群的电气工程实现统一管理模式，满足人们对安全、舒适、便捷、高效、节能和绿色的要求。智能化不仅是建筑未来的一个发展趋向，也是建筑电气智能化节能控制的国际趋势，它成功实现建筑电气智能化节能效益的最大化。

第一章 基于岭南地域的绿色建筑本土化思考

本文立足岭南地域，分析气候适应性的关键问题，从热舒适性出发，提出绿色建筑的本土化思考。绿色建筑本土化的设计策略在于因应地域气候，传承和弘扬岭南建筑的"遮阳、隔热、通风和理水"等气候适应性设计方法，并主张"本土、低技、生态"的设计思想。

第一节 前言

《绿色建筑评价标准》（GB/T 50378—2014）第 1.0.3 条："绿色建筑评价应遵循因地制宜的原则，结合建筑所在地域的气候、环境、资源、经济及文化等特点，对建筑全寿命期内节能、节地、节水、节材、保护环境等性能进行综合评价。"相应条文说明中提及了"因地制宜是绿色建筑建设的基本原则"。

同时，绿色建筑（green building）的定义是："在全寿命期内，最大限度地节约资源（节能、节地、节水、节材）、保护环境、减少污染，为人们提供健康、适用和高效的使用空间，与自然和谐共生的建筑"。

中国因其自然条件和气候特点的多样，各地经济发展水平的差异，地方特色和地域文化的多元，因地制宜有其重要意义。气候与绿色建筑的节能、节地、节水直接相关，与节材和环保紧密相关。绿色建筑的"因地制宜"更需要立足当地气候，以气候适应性为立足点和出发点，提倡被动节能与主动技术相结合，主张"本土、低技、生态"的绿色建筑设计思想，建设"与自然和谐共生的建筑"。

本文基于岭南地域，从热舒适性出发，分析绿色建筑中气候适应性的核心问题，提出几点本土化思考。

第二节 岭南地域的气候适应性

岭南，即五岭以南，大致包括闽南、广东、海南和广西桂林以东大部分地区。岭南地理特点是襟山带海，丘陵起伏，河涌纵横，其地理位置决定了岭南"湿、热、风、雨"的气候特点：辐射丰富、夏热冬暖、多雨潮湿、台风频繁。建筑室内多通过温度、湿度等空气调节设施以保证人体的热舒适性要求，建筑节能的重点在于降低建筑室内环境制冷和除湿的能耗。

1958 年，夏昌世教授在《亚热带建筑的降温问题——遮阳、隔热、通风》中把岭南建筑的一些特征归结为遮阳、隔热、通风等主要元素。由此指出，岭南建筑的特征在于其气候适应性，这与绿色建筑提倡的因应气候环境、与自然和谐共生的理念相呼应。

岭南气候下，建筑的整体布局及空间组织都注重遮阳、隔热、通风和理水，尽量防止太阳辐射和热量进入室内，达到综合降温的目的。岭南的炎热表现为湿热，降温手段主要以通风为主。

绿色建筑本土化的设计策略在于遵循自然气候规律，将岭南湿热气候的"遮阳、隔热、通风和理水"的适应性设计方法传承发展，并主张"本土、低技、生态"的设计思想。

第三节　绿色建筑本土化思考

一、本土

绿色建筑本土化应该学习和借鉴优秀的地方传统建筑，它们扎根本土，适应当地气候，采用地方乡土材料，在数千年与地域气候和当地居住生活方式的磨合中，发展出了众多极其有效的设计策略。

传统岭南建筑在漫长的历史进程中，从建筑单体、传统聚落到近代建筑，有着适宜的设计思想和完整的发展脉络，出色地回应了建筑和当地气候的关系。一般的理解，遮阳、隔热、通风都是通过构件和设备来实现的。而岭南建筑特别之处在于，它是通过空间策略来实现的，也就是通过冷巷、天井、敞厅和庭院，形成独特的空间体系，通过加强通风对流，系统地解决气候适应性问题。其精髓在于与自然环境、生态系统的有机结合，具体表现为开敞的布局，利用冷巷、天井组织和诱导通风降温，与庭院结合形成宜人的生活环境等方式。

"冷巷（图1）、天井、敞厅和庭院"这些建筑元素在建筑布局中适应岭南气候，并在建筑功能空间与室外自然环境之中起着气候调节作用。但这些建筑元素并非孤立存在，而是具有相互联动作用，共同组成一套完整的空间体系，运用风压通风和热压通风的原理，达到自然通风的目的，解决建筑室内的热舒适性问题。传统岭南聚落中，广府梳式布局（图2）对风的利用有很好体现，外部风沿着梳式布局的街巷穿过村落，同时，村落内部部分街巷由于建筑遮挡处于阴影区，造成街巷冷热不均产生热压通风，加强了村落街巷的通风效果。

图1　陈家祠冷巷

图2　广东潮安县登塘乡（梳式布局）

传统岭南建筑的气候适应性技术和空间策略与绿色建筑所倡导的节约资源，保护环境，提供健康、适用、高效、与自然和谐共生的建筑等要求相一致。

当今的建筑设计，规模化、体量化和高层化成为趋势。建筑创作从岭南气候出发，从绿色建筑理念出发，借鉴传统岭南建筑的建筑空间策略，构建现代适宜的"建筑空间体系"，从而减少人工气候调节措施的运用，通过规划和建筑设计的手段实现"设计节能"，区别于依赖技术和设备的"技术节能"。

建筑单体层面上，通过借鉴传统岭南建筑的"建筑空间策略"，研究其适宜的尺度和彼此相关的系统关系，整合遮阳、隔热、通风等措施，形成适宜岭南气候的绿色建筑空间策略。具体操作上，可运用冷巷降温及放大风速的功能，创造一些新的空间类型来替代其在通风系统中的作用。比如：下沉式庭院、架空层、多层的敞厅、高层建筑中的空中花园等新的空间类型。建筑底层作为架空层，与天井形成一组通风序列，同时架空层可以遮阳避雨，提供适于交往的公共开放空间。结合中庭布置的多层敞厅，在中庭上方开设采光通风的天窗，每层的可开启窗户作为进风口，中庭天窗作为出风口，利用了热压通风原理，形成了现代建筑中一组新的通风序列（图3，图4）。高层建筑中的空中花园可视为岭南传统庭院的立体化，它根据层数分组设置通风网络，设置空中花园（图5）。同时，高层建筑还可设置外廊、骑楼等，一并视为热缓冲空间。

建筑群体层面上，借鉴传统聚落的"街巷＋内院"空间的经验，通过合理的布局结构和尺度（如体量分解、风巷分解等）分散体量，诱导通风，可以有效解决公共环境的热舒适问题，同时紧凑节约地利用土地。

设计立足本土，因地制宜地形成了应对环境气候的通风系统。人们原有依附于这套系统的生活方式、文化习俗随着空间系统的建立而重新构建，并得以延续与发展。

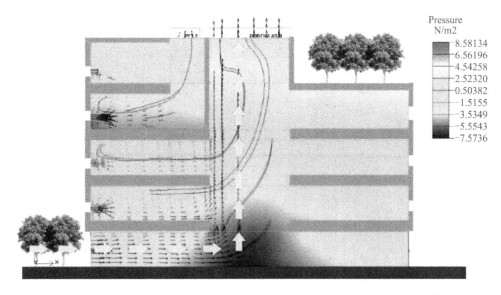

图3 运用计算机模拟的手段，分析架空层、天井（中庭）组成的通风网络

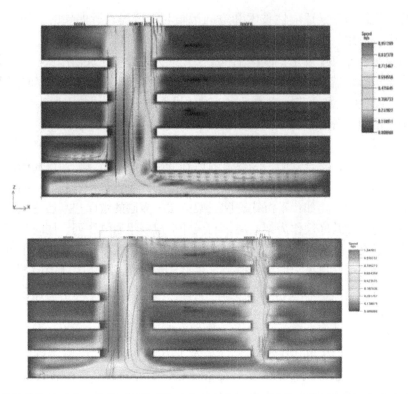

图4 运用计算机模拟的手段，分析不同类型的天井（中庭）及不同的天井（中庭）组合方式的通风效果

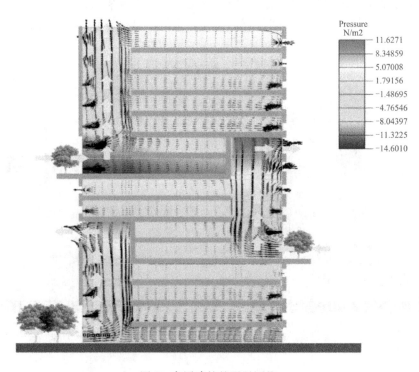

图5 高层建筑的通风网格

二、低技

《绿色建筑评价标准》（GB/T 50378—2014）第3.1.3条："绿色建筑注重全寿命期内能源资源节约与环境保护的性能，申请评价方应对建筑全寿命期内各个阶段进行控制，综合考虑性能、安全、耐久、经济、美观等因素，优化建筑技术、设备和材料选用，综合评估建筑规模、建筑技术与投资之间的总体平衡。"绿色建筑注重于全寿命期内的评价，同时需注重投资的平衡，而滥用技术所导致建筑高能耗和高技术成本的风险是时常存在的。绿色建筑创作不能简单地成为各种主动技术与资源、能源获取方式的堆砌，而应积极考虑"低技"策略。

低技是相对于"高技"而言，侧重于被动式节能。被动式节能同样基于"气候适应性"：充分利用当地的自然气候资源，以规划、设计、环境配置的建筑设计方法来削弱外界气候对室内热舒适环境的不利影响，达到降低能耗、保护环境的目的，构建健康适用、与自然和谐共生的建筑。

地方建筑在长期的实践中积累了应对自然气候的材料运用和建造方式，积累了大量成功的被动式设计策略。因此，探索一种扎根本土、因地制宜、结合当地气候的绿色建筑被动式设计策略具有重要意义。

岭南地域气候表现为炎热、潮湿、多雨，属于夏热冬暖地区。从被动式设计策略分析，传统气候策略重夏季防热，轻冬季保温。根据适度舒适性原则，立足岭南湿热气候的"遮阳、隔热、通风"，考虑建筑的自然通风策略，以及夏季白天的遮阳隔热：白天的自然通风侧重于热舒适度，而夜晚的通风则是利用白天夜间的温度差，对建筑构件进行降温。

结合岭南地域的气候特点，笔者试图排列了被动式节能需要满足目标的优先顺序：注重自然通风，注重夏季遮阳隔热，注重自然采光，围护结构注重夏季隔热。

注重自然通风：在于创造建筑总体布局及单体建筑的良好自然通风条件，从而减少使用空调的能耗。具体设计上，可通过利用类似于"冷巷、天井、敞厅和庭院"的组合空间策略，"开敞庭院 + 贯通风道"的组合方式，布置通风廊道和空中花园，利用楼梯间热压通风、底层架空等方式共同构建适宜并有效防热的"气候空间体系"，满足建筑室内环境人体舒适性要求（被动设计层级为：总体布局及单体设计层级）。

注重夏季遮阳隔热：建筑群体上可巧妙布局，充分利用建筑的自遮挡。建筑单体上，可在传统构造遮阳的基础上，整合建筑阳台、挑廊挑檐、复合表皮、垂直绿化等发展复合遮阳的空间模式，减少太阳直射得热的同时丰富建筑的立面形式表达。建筑空间上的隔热在于设置热缓冲空间：通过架空层、外廊、骑楼、室外庭院、空中花园等空间设计手段，形成室内功能空间和室外自然环境之间的过渡和缓冲空间。热缓冲空间既能有效调节微气候，实现空调节能；同时具有交通、交往、活动的复合功能，丰富了建筑的空间质量（被动设计层级为：单体设计及立面围护层级）。

注重自然采光：建筑在注重良好遮阳效果的同时，必须注意不影响室内的自然采光效果，需注重建筑外窗及开口设计（被动设计层级为：细部设计及材料选择层级）。

围护结构注重夏季隔热：在于选用适宜的隔热材料和构造方式，减少辐射得热以及热传导（被动设计层级为：细部设计及材料选择层级）。

被动式节能虽不像主动式策略那么精确和高效，但在热舒适度要求的一定弹性幅度内，被动式节能策略可以在较大程度上满足人们的需求，进而削减甚至避免主动式技术的使用，达到减碳节能的目的。同时，低技的被动式节能策略可以为主动式技术的补偿运用提供一个良好的基础，达到"设备减量"的目的。

低技的被动式节能策略不是若干相互独立技术的叠加组合，而是具有"城市群体—建筑单体—细部建构"的多层次复杂系统，并可视作为主动式技术或其他设备和材料选用方式提供了实施可能性的适宜基础和开放系统。

三、生态

绿色建筑（green building）是："在全寿命期内，最大限度地节约资源（节能、节地、节水、节材）、保护环境、减少污染，为人们提供健康、适用和高效的使用空间，与自然和谐共生的建筑"。定义点出绿色建筑的前提是适用、高效的建筑（即技术的适用性和功能的高效性带来能源和资源的节约），也由此点出它的生态性。

生态在于与环境和谐共生：立足用地条件，节地节能。绿色建筑的根本属性在于其全寿命期内，最大程度地减少环境影响。设计时需考虑其整体的生态性，系统地考虑建筑物的节能、节水、节地、节材、环保等生态特征，也包括对建筑物产生的环境负荷与其所在区域的生态承受力进行对比分析。这两重考量共同构成了绿色建筑完整的"生态性"特征。绿色建筑的这一属性要求人们在评价一个建筑项目是否真正达到"绿色"时，必须要从生态的视角出发，判断建筑物能否与生态环境和谐共生。

生态在于与自然和谐共处：岭南地区雨量充沛，河流众多，水网密集。岭南地域的理水，与通风有机结合共同发挥着绿色节能的作用，并融会了当代绿色建筑所倡导的节水理念，更赋予了当代绿色建筑以岭南水乡文化的内涵，人们带有传统记忆的生活方式得以延续，也契合了人们喜水的内在文化诉求。

岭南地域的理水，在现代建筑规划设计中，更多的是与隔热、通风、调蓄、节水、调节室内微气候等技术手段结合在一起考虑，并由此实现"渗、滞、蓄、用、排"的低冲击雨洪管理及开发模式。这与当今绿色建筑的"节水"理念是一致的，体现了因地制宜实现绿色建筑的节能目标。根据岭南地区炎热多雨的气候特点，水系规划及庭院理水中，水体作为环境中的蓄热元素，与建筑的开敞空间设计相结合，形成有效的自然通风系统。建筑水环境的营造作为改善建筑微气候的手段，能更好地达到生态节能的目的，实现理水与通风的有机结合。

岭南地域的理水，还可作为解决蓄洪排涝的辅助方式。传统岭南聚落中，排水组织从屋檐、内院、水沟到水塘。每户人家的屋面雨水汇集到自家内院，暴雨时起着蓄洪效应。从水沟到水塘，进一步被拉长的排水路径也加大了降雨与排洪的时间差，减轻了环境的排水压力。当今的设计也可借鉴这种分户分散雨洪管理的经验，提倡微观层面的弹性解决方案。利用单体建筑形成各自建筑系统中的水资源利用系统，通过结合了屋顶绿化、垂直绿化、植被浅沟和低势绿地、下凹绿地和雨水花园、景观水体和多功能调蓄池、水循环技术和蓄排水技术等建筑的复合微型的雨洪管理体系，共同构造海绵城市。

生态在于使用空间的健康、适用：室内的热舒适度要求具有一定的弹性幅度，在这弹性范围内，本土、低技、生态的设计策略可以在较大程度上满足人们的需求，同时达到减碳节能的目的。

第四节 实践项目

一、项目概况

广州市气象监测预警中心项目位于番禺区大石街，总用地面积5.4万平方米，建筑面积9000多平方米。该项目在设计与建设过程中，借鉴传统岭南建筑的气候适应性技术和空间策略，运用冷巷、天井、敞厅以及庭院等建筑手法，通过自然通风、自然采光减少了空调、照明等系统的设备投资，降低了项目建成后的运营管理成本。同时，该项目结合场地绿化、太阳能热水等技术，实现了节能、生态、环保的绿色建筑设计目标。此外，该项目采用回填和环境修复的手段，原地处理了原有的建筑渣土、瓦砾等废弃物，减少了废弃物处理成本，避免造成环境二次污染。该项目获得国家绿色建筑二星级设计标识，在"节能减排""资源低消耗""健康舒适的建筑环境"及"自然环境保护和修复"四个方面具有示范性作用，获得中国建筑学会创作金奖、岭南特色建筑设计金奖等荣誉。其设计单位为广州珠江外资建筑设计院有限公司，施工单位为广东敦庆建筑工程有限公司，咨询单位为广东省建筑科学研究院集团股份有限公司。

二、主要技术措施

该项目采用的主要技术措施有屋顶绿化技术和被动式节能技术两种。

被动式节能技术具体包括：（一）建筑物南北向布置，规划布局上有效组织场地内的自然通风，利用坡地地形，使建筑物西侧立面被山坡所遮蔽，完全避免了西晒造成的能耗问题；（二）运用敞厅、天井、冷巷以及庭院的设计手法，以低成本的建筑处理手法达到节能、生态、环保的设计目的。

三、先进经验

该项目将岭南传统建筑的适应本地气候的被动手法成功应用于现代建筑。结合地形等场地条件，充分体现了"因地制宜"，依靠建筑的手段以低成本的建筑处理手法营造了良好的室内环境，达到节能、绿色的设计目的。

第五节 结语

岭南地域的绿色建筑创作需结合地域气候，将应对岭南湿热气候的"遮阳、隔热、通风和理水"设计方法传承发展，并主张"本土、低技、生态"的设计思想：在建筑的全寿命期内，因地制宜，通过降低资源消耗，实现与自然的共生，为人们提供健康、适用和高效的使用空间。

第二章　鹅潭湾（金蝶项目）

第一节　项目概况

鹅潭湾（金蝶项目）于2014年10月获得广州市建筑节能与墙材革新管理办公室绿色建筑示范工程及低能耗示范工程立项。其建设单位是广州珠江实业集团有限公司，设计单位和咨询单位是广州珠江外资建筑设计院有限公司，施工单位是广州市住宅建设发展有限公司。建设工期从2014年6月至2016年12月。

鹅潭湾（金蝶项目）位于荔湾区（原芳村区）滘口、珠江桥西侧，周边多为城中村用地。西面和南面多为低矮建筑，北面为一线临江和临江绿化带，东面紧邻市政绿化和河涌，地块四周均为规划道路，可从多方向进入，人车流主要来向为地块东南面。项目外观效果图如图1所示。

图1　鹅潭湾项目外观效果

本项目地块为东西长向，项目规划建设用地面积36 404.2m²，居住区用地24 619.2m²，其它用地11 785.1m²，规划总建筑面积102 637m²。其中，不计容建筑面积为28 785m²，包括地下建筑面积27 362m²，架空面积1423m²；计容建筑面积为73 853 m²，包含住宅面积67 839m²，配套公建4061m²，项目容积率为3.0。住区绿地面积10 822.4m²，绿化率为40%。居住人数1373人，设有机动车停车位443个。

本项目包括 1# ~ 12#楼共计 12 栋楼，其中 3#、4#、10#、11#为商住楼，12#楼为配套幼儿园，其余为住宅楼。项目共计住宅面积 67 839m²，商业服务面积 1000m²，社区服务面积 600m²，邮政面积 300m²，幼儿园及其托儿所面积 2160m²。其中，1# ~ 11#楼建筑按照绿色建筑二星级标准进行建设。项目总平面图如图 2 所示。

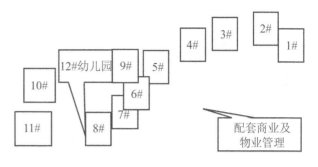

图 2　项目总平面图

第二节　主要技术措施

一、透水地面

项目参评区面积为 36 404.2m²，其中建筑占地面积为 17 221.8m²，区域内绿地面积为 10 822.4m²，绿地包括公共绿地为 9850m²，人均绿地率为 7.3m²/人。覆土厚度为 1200mm，折算后相当于 1500mm，覆土面积为 8657.92m²，建筑室外面积为 18 439.7m²。因此，透水地面面积比可达到 46.95%（图 3）。

图 3　透水地面实拍

二、景观绿化

本项目不仅绿化物种设计丰富，并且在结构层次采用了乔木、灌木、地被复合式设计，物种之间错落有致，体现了因地制宜的绿色建筑设计理念。

为提高植物成活率、降低园林绿化维护成本，本项目绿化物种主要采用适宜广东地区的乡土植物，所用绿化物种主要有乔木、灌木、地被植物，其中有桩景秋枫、香樟、凤凰木、朴树、假苹婆、红花鸡蛋花、杨梅、麻楝等乔木，垂榕、黄金垂榕、红车、灰莉、银合欢、茶花、千层金、大叶伞等灌木，狗牙花、大红花、毛杜鹃、红背桂、黄榕、亮叶朱焦、黄连翘、巴西野杜鹃等草被，绿地面积为 10 822.4m²，共计乔木为 617 株，每 100m²

绿地的乔木数量为5.7株（图4）。

图4　室外植物实拍

三、建筑围护结构节能措施

（一）外墙

建筑外墙采用20mm聚合物防水砂浆+200mm加气混凝土砌块+15mm预拌抹灰砂浆作为主体结构（图5）。经检测，其加气混凝土砌块导热系数为0.068 W/（m·K），外墙传热系数达到1.17 W/（m²·K）；项目东西向大于1m的剪力墙采用30mm厚的玻化微珠保温砂浆作为保温材料，经检测，玻化微珠保温砂浆的导热系数为0.068 W/（m·K），其外墙隔热性能较好。外墙采用浅灰色和白色外墙砖，平均太阳辐射吸收系数为0.6，可有效降低太阳辐射的吸收系数。

图5　鹅潭湾外立面实拍

（二）外窗

建筑外窗是建筑围护结构中的轻质薄壁构件，也是建筑节能中最薄弱的关键环节。其能耗大约是同等面积墙体的 4 倍，屋顶的 5 倍，对建筑整体能耗影响较大。

本项目外窗采用普通铝合金窗 + 中空 Low–E 玻璃（6 蓝 + 12A + 6C），中空 Low–E 玻璃（6 蓝 + 12A + 6C），遮阳系数 $Sc = 0.62$，可见光透射比 $Tv = 0.517$，外窗传热系数 $K = 3.61$ W/($m^2 \cdot K$)，外窗气密性满足规定的 6 级要求。同时，建筑东西向外窗均设置了外置手动卷帘作为遮阳措施，有效阻挡了太阳辐射，较大程度地提高了窗的隔热隔声性能（图6）。

图6　建筑 Low–E 中空外窗及外置手动卷帘实拍

四、高能效设备和系统

（一）用能设备及系统

项目住宅采用变制冷剂流量的户式多联机系统，室外机设置在每户阳台外，空调机组均达到国家标准中的 1 级能效等级。同时，经检测，风机总效率不低于 55%，空气调节风路系统的单位风量耗功率最大值为 0.23W/（m^2/h），满足《公共建筑节能设计标准》的相关规定。全热新风换气机及户式多联式室外机铭牌参数见图7、图8。

图7　全热新风换气机实拍

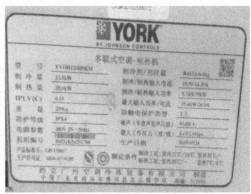

图8 户式多联式室外机铭牌参数

（二）能量回收系统

项目住宅设置全热新风换气机，每户一台，对排风的冷量进行回收以达到节能的目的。

五、雨水收集与利用

项目位于雨量充沛的广州市，可以充分利用雨水资源。项目在小区西面室外及东面室外各设置一套雨水回收装置（图9），总计雨水收集池190m³，对项目所有住宅屋面雨水进行回收利用。（图10、图11）雨水经初期弃流后进入雨水蓄水池进行沉淀，将水质处理达到《城市污水再生利用景观环境用水水质》（GB/T 18921）、《城市污水再生利用城市杂用水水质》（GB/T 18920）和《建筑与小区雨水利用工程技术规范》（GB 50400）等规定的要求后，用于室外绿化景观及道路冲洗。经计算，项目全年总回收利用雨水量为2817.91m²，年绿化灌溉及道路冲洗总需水量为3453.99m²，该项目雨水回用量占绿化道路用水总量的比例为81.58%。

图9 雨水收集池实拍

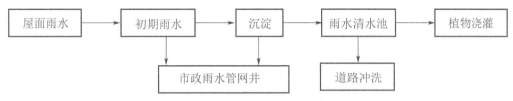

图 10　雨水回收系统处理工艺流程

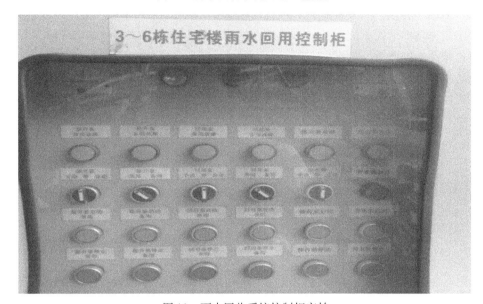

图 11　雨水回收系统控制柜实拍

六、节水灌溉

本项目采用自动喷灌节水灌溉方式进行绿化浇灌。

图 12　喷灌系统

第三节　先进经验

　　一、布局和朝向，获得良好的室外通风环境：场地在总体规划上，充分利用场地自然条件，合理设计建筑体形、朝向、楼间距和窗墙比，使住宅获得良好的日照、通风和采光，节约能源。

　　二、多层次、多空间景观绿化：绿化面积达到 10 822.4 平方米。绿化设计以乔、灌、草复层混交为基本形式，用人工的方式结合植物自然生态群落演替的基本规律，营造一个多种类树种共生的环境。

　　三、高效能机电系统。本项目大量运用了高效能空调系统、住宅新风热回收系统、建筑智能化设备、高效节能灯具智能照明技术、节水器具以及雨水回用系统等高科技生态技术。

第三章 广州无限极广场制冷系统高效机房项目技术实探

第一节 项目概况

项目名称：商业、办公（自编号广州无限极广场）

项目业主：广东无限极物业发展有限公司

顾问单位：广州聚赢节能科技开发有限公司

项目地点：广州市白云新城飞翔公园以北，万达广场以南；东为云城东路，西为云城西路，南为云城南一路，北为云城南二路

总占地面积：45 280 m²，计容面积113 200 m²，地下面积约67 443 m²；总建筑面积约为185 643 平方米。建筑高度控制：地块建筑限高为35m。项目分为A、B栋8层建筑（局部7层）。A栋为自用办公楼；B栋1～3层为商业功能，4～6层为出租办公楼，7～8层为自用办公楼；A、B栋第3、6、7层有天桥式连廊相连。A、B栋分别位于地铁两侧，通过室外连廊连接，A、B栋分别设置制冷机房，制冷机房位于地下一层，A栋制冷量2700Rt，B栋制冷量1500Rt。效果图如图1所示。

图1 广州无限极广场效果图

第二节 能效目标

在满足冷冻水供回水温度8℃/15℃、冷却水供回水温度30.5℃/35.5℃，及末端资用压力180kPa的条件下：

根据类似建筑model负荷模拟及能耗分析结果，在现设计条件上采取一部分优化手段，进行全面优化，无限极A塔系统目标能效为0.62kW/RT（EER=5.8）；B塔为0.60kW/RT（EER=5.9）。

制冷效率是按以下公式定义的：

（1）制冷机房能效比=总制冷量/制冷机房（冷水主机+冷却水泵+冷冻水泵+冷却塔+所有辅助设备）总耗电量

（2）总制冷量=冷冻水流量×（冷冻水回水温度－冷冻水出水温度）×比热容

第三节 技术优化措施

一、能耗模拟负荷分析

➤ 广州逐月温度气象参数

本项目地处广州市，属夏热冬暖气候区，本次模拟气象文件采用EnergyPlus官方epw文件，其数据来源于CSWD，即中国标准气象数据集（China Standard Weather Data），它是清华大学和中国气象局给出的数据，是国内的实测数据（表1）。

表1 广州逐月温度气象数据

月份	干球/℃		湿球/℃	
	最大值	最小值	最大值	最小值
1月	17.1	10.5	11.4	8.3
2月	19.4	14.0	14.7	12.3
3月	21.0	16.5	16.9	14.9
4月	26.4	20.9	21.2	19.2
5月	29.4	24.4	24.9	23.2
6月	32.0	26.8	26.6	25.5
7月	32.7	26.9	27.6	25.7
8月	33.2	26.9	27.3	25.5
9月	32.0	25.7	25.9	23.8
10月	29.1	21.8	20.8	18.9
11月	24.8	18.8	18.9	16.6
12月	18.5	11.9	12.4	9.3

高效机房能效模拟湿球温度及冷却出水温度保守值均参考以上气象数据。

➤ 能源模拟负荷数据分析

1. 逐月尖峰负荷趋势分析

根据类似建筑 modelA 塔逐月尖峰负荷趋势图（图2a），尖峰负荷发生在 7 月份，系统最大的负荷值为2524RT，确定系统装机容量为2700RT。

根据类似建筑 modelB 塔逐月尖峰负荷趋势图（图2b），尖峰负荷发生在 7 月份，系统最大的负荷值为1432RT，确定系统装机容量为1500RT。

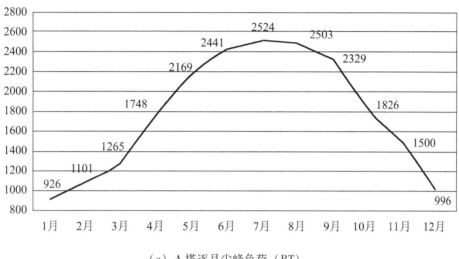

（a）A 塔逐月尖峰负荷（RT）

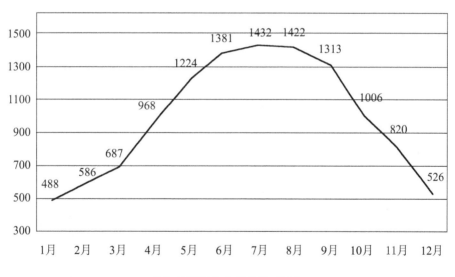

（b）B 塔逐月尖峰负荷（RT）

图2　逐月尖峰负荷趋势

2. 系统全年负荷比重分析

根据类似建筑 modelA 塔逐月尖峰负荷趋势图做负荷比重图分析（图3），负荷≤200RT 占 16%，负荷≤400RT 占 27%，800RT≤负荷≤1000RT 占 17%，按照无限极广场原设计配备350RT 变频螺杆机组以满足项目低负荷需求，有效避免离心机组在低负荷运行时的喘振问题。另，配备1000RT变频离心机组满足17%占比的800RT≤负荷≤1000RT负荷需求。

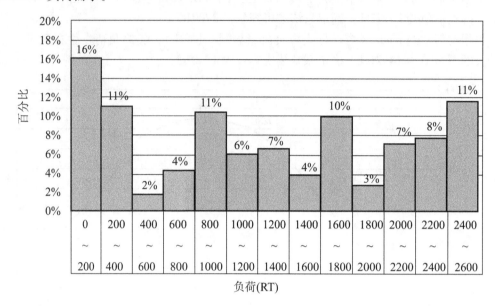

图3 A塔全年负荷比重分析

根据类似建筑modelB塔逐月尖峰负荷趋势图做负荷比重图分析（图4），负荷≤300RT占15%，负荷≤700RT占57%，400RT≤负荷≤500RT占26%，按照无限极广场原设计配备250RT变频螺杆机组以满足项目低负荷需求，有效避免离心机组在低负荷运行时的喘振问题。另，配备500RT变频离心机组满足26%占比的400RT≤负荷≤500RT需求。

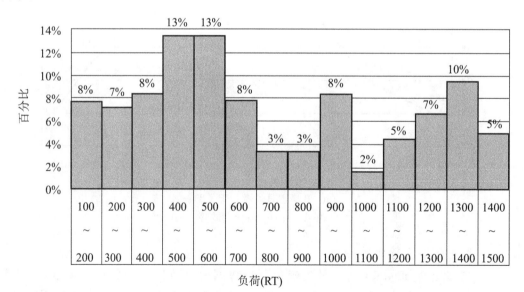

图4 B塔全年负荷比重分析

二、设备选型优化原则

不同的冷水机组在不同工况、不同负载率的情况下，其性能是不一致的，如需要系统长期高效运行，需优选建筑负荷比重较大区域的冷机容量，建筑负荷占比较大的冷量与机组的高效性能区需要合理搭配，且需要在智能控制逻辑中优化开机策略，使机组大部分时间开启在高效区。

单台设备的高效不代表系统的节电，所以在设备选型的过程中，不能只针对单台设备进行高效"1+1"，而需要针对系统进行整体分析，有机组合。合理的设备搭配，科学的开机搭配能使整个系统在运行过程中无论负载率大小，全年气候的情况如何，实际运行能效高，节省电费。

（一）冷水机组设备选型比对

冷水机组选取 2 台 1000RT York 高效变频离心机组，2 台变频 350RT 变频螺杆机组（表2）。

表2 冷水机组设备选型比对

机　组	装机容量 /RT	台数	冷冻水供回水温度/℃	冷却水供回水温度/℃	机组满负荷工况（kW/RT）	COP
离心机组	1000	2	8/15	30.5/35.5	0.549	6.4
螺杆机组（变频）	350	2	8/15	30.5/35.5	0.6456	5.4

（二）水泵设备选型比对分析

1. 精细化水力计算

精细化水力计算分析包括冷冻端水力计算（表3）和冷却水端水力计算（表4）。

表3 冷冻端管路水力计算

管段编码	管长	流量	管径	水流速	比摩阻	沿程阻力	局部阻力系数	局部阻力	管路累计总阻力	备　注
	L	m_w	D	v	R	$H_f = RL$	ξ	$H_d = \xi \times V^2\rho/2$	$\sum (H_f + H_d)$	
	m	m³/h	mm	m/s	Pa/m	Pa		Pa	kPa	
最不利管路							0.50	461	0.46	水泵出口
							0.30	277	0.74	变径管（扩大）
	2.00	240	250	1.36	100	200			0.94	直管段
							5.50	5071	6.01	止回阀
	3.00	240	250	1.36	200	600			6.61	直管段
							1.50	1383	7.99	三通
							0.30	553	8.54	弯管90°，2个
							0.30	277	8.82	软接头

续上表

管段编码	管长 L m	流量 m_w m³/h	管径 D mm	水流速 v m/s	比摩阻 R Pa/m	沿程阻力 $H_f = RL$ Pa	局部阻力系数 ξ	局部阻力 $H_d = \xi \times V^2\rho/2$ Pa	管路累计总阻力 $\sum(H_f+H_d)$ kPa	备注
							0.30	277	8.82	变径管（缩小）
								51020	59.84	冷水机组
							0.30	277	60.12	变径管（扩大）
							0.30	277	60.39	软接头
	1.5	240	250	1.36	200	300			60.69	直管段
							0.30	277	60.67	蝶阀
							0.30	277	60.95	弯管90°，2个
	2.50	240	250	1.36	200	500			61.45	直管段
							1.50	1383	62.05	三通
	65.00	2467	600	2.42	230	14950			77.00	直管段
							0.10	2349	79.35	三通，6个
							0.50	4405	83.76	分水总管
最不利管路								150000	233.76	末端资用压差
	32.00	2467	600	2.42	240	7680			241.44	直管段
							0.50	1468	242.91	集水总管
	5.00	2467	600	2.42	220	1100			244.01	直管段
							0.10	1175	245.18	三通，4个
							0.30	881	246.06	弯管90°
							0.10	294	246.36	变径管（缩小）
	0.80	240.00	250	1.36	220	176			246.53	直管段
							0.30	277	246.81	蝶阀
							0.10	92	246.90	三通
	5.60	240.00	250	1.36	220	1232			248.13	直管段
							0.30	277	248.41	弯管90°
							0.10	92	248.50	三通
	7.80	240.00	250	1.36	220	1716			250.22	直管段
							1.50	1383	251.60	三通
	2.60	240.00	250	1.36	220	572			252.17	直管段

管段编码	管长	流量	管径	水流速	比摩阻	沿程阻力	局部阻力系数	局部阻力	管路累计总阻力	备 注
	L	m_w	D	v	R	$H_f = RL$	ξ	$H_d = \xi \times V^2 \rho/2$	$\sum(H_f + H_d)$	
	m	m³/h	mm	m/s	Pa/m	Pa		Pa	kPa	
最不利管路							0.30	553	252.72	弯管90°，2个
							0.30	277	253.00	蝶阀
							4.40	4057	257.06	Y形过滤器
							0.10	92	257.15	变径管（缩小）
小计						29		229	259	扬程 kPa
选型	冷冻水泵（CHWP-04～05）扬程		mH₂O	25						考虑10%余量

表4 冷却端管路水力计算表（温差5℃）

管段编码	管长	流量	管径	水流速	比摩阻	沿程阻力	局部阻力系数	局部阻力	管路累计总阻力	备 注
	L	m_w	D	v	R	H_f	ξ	H_d	$\sum(H_f + H_d)$	
	m	m³/h	mm	m/s	Pa/m	Pa		Pa	kPa	
最不利管路							0.50	461	0.46	水泵出口
							0.30	277	0.74	变径管（扩大）
							0.30	277	1.01	软接头
	2.00	240	250	1.36	200	400			1.14	直管段
							2.00	1844	2.98	止回阀
	1.00	240	250	1.36	200	200			3.18	直管段
							1.00	922	4.10	三通
							1.00	922	5.03	三通
	2.50	240	250	1.36	200	500			5.53	直管段
							0.30	553	6.08	弯管90°，2个
							0.30	277	6.36	软接头
							0.30	277	6.36	变径管（缩小）
								50000	56.36	冷水机组
							0.30	277	56.63	变径管（扩大）
							0.30	277	56.91	软接头
	1.50	240	250	1.36	200	300			57.21	直管段

管段编码	管长 L m	流量 m_w m³/h	管径 D mm	水流速 v m/s	比摩阻 R Pa/m	沿程阻力 H_f Pa	局部阻力系数 ξ	局部阻力 H_d Pa	管路累计总阻力 $\sum (H_f + H_d)$ kPa	备注
							0.30	277	57.19	蝶阀
							0.30	277	57.46	弯管90°个
	2.50	240	250	1.36	200	500			57.96	直管段
							1.50	1383	58.57	三通
	3.00	240	600	0.24	265	795			58.76	直管段
	2.00	480	600	0.47	265	530			59.10	直管段
							0.30	33	59.13	变径管（扩大）
	10.00	2430	700	1.75	190	1900			61.03	直管段
							0.30	923	61.95	弯管90°，2个
最不利管路	181.00	2430	700	1.75	190	34390			96.34	直管段
							0.15	461	96.81	弯管45°，2个
							0.30	1845	98.65	弯管90°，4个
							0.10	308	98.96	三通，2个
							1.50	2307	101.27	三通
	5.00	240	250	1.36	190	950			102.22	直管段
							0.30	277	101.54	蝶阀
							0.30	277	101.82	电动调节阀
								43000	144.82	冷却塔塔体扬程
							0.30	277	145.09	蝶阀
	181.00	2430	700	1.75	190	34390			179.48	直管段
							0.30	461	179.95	三通
	5.00	240	600	0.24	190	950			180.90	直管段
							0.30	8	180.90	三通
	3.30	240	250	1.36	245	808.5			181.71	直管段
							0.30	277	181.99	蝶阀
							2.00	1844	183.83	Y形过滤器
							0.10	92	183.93	变径管（缩小）
							1.00	922	184.85	水泵入口
小计						77		112	188	扬程 kPa
选型	冷却水泵扬程		mH₂O	22						考虑5%余量

2. 水泵设备选型优化

不同水泵,有不同的流量 - 扬程($Q-H$)曲线、流量 - 效率($Q-E$)曲线、流量 - 功率($Q-P$)曲线;同一水泵,不同扬程,不同转速,不同流量的情况下,水泵的耗电功率也不一致。因此,水泵的耗能过大来源于多方面因素,优化设备选型,科学利用性能曲线等均可降低设备耗能,严格把控水泵的设备参数,合理设置水泵的扬程,可提高能效。

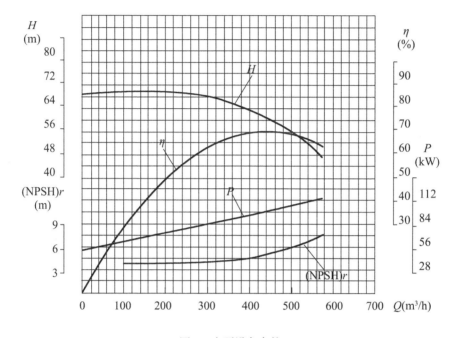

图 5 水泵设备参数

(三)冷却塔设备选型优化

冷却塔设计优化:合理计算,在冷却塔选型过程中,选择大一些的冷却塔,增大散热面积,通过实施冷却水塔的运行优化,降低设备耗电量,提高系统的运行能效。同时采用全部冷却塔风机配置变频装置,利用变频节能运行。

风机变频全部运行比单独风机运行更加节能,比如某制冷站共计 4 台冷却塔,每台冷却塔风机各 50kW 及排风量为 240 000CFM,开启 2 台冷却塔风机总风量为 480 000CFM,总耗电功率为 100kW。如果开启全部 4 台冷却塔风机,总风量为 504 000CFM,每台风机以 30HZ 运行,总耗电功率为 43.2kW,相比开启 2 台冷却塔风机节能 50% 以上,节能效果明显。所以开启全部冷却塔风机配置变频器运行相比单独开启冷却塔风机不带变频器运行更加节能。

在设计中考虑创造尽可能低的冷却水进水温度(30.5℃);通常冷却水的进水温度取决于外界空气的湿球温度,虽然有时湿球温度会比较高,但冷却水塔的设计出水温度依旧建议为 30.5℃。因为一旦按高的出水温度进行冷却水塔的设计,其设备往往小于按低出水温度设计的设备;当采用较高的冷却水进水温度,冷冻机组会要求配备较大的冷凝器、压缩机和马达。这不但会增加初期的设备投资成本,而且在运行中也会增加喘振的可能性以及运行成本；进水温度低的冷却水会提高机组的运行效率。一般总是建议运行尽可能多的冷却水塔，控制冷却水塔风扇的运行速度以降低能耗，同时产生温度低的冷却水以提高机组运行效率。

（四）机房管路优化分析

①尽量避免弯管；

②45°弯头替代90°弯头；

③取消不必要的阀门，过滤器；

④利用总管式代替分集水器；

⑤合理调整阀门的安装位置；

⑥合理设置旁通管，保护主要设备；

⑦冷却塔使用母管式管路回水；

⑧冷水机组并联母管合理分配流量等；

⑨精细化机房管路的水力计算；

⑩对机房内除主要设备以外的附件压力进行技术把控；

⑪BIM制图，指导现场施工，减少施工误差；

⑫对施工质量把控，防止阀门装反、焊接存在漏点等现象。

（五）高效空调系统末端管路优化思路

①审核设计图纸，提出管路优化建议；

②对末端主要设备技术参数进行把控，提交采购部门；

③对末端阀门及主要配件参数进行把控，提交采购部门；

④复核末端管路的水力计算。

第四节 结论

本项目空调制冷机房采用了全过程技术服务，包括设计阶段、施工阶段和运营阶段。服务内容为在空调负荷计算、设备优化选型、水力平衡计算分析、空调末端优化分析、施工督造、系统调试、运营管理等方面进行精细化服务。最高制冷机房能效承诺保证无限极A塔系统目标能效为0.62kW/RT（EER = 5.8），B塔为0.60kW/RT（EER = 5.9），其能效值均高于广东省《集中空调制冷机房系统能效监测及评价标准》（DBJ/T 15 – 129—2017）规定的5.0能效值，节能效果明显。

第四章　珠海兴业新能源产业园二期研发楼

第一节　项目概况

　　珠海兴业新能源产业园二期研发楼（英文名"Green Yes"Building）是位于广东省珠海市（夏热冬暖地区）兴业太阳能金鼎园区（图1）。它是一座集办公、实验、展示于一体的多功能办公建筑。该项目不仅成为中美清洁能源联合研究中心建筑节能联盟（CERC-BEE）第二期超低能耗示范项目（项目编号：2014DFA70660），并且也入选了广东省重大科技专项（专题编号：20130129），以及住房和城乡建设部绿色建筑示范工程。该建筑的平面设计灵感来源于自然界中的树叶，寓意本建筑回归自然、绿色低碳的设计理念。该楼的总建筑面积为23 471m^2，包括地下（1层）1334m^2，地上（17层）22 137m^2。

图1　兴业太阳能研发楼效果图

　　该建筑将通过前期的合理规划设计以及后期有效控制管理，形成以高性能围护结构（高可见光透射比、低遮阳系数）为基础，辅以各种形式的通风技术、考虑外遮阳与通风结合的光伏幕墙技术、建筑能源管理系统等构成的"被动优先，主动优化"的别具一格的低碳建筑整体。该项目已成珠海地区首个获得美国LEED-NC铂金级认证的项目，目前也获得了国家绿色建筑三星设计标识认证，正在积极申报运营标识认证。

"Green Yes"不仅将申请为中美清洁能源联合研究中心二期超低能耗示范项目，还以"超低能耗"为目标，以"被动优先，主动优化"为原则，集成了"遮阳、通风技术""计算机云技术""太阳能建筑一体化""智能建筑微能网"四大技术，涵盖38个子技术和4个科研课题，建筑概况如表1所示。

表1 建筑概况

产业园		研发大楼	
总用地面积/m²	125 639.43	总建筑面积/m²	23 546.08
容积率	1.43	建筑基底面积/m²	2302.72
建筑密度	45%	建筑高度/m	67.2
绿地率	22%	楼层	17
总建筑面积/m²	141 593.48		

第二节 技术应用

珠海兴业新能源研发楼项目是综合运用了建筑与设备节能技术、非传统水源利用技术、可再生能源建筑一体化技术、建筑调适与运维技术等多项先进综合性技术，根据研发楼本身特点以及珠海市的气候特征与自然环境打造出适宜在夏热冬暖地区可复制推广的超低能耗建筑。项目主要示范技术如表2所示。

表2 技术要点统计表

序号	绿建指标	关键技术		技术要点
		被动式	主动式	
1	节地与室外环境	地下空间利用		—
2			屋顶绿化、墙面绿化	—
3			透水路面	—
4	节能与能源利用	高性能外围护结构（专利产品）		• 光伏建筑一体化220kW，其中微电网系统为113kW； • 外遮阳系数0.68； • 水密性5级； • 气密性4级； • 保温防火； • 高性能玻璃（U值=1.6，Sc=0.29，可见光通过比53%）； • 透明插接式光伏组件（专利产品）； • ITO智能调光玻璃（专利产品）； • 可更换式墙面绿化。

序号	绿建指标	关键技术		技术要点
		被动式	主动式	
5	节能与能源利用	首层大开敞无空调空间		• 上折叠幕墙（专利产品）； • 80% 水平可通风面积； • 垂直风道自然通风； • 水幕帘降温系统； • 光伏整体升降采光顶（专利产品）； • 光伏驱动吊扇及喷雾降温系统
6		自然通风		• 拔风烟囱垂直通风； • 幕墙开启扇水平通风； • 按季节控制幕墙垂直通风系统（专利产品）； • 整体升降采光顶垂直通风
7		自然采光		• 地下室导光管采光 • 幕墙、吊顶增强采光
8			节能 LED 灯具	80%
9			排风热回收系统	
10			绿色数据中心	地板下送风机房精密空调 + 智能微电网
11			变频多联机和空调分区设计	
12			能量回馈电梯	
13			直流无刷风机盘管	
14			RFID 控制实现新风 + 空调末端 + 照明三联控	
15			高效变频冷水机组及优化群控策略	
16			智能微电网	
17			太阳能光伏和光热	• FRP 屋顶电站 78.75kW（专利产品）； • 光伏采光顶 3.465kW（专利产品）； • 双层光伏雨棚（电动车充电桩）17.472kW； • 光伏幕墙 130.37kW（专利产品）； • 光伏百叶 8.505kW； • 光热幕墙（专利产品）17 块； • 光伏光热一体化幕墙（专利产品）12 块
18			冷冻水管加厚保温层	
19			风管、水管较低流速设计减少动力耗电	

续上表

序号	绿建指标	关键技术		技术要点
		被动式	主动式	
20	节水与水资源利用		雨水回收利用系统	补充冲厕、灌溉及空调冷却水
21			园林景观水体循环利用	100%
22			节水器具	100%
23			节水灌溉	100%
24	节材与料资源利用		可循环材料	15%以上
25			500km 以内生产的建筑材料	90%以上
26			利用废弃物生产的建筑材料	30%以上
27		设计优化节省建筑材料		建筑结构、幕墙及其保温材料厚度等优化
28			控制建筑材料中有害物质的释放	
29	室内环境质量	过渡季节的幕墙可开启策略运用		
30			地下室 CO 监控	
31			分项用水计量及减少管网漏损	
32			会议室 CO_2 新风控制系统	
33			变风量新风系统	
34			控制室内装修污染物	
35		外围护结构防结露设计		
36	运行与维护		建筑能源管理系统（分项计量）	
37			建筑调适	
38			垃圾分类回收	

第三节 技术目标

本项目的特点为：结合本地气候和环境条件，通过先期的合理规划与模拟分析，有效组织各类合适的绿色建筑技术，并在示范工程的设计、建造和运营过程中充分运用先进的调适技术消除专业交叉障碍，使得各项技术充分地发挥效能，打造出的建筑适宜在夏热冬暖地区复制推广。通过光热幕墙、光伏幕墙、光伏雨棚、光伏采光顶及光伏百叶等多种太阳能建筑一体化技术充分利用建筑屋顶和立面，合理使用太阳能，可再生能源利用率超过10%。通过有效组织各种主、被动节能技术，建筑的节能率超过76%。通过进一步的设计优化以及科学的运维管理，能耗降至50kW·h/（m²·年），成为超低能耗建筑的标杆。

表3 研发楼项目技术参数

指 标	数 值	单 位
单位面积年能耗（总体能耗）目标	52.4（能效提升计划＜50）	kW·h/（m²·年）
单位面积年能耗（总体能耗）基准	96.6	kW·h/（m²·年）
节能率目标（不含可再生能源）	72.9	%
总节能目标（含可再生能源）	76.7	%
可再生能源替代量	172 863	kW·h
可再生能源替代率	14.4	%

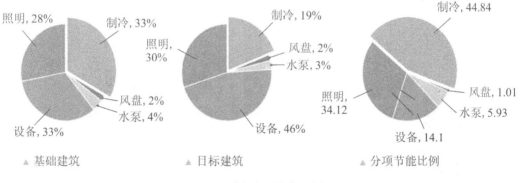

图2 建筑各项节能比例

第五章　深圳市南海意库 3 号楼

建设单位　深圳招商房地产有限公司

设计单位　清华苑建筑设计研究院

施工单位　贵阳市第一建筑工程股份有限公司、深圳海外装饰工程公司

物业管理单位　招商局物业管理有限公司

咨询单位　深圳市越众绿色建筑科技发展有限公司

项目地址　深圳市南山区蛇口兴华路 6 号

用地面积　5940.32m²

建筑面积　20 522.13m²

建筑高度　27.5m

竣工时间　2008 年 9 月

获奖情况　2010 年国家三星级绿色建筑设计评价标识

　　　　　　2013 年度全国绿色建筑创新奖一等奖

　　　　　　2013 年国家三星级绿色建筑运营评价标识

　　　　　　2017 年健康建筑二星级设计标识

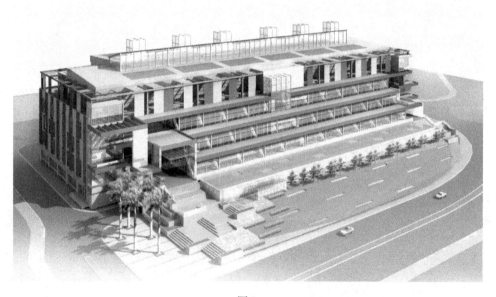

图 1

第一节　项目概况

　　南海意库 3 号楼项目前身是建于 1982 年的蛇口日资三洋厂房，是改革开放最早的厂房之一。随着深圳工业发展的快速转型和升级换代，厂区面临着"厂房改造、产业置换"的问题，招商蛇口结合产业升级和环境改造的总体规划，将"三洋厂区"改造为南海意库。

　　项目地址为蛇口海上世界片区太子路与工业三路交汇处，北隔太子路与市政公园相邻，西临工业三路。项目原为厂房，经过改造后成为招商局蛇口工业区控股股份有限公司的总部办公楼。项目占地 5940.32 平方米，总建筑面积 25 023.90 平方米，它是钢筋混凝土框架结构，建筑总高度约 21.5m，地上 5 层地下 1 层，层高 4.5m。地下室为车库，一层主要为车库、行政休息、设备房和档案室；二至四层加建夹层部分以及四层屋顶加建办公室部分；五层为多功能厅和活动室。效果图如图 1 所示。

　　南海意库 3 号楼改造总投资约 12 000 万元，项目从 2005 年 3 月前期定位到 2008 年 9 月竣工交付使用，历时约 3 年。

第二节　技术措施创新要点

一、屋顶绿化

　　采用立体绿化技术，建筑北厅为阶梯状，顶部覆土种植。屋顶增加绿化植被屋面，混合多种抗旱粗生的草被植物，增添建筑的绿化面积，并为屋顶提供多层次保温隔热措施。绿化物种全部选用适宜当地气候和土壤条件的乡土植物（图 2）。

图 2

二、温湿度独立控制空调系统

　　首次在商业项目上实践温湿度独立控制空调系统。冷水机组、冷水泵、冷却水泵、冷却塔设置启停连锁控制，冷水供、回水总管之间设压差旁通控制，冷水泵和冷却水泵采用变频控制。冷水系统的输送能效比为 0.0176。

图 3

三、太阳能热水及光电系统

在可再生能源利用方面，采用太阳能热水系统和太阳能光电系统。太阳能热水系统主热源为太阳能光热装置，辅助热源为地源热泵，太阳能光电系统采用 $365m^2$ 单晶硅太阳能光伏板，光电技术节能率为 2%，光电系统每年可以发电约 5 万 kW·h。

图 4

四、中水回用和雨水回用

项目自设地埋式或封闭式建筑中水设施，各层淋浴排水、盥洗排水等优质杂排水经收集后排入西北角 2 号人工湿地，经处理后出水主要用于前庭水景、绿化。各层冲厕排水经收集后排入化粪池，食堂排水排入隔油池，各自经处理后均排入 1 号人工湿地，经人工湿地处理后再经过滤、消毒后进入中水箱，经中水变频给水装置加压后主要供 1～3 层冲厕。

屋面雨水经虹吸排水系统收集后，分两路经过雨水弃流装置，初期雨水弃流直接排入室外雨水井，其余雨水排入渗透沟，回渗补充地下水，回渗不及的雨水排入雨水收集池（溢流水排入雨水检查井），经过滤、消毒后进入中水箱。雨水、再生水等非传统水源利用率达到 46.9%。

图 5

五、中庭采光通风设计

南海意库 3 号楼通过在原建筑中部开洞，设计为中庭，形成二～五层贯通的中庭空

图 6

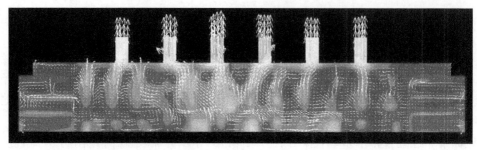

图 7

间，让室内空间能实现自然采光、通风，最大限度地减少人工照明，充分利用自然采光，同时在室内形成丰富的视觉效果。

六、遮阳系统

建筑物遮阳采用固定百叶遮阳为主，局部采用可调节活动百叶。建筑西立面遮阳采用生态绿化墙。生态绿化墙的附着植被可以随季节而繁茂和衰减，使遮挡阳光的效果在夏秋季节比冬春季节要多，适应深圳气候变化对建筑的影响。外窗采用可调节活动百叶遮阳系统。建筑东立面采用"垂直＋水平"遮阳系统。

图 8

七、智能化系统

南海意库 3 号楼配备了完善的智能化系统，以实现优化运营管理。一层消防控制中心设置建筑设备自动化管理监控主机，以实现对本大楼内的空调、冷冻站、通风系统、供配电系统、应急备用电源设备、公共照明（通过 C－BUS 接口）、电梯等设备的监视、监控、测量及记录。

图9

八、新风系统

项目新风处理机组使用电驱动溶液空气处理新风机组，使用盐溶液对新风进行喷淋，调节空气湿度，同时有效去除空气中的可吸入颗粒物。因为深圳空气质量良好，围护结构气密性无需额外增强，为预防恶劣天气，办公室中配备移动式的空气净化器。车库排风机前端布置有 CO 探测头，每个防火分区至少设置一个 CO 探测头，与排风系统联动。

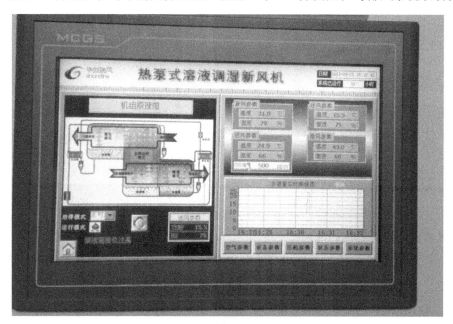

图10

九、自行车配套设施设计

项目设有两处自行车停车区域，均设置在地面一层有遮蔽的区域，位置分别为建筑西北角设有的一个自行车停车间，以及建筑东侧地库入口旁就近布置的自行车停车区域。在建筑南面一层设置有淋浴间，男女各两个，共计4个。淋浴间与自行车停车区域均设置在一层，且员工淋浴间设有储物柜，方便员工使用（图11）。

图 11

第三节　预期或实际取得的综合效益

一、经济效益

南海意库3号楼每年可以节电240万 kW·h，折合每年可以节省电煤约4000吨，每年可以减排二氧化碳约1.31万吨。节水措施使大楼每年节水3000余立方米，节水率达到50%。

二、环境效益

城市处于快速发展和翻新的过程之中，城市建设大兴土木，旧城改造快速推进。南海意库3号楼保留原有建筑的长处，充分利用既有的优势，不仅是从成本收益的角度要考虑的问题，还是整个社会建筑设计观念性的转换，为蛇口的发展探索了一条切实可行的路子。

三、社会效益

南海意库3号楼按照绿色建筑三星进行设计和运营，集合了太阳能光伏与光热、地源热泵、可调外遮阳、空气质量监测、磁悬浮高效冷水机组、溶液除湿新风系统、毛细管空调末端、能耗监测平台等绿色建筑技术体系。自建成后，它成了绿色建筑示范展示的平台，累计接待来自全国各地参观人员5万人次。

第四节 品质提升和健康人居措施

一、采光中庭

自然采光的中庭，改善室内自然采光效果。办公室照明灯具按外区、中区、内区方式布置，利用光感实现照度控制（图12）。

图 12

二、外遮阳

东、西山墙采用植物遮阳和窗扇遮阳结合的方式，降低辐射热影响，减少空调运行能耗。

图 13

三、健身空间

室内健身空间有利于帮助建筑使用者培养运动健身的积极生活方式，这对增强体质、抵抗疾病、改善生活质量、提升工作效率等方面均有显著影响。项目内设有免费的健身器材，总数为 13 台。室内健身器材设置在二层员工之家健身区，共 7 台设施，包括杠铃、哑铃组、跑步机、划船机、自行车机、多功能健身器材组等（图 14）。

图 14

四、文化艺术空间

办公室内布置艺术品、绿化、心理咨询室，室外设交流空间、健身场地、健身步道等，均有助于使用者缓解精神压力，调整状态，提高工作效率。

图 15

広东省 建筑节能与绿色建筑现状及发展报告（2017—2018）

图 16

第六章　中国铁建南方总部基地项目

建设单位　广州南沙中铁实业发展有限公司
设计单位　广州华森建筑与工程设计顾问有限公司、悉地国际设计顾问（深圳）有限公司
咨询单位　广州市卓骏节能科技有限公司
项目地址　广州市南沙区丰泽西路东侧、进港大道南侧
用地面积　79 401.8 m²
建筑面积　308 851 m²
建筑高度　1、2、3、4栋99.99m，5栋49.20m，6栋42.0m，7栋77.10m，8栋74.10m
竣工时间　2018年12月
获奖情况　国家二星级绿色建筑设计评价标识
　　　　　　　2019年粤港澳大湾区最具运营实力总部基地项目

第一节　项目概况

中国铁建南方总部基地项目位于广东省广州市南沙区蕉门河中心地带，南沙区政府西侧（图1）。本项目总用地面积为79 401.8平方米，总建设用地59 320.5平方米，总建筑面积308 851平方米，绿地率为30%。项目总平面图见图2。

图1　中国铁建南方总部基地项目效果图

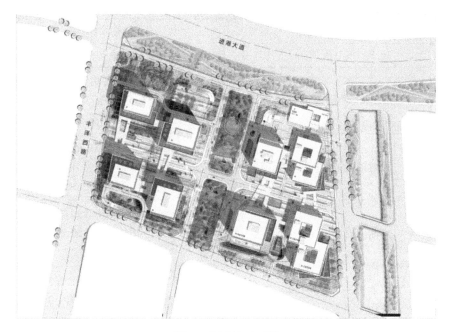

图 2　项目总平面图

项目选址位于南沙蕉门区景观轴的终点，以一条南北向的入口绿化广场作为景观轴的延伸，并把项目分为东西两大片区，项目中遍布公共绿地和空中花园，楼栋间以开放平台相连接，增强了建筑的可达性，为办公人群同时提供高效的办公环境和舒适的休憩交往空间。

广州市卓骏节能科技有限公司作为中国铁建南方总部基地项目的绿色建筑咨询单位，配合协调并推进本项目的绿色建筑标识认证工作，让其绿色建筑理念得到了政府建设部门的高度认可，并已取得了广东省住房和城乡建设厅颁发的二星级绿色建筑设计标识证书。

第二节　技术应用

本项目根据自身不同建筑空间的功能特点，结合广州市夏热冬暖的地区气候特征，选取合理高效的空调系统，并采取了多项节能技术：电梯变频群控技术、水泵与新风风机变频控制技术、太阳能＋空气源热泵供热技术、非传统水源利用技术、喷灌节水灌溉技术、地下一氧化碳监测技术等，在蕉门景观轴末端打造一片具有舒适的商业办公环境与公寓居住空间的绿色建筑群。关键技术要点统计表见表 1，BIM 模型效果图见图 3。

表1 关键技术要点统计表

绿建指标	编号	关键技术	技术要点
节地与室外环境	1	地下空间开发利用	地下建筑面积占总用地面积的比例为0.79
	2	场地年径流总量控制	场地需通过滞留、调蓄措施实现的降雨控制量为1201.19m³，场地雨水滞留、调蓄措施为1300m³调蓄池
节能与能源利用	3	高效围护结构热工性能	建筑平屋面保温层采用60mm挤塑聚苯板，外墙采用200mm加气砼砌块，外窗采用普通铝合金+Low-E中空玻璃，建筑节能率高达50.36%
	4	冷凝器自动在线清洗	空调冷冻水系统均设有化学加药水处理装置，水冷冷水机组自带冷凝器自动在线清洗装置，有效降低冷凝器的污垢热阻，保持换热效率
	5	空调系统冷热源机组能效优化	冷水机组和风冷热泵机组COP提高8%以上，多联机IPLV值提高16%以上，分体式空调能效比达到2级要求
	6	空调与通风系统自动控制	
	7	空调冷热水系统循环水泵能效优化	空调冷热水系统循环水泵的耗电输冷比均能比规定值低20%
	8	负荷和能耗降低	本项目采用冷水系统中央空调和智能多联机空调多种空调方式。中央空调分区控制，空调冷源的部分负荷性能满足现行国家标准《公共建筑节能设计标准》GB 50189—2015的规定。水系统和风系统采用变频技术，且采用相应的水力平衡措施
	9	电梯合理选用和节能控制	项目所选用电梯型号能量效率等级达到A级，为广东省绿色环保产品。该项目电梯控制方式为群控，具有变频调速的节能特性，可根据人流量的变动调整电梯的运行状态
	10	可再生能源应用	本项目屋面设有平板式太阳能集热板，空气源热水热泵与暖通热泵系统合用提供生活热水，经计算可再生能源提供生活热水比例为70.93%
节水与水资源利用	11	高用水效率等级卫生器具	卫生器具用水效率等级达到2级
	12	节水灌溉系统	采用喷灌绿化灌溉，并配置土壤湿度感应器、雨天关闭装置
	13	空调节水冷却技术	水冷冷水机组主机自带冷凝器自动在线清洗装置，有效降低冷凝器的污垢热阻，保持换热效率
	14	合理使用非传统水源	采用非传统水源的比例为73%，根据雨水量平衡分析，预计年利用总雨水量约为7519.40m³

续上表

绿建指标	编号	关键技术	技术要点
节材与料资源利用	15	预拌砂浆	
	16	预拌混凝土	
	17	高强建筑结构材料	
室内环境质量	18	过渡季节的幕墙可开启策略运用	
	19	地下室 CO 监控	
创新项	20	BIM 技术应用	
	21	围护结构节能设计优化	利用外墙封闭空气层隔热作用，不用额外保温材料即满足节能要求，降低外墙传统保温做法的工程造价

图 3　BIM 模型效果图

第三节　先进经验

中国铁建房地产集团有限公司作为粤港澳大湾区城市综合运营商标标杆企业，其南方总部基地项目获得二星级绿色建筑认证和 LEED - CS 金级预认证，为本片区的其它新建建筑起到重要的领头作用。项目在设计中选用高效的建筑围护结构材料，使建筑的节能率高达 50.36%。同时本项目采用空气源热水热泵与暖通热泵系统提供生活热水超过 70%，在系统寿命期内总节省费用为 158 万元；在地下设有 1300m^2 的雨水滞留蓄水池，非传统水源利用率高达 73%，年利用总雨水量约为 7519.40m^3，能完全满足项目道路清洗、绿化灌溉及车库洗车用水的所需水量。再者，本项目应用 BIM 建筑信息模型技术，通过 BIM 进行绿色性能化分析和协同设计，根据实际情况对建筑进行空调系统选型和幕墙技能优化，经过 BIM 能耗分析计算得出可节约电费 10%/年。设计方、施工方、监理方、顾问方等相关方共同进行 BIM 应用，使设计人员和工程人员能够对各种建筑信息做出正确的应对，实现数据共享并协同工作（图4）。

1.BIM绿色性能化分析应用-本项目日照分析

2.BIM绿色性能化分析应用-本项目采光分析

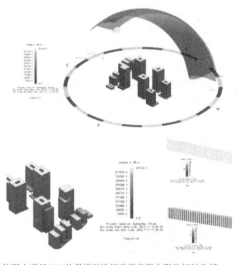

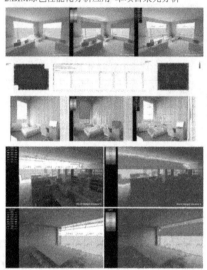

使用本项目BIM体量模型进行建筑表面太阳热辐射分析。结论：夏季广州太阳高度角较大，热辐射较多，建筑外立面应做遮阳措施，降低建筑能耗

使用本项目BIM模型进行室内自然采光与眩光分析，从自然采光分析报告得出，78.4的局域，在全阴天的采光条件下，采光系数大于2，满足绿色建筑评价标准要求

图4　BIM 性能化分析应用

第七章　嘉美花园

建设单位　清远市恒和投资有限公司
设计单位　广州智海建筑设计有限公司
施工单位　湖南省第三工程有限公司
物业管理单位　清远市信美物业管理有限公司
咨询单位　广东新睿建筑技术研究咨询有限公司
项目地址　清远市清城区龙塘镇长冲村民委员会杨屋村
用地面积　84 071.68 m²
总建筑面积　210 875.8 m²
绿色建筑面积　78 636.21 m²
建筑高度　95.15m
竣工时间　2018 年 8 月
获奖情况　2016 年国家一星级绿色建筑设计评价标识

第一节　项目概况

嘉美花园住宅小区项目位于广东省清远市龙塘镇,是集创意、健康、艺术、运动、娱乐于一体的创意概念社区。本项目共建有 13 栋高层住宅,住宅设计充分利用山地自然景观,因地制宜,顺应地势采用"一"字排布。另外设商业街、社区服务中心、幼儿园、文化室、居民建设场所等配套公建。

清远市属于粤北地区,是广东省经济、技术、绿色意识均相对较落后的区域,在这样被动的条件下,本市在政府主管部门大力引导下尽心尽力发展绿色建筑。根据《清远市绿色建筑促进办法》的要求,该项目应配建不少于总建筑面积 30% 的绿色建筑。

项目总基底面积 2.3 万平方米,总建筑面积 21.09 万平方米,容积率 2.00,建筑密度 27.36%。绿建设计范围由 T1、T2、T3、T4、T5、T7、T8、1 号地下室、C14 组成,绿建面积为 7.86 万平方米。项目于 2016 年 12 月获得国家绿色建筑一星级设计标识认证。嘉美花园效果图见图 1。

图1　嘉美花园效果图

第二节　技术应用

嘉美花园项目获绿色建筑国标一星设计标识认证,以低增量成本、低技术难度、低后期维护为出发点,优先采用"被动式"绿色技术为原则,充分利用项目所在地的自然环境条件,重点通过优化设计,采用适宜的绿色建筑技术体系,达成绿色的目的。重点解决室外环境优化、室内建筑物理环境优化、公共交通、景观绿化、建筑单体节能设计、低噪高效用能设备和系统、照明节能控制、能耗分项计量、水系统合理规划、节水灌溉、预拌混凝土利用、预拌砂浆采用、土建装修一体化、天然采光、自然通风等技术问题。项目绿色建筑技术体系如表1所示。

表1　项目绿色建筑技术要点

序号	绿建指标	关键技术		技术要点
		被动式	主动式	
1	节地与室外环境	人均居住用地面积	—	12.04m²/人
2		绿地率及人均公共绿地面积	—	36.15%；1.42m²/人
3		地下空间利用	—	地下建筑面积/地上建筑面积＝25.37%

序号	绿建指标	关键技术		技术要点
		被动式	主动式	
4	节地与室外环境	—	避免产生光污染	设计优化,不设玻璃幕墙;夜景照明采用截光型节能灯具
5		公共交通设施	—	场地选址公共交通便利,设有北部万科城站公交站
6		无障碍设计	—	设计优化,场地内人行通道采用无障碍设计
7		合理设置停车场所	—	设有地下停车库,合理设计地面停车位
8		便利的公共服务	—	场地自设幼儿园、居民健身场所、商铺、社区服务中心、垃圾收集站及公厕、居委及物管用房
9		绿化设计	—	平均每100m²绿地面积上的乔木数为3.48株
10	节能与能源利用	建筑朝向、窗墙比优化设计	—	优化总平面及单体建筑方案设计,均为近南北向,各栋的窗墙比的南、北向均小于0.4,东、西向均小于0.3
11		自然通风	—	外窗开启比≥35%
12		高性能外围护结构	—	外窗综合遮阳系数 Sw = 0.53;
13		—	照明系统	住宅的公用部位照明采用节能自熄开关,楼梯间的照明采用声控延时控制
14		—	节能电梯	交流变频控制技术,并联控制功能
15	节水与水资源利用	减压阀	—	控制用水点供水压力不大于0.20MPa
16		分项计量	—	设有绿化灌溉、道路冲洗、车库冲洗、消防用水水表
17		节水器具	—	用水效率等级为2级
18		—	节水灌溉	采用喷灌系统
19	节材与料资源利用	建筑形体	—	一般不规则
20		土建装修一体化	—	100%
21		预拌混凝土、砂浆	—	100%
22		高强钢筋	—	≥50%
23		可循环材料	—	≥6%

续上表

序号	绿建指标	关键技术		技术要点
		被动式	主动式	
24	室内环境质量	楼板隔声	—	卧室采用 16mm 厚木地板，客厅采用地砖 + 隔声垫
25		可调节遮阳	—	≥25%
26		自然通风	—	通风开口面积占房间地板面积的比例达到 10% 以上，设置明卫

第三节　推广示范价值

实施绿色建筑，意味着需要采取相应的技术措施、增加建筑成本去落实。清远市是粤北地区的一个中小城市，经济、文化、技术、人们的绿色观念等各方面均落后于发达城市，这给清远地区的绿色建筑发展带来了极大的挑战。

因此，在此地区实施绿色建筑，需充分结合当地实际情况，重点推荐采用"低增量成本、被动式绿色技术"的绿色建筑技术体系，这样才能大大促进所在地的绿色建筑发展。

嘉美花园项目正是这样一个典型实例，因地制宜、关注居住舒适度及便利性，对周边环境资源充分利用，通过优化设计、选用节能高效的系统及产品，采用被动式技术优先、低成本的措施体系，达成"节地、节能、节水、节材、室内环境质量"几大类指标，有望对清远地区乃至全省经济技术欠发达地区的绿色建筑实践的开展和推进起到良好的参考作用，该项目绿色建筑增量成本见表 2。

表 2　项目绿色建筑增量成本

序号	绿色建筑而采取的关键技术 /产品名称		增量单价/元	应用量	增量成本/万元
1	喷灌系统		—	整个小区绿化	40
2	减压阀	50 可调式减压阀	150	18 组	0.27
		50 过滤阀	110	18 组	0.20
		50 铜闸阀	70	36 组	0.25
		25 比例式减压阀	780	3 组	0.23
3	节水器具	马桶	180	1033 个	18.59
		龙头	40	3099 个	12.96
		花洒	100	1033 个	10.99
4	合　计		绿建面积 7.86 万平方米，单位面积绿建增量成本 10.6 元/平方米		83.49

注：1. 增量成本的基准点是满足现行相关标准（含地方标准）要求的"标准建筑"。

第四篇

地方交流

第一章　广州市建筑节能与绿色建筑总体情况简介

在广州市委、市政府的重视和领导下，广州市住房城乡建设委以《民用建筑节能条例》《广东省民用建筑节能条例》和《广州市绿色建筑与建筑节能管理规定》为依据，认真贯彻落实国家、广东省和广州市绿色建筑行动实施方案，扎实推进绿色建筑与建筑节能工作，并取得了显著成效。广州市从 2010 年至 2017 年的发展概况总结如下。

第一节　广州市建筑节能与绿色建筑的发展历程

一、绿色节能工作体系基本建立

（1）管理架构体系。2011 年，市政府调整完善建筑节能领导小组，由分管建设工作的市领导担任组长，市发展改革委、市住房城乡建设委、市规划局、市国土房管局等相关部门、各区政府分管领导为成员，形成联动机制，协同推进建筑节能和绿色建筑专项工作。2014 年，建筑节能工作领导小组并入由市长担任组长的市城建领导小组，进一步加强了组织领导。

（2）政策法规体系。2012 年以来，先后发布《关于加快发展绿色建筑的通告》《广州市绿色建筑和建筑节能管理规定》《广州市绿色建筑行动实施方案》《广州市房屋建筑和市政基础设施工程质量管理办法》《中共广州市委 广州市人民政府关于进一步加强城市规划建设管理工作的实施意见》等文件，大力推动民用建筑绿色节能工作。

（3）技术标准体系。我市结合广州夏热冬暖的气候特点，重点推广建筑遮阳、隔热、自然通风、高效节能空调系统、雨水收集利用等本地化绿色节能技术，相继参与或组织编制了《广东省绿色建筑评价标准》《广州市居住建筑节能 65% 设计规范》等省、市地方标准规范和技术指引 30 多项，其中《广州市绿色建筑设计指南》荣获 2014 年华夏建设科学技术奖三等奖、广州市科技进步三等奖。

二、建筑节能稳步推进

经过十余年的推广与发展，我市建筑节能工作取得了显著成效，建筑能耗增速得到了有效控制。

（1）新建建筑节能标准逐步提升。一方面积极引导低能耗居住建筑建设，2013 年我市发布了国内冬暖夏热地区首部居住建筑节能 65% 的设计规范，积极引导和鼓励鹅潭湾等项目按照 65% 的节能标准进行建设。另一方面，实施更高能效的公共建筑节能标准，自 2015 年 10 月 1 日起全面执行新版国家标准《公共建筑节能设计标准》，节能率从 50% 上升到 62%。

（2）推动公共建筑节能监管体系建设。建立起全市能耗统计数据库，并以多年能耗统计数据成果为基础，开展公共建筑能耗定额的编制；建立市级公共建筑能耗监测平台，累计实现 121 栋建筑的能耗在线监测；组织开展公共建筑能源审计工作，深入挖掘各类建筑的节能潜力。

（3）可再生能源建筑应用因地制宜发展。新建 12 层以下的居住建筑和实行集中供应热水的医院、宿舍、宾馆等公共建筑使用太阳能等可再生能源制备生活热水，以财政资金或财政资金投资为主的项目至少采用一种再生能源利用技术。

（4）既有建筑绿色节能改造加速发展。通过加强政府规章体系建设，强制纳入施工许可范围，涉及外围护结构、空调和照明系统改造的装修项目实施节能改造，实现了既有建筑节能改造制度化。同时，积极推动公共建筑绿色节能改造的市场化，鼓励业主创建公共建筑绿色化改造示范。广州发展中心大厦改造项目获得绿色建筑二星级运行标识及全国绿色建筑创新奖一等奖。

三、绿色建筑持续发力

近年来，广州市获得绿色建筑标识的数量及规模稳居全国前列，截至 2017 年，全市绿色建筑标识认证项目累计达 4298 万平方米。广州国际体育演艺中心等 6 个项目获得了国家绿色建筑创新奖，30 多个项目入选国家级绿色建筑、低能耗建筑和可再生能源建筑应用示范。

（1）绿色建筑规模化发展态势已经形成。2017 年，广州市新增绿色建筑标识认证项目 1436 万平方米。利通广场太古汇项目和广州国际金融中心先后荣获 LEED 运营与维护铂金级认证，萝岗和南沙万达广场项目相继获得国家绿色建筑运行标识，绿色建筑发展呈现出逐渐向重运营实效管理转变的良好势头。

（2）绿色生态城区建设有序推进。绿色建筑推广呈现单体向区域发展的趋势，涌现出中新广州知识城、广州教育城（一期）、海珠生态城、广州南沙开发区明珠湾起步区等一批先进示范。

（3）保障性住房实现绿色化全覆盖。2012 年 2 月 10 日以后取得建设工程规划许可证的保障性住房全面实施绿色建筑，广州市还编制了《广州市保障性住房适宜绿色建设技术规程》，发布了《广州市保障性住房设计指引》，制定了《保障性住房绿色设计审查表》，着力于提升保障性住房的绿色建筑设计施工水平。

（4）岭南建筑绿色化实践取得突破。广州市积极推动岭南建筑的绿色化实践，建成了广州市气象监测预警中心、岭南新苑、岭南山畔、从化市图书馆、太古汇等一批岭南特色的绿色建筑，其中岭南新苑项目荣获"国家绿色建筑创新奖"，广州市气象监测预警中心荣获"中国建筑设计奖"，这标志着岭南特色绿色建筑发展之路获得突破。

第二节　广州市建筑节能与绿色建筑的现状

一、全国率先对绿色建筑的推广和发展做出约束性规定

自"十二五"以来，广州市为加强绿色建筑和建筑节能相关工作出台了一系列政策

规定,有效保障了全市绿色建筑的健康有序发展。如《广州市人民政府关于加快绿色建筑发展的通告》(穗府〔2012〕1 号)在全国范围内率先对绿色建筑的推广和发展做出约束性规定,2013 年又相继发布《广州市绿色建筑和建筑节能管理规定》(广州市人民政府92 号令)、《广州市绿色建筑行动实施方案》等,将绿色建筑建设纳入建设项目全过程管理。截至目前,广州市绿色建筑累计强制实施约 7163 万平方米,获得绿色建筑评价标识397 项,总建筑面积约 3600 万平方米,2017 年按绿色建筑标准设计的建筑项目占全部新建民用建筑项目的比例达到了 83.5%,高于 2016 年全国 28.5%的平均水平。

进入"十三五",广州市提出了全面发展绿色建筑和提升建筑能效的新目标:一是对新建建筑全面执行绿色建筑标准,政府投资公益性建筑和大型公共建筑达到二星级及以上标准,重点发展具有岭南特色的被动式绿色建筑,推广本土化的绿色建材应用。在城市重要功能区,新建建筑力争达到绿色建筑国内领先和国际先进标准。二是在继续严格执行新建民用建筑节能标准基础上,根据广州地区民用建筑空调能耗占比高的特点,研究制订集中空调机房能效标准,建设一批高效空调机房,提高公共建筑空调系统能效,至 2020 年,城镇新建建筑能效水平要比 2015 年提升 20%。三是结合广州实际,根据建筑形式、规模及使用功能,分类制订广州市民用建筑能耗限额控制指标,加大公共建筑节能改造力度。

二、绿色建筑技术支撑体系构建不断完善

广州市不断推进绿色建筑技术创新,强化对绿色建筑设计和施工图审查的指导。一是制定《广州市绿色建筑设计指南》,将对绿色建筑的指导从后评价阶段前置到设计阶段,结合广州气候特点,提炼出地区适宜的绿色技术,填补了绿色建筑设计标准的空白。它先后荣获 2014 年住建部华夏科技进步奖和广州市科技进步奖。二是发布《广州市民用建筑绿色设计专项审查要点》,明确全市民用建筑绿色设计各个阶段的审查内容和审查尺度,规范指导施工图审查机构开展绿色设计专项审查工作。三是编制《广州地区绿色建筑常用技术构造做法参考图集》,着力于解决常用绿色技术标准不成熟、缺少构造做法的难点问题,更好推进绿色建筑设计精细化发展。还开发了广州市民用建筑绿色设计施工图审查辅助系统,采用信息化技术实现绿色设计的在线审查,将绿色设计内容按建筑、结构、水、暖、电等专业进行梳理,解决绿色设计审查中各专业工种之间、审查机构与设计单位之间的协同配合问题,及时进行审查意见的交互与反馈,创新和探索绿色设计专项审查工作模式。

三、涌现一批高水平的绿色建筑项目

广州市在普及绿色建筑推广的同时,创建了一批高水平的绿色建筑项目,其中广州珠江城、越秀金融大厦等 30 多个项目列入国家和省级示范,广州国际体育演艺中心、广州发展中心大厦等 6 个项目获得国家绿色建筑创新奖。

广州发展中心大厦于 2010 年开始实施绿色化改造,充分应用智能外遮阳、室内空气质量监控、地下车库光导照明、屋面雨水收集回用、高效绿化喷灌、照明及空调系统控制优化、LED 高效节能灯具、地下车库空气质量监控与风机联动、无风管诱导通风等绿色节能综合改造技术,改造后年节电量为 91.7 万 kW·h,节水量为 9100 吨,按照商业电价0.9 元/kW·h,商业用水价 3.5 元/吨计算,年节省费用 85.7 万,投资成本回收期约为

4.25 年，获得了绿色建筑二星级运营标识。在全国绿色建筑创新奖一等奖的 9 个项目中，广州发展中心大厦绿色化改造项目独占一席，是广州市推进既有公共建筑绿色化改造的典范。

南网综合基地引入 BOO 市场机制创建绿色建筑，南网综合基地总建筑面积 35 万平方米，包括总部生产办公区等 9 栋大楼，均按照国家绿色建筑二星级目标设计。该项目创新采用 BOO（Building-Owning-Operation）市场机制进行绿色建筑建设，引入绿色节能专业服务商——南方电网综合能源有限公司，策划整个基地的绿色节能技术方案并出资建设和运营管理，可实现年节约用电量约 715 万 kW·h，经第三方机构测评，建筑能效理论值达三星级（最高级），是广州运用市场机制发展绿色建筑的一个缩影。

四、市场主体责任意识逐渐显现

发挥各建设主体的主动意识、提高公共责任意识是实施建筑节能和发展绿色建筑的关键。广州市节能墙革办相继组织召开绿色建筑技术宣贯会议、编印绿色建筑知识手册，先后赴建设业主、设计单位和施工图审查机构培训、指导高星级绿色建筑示范创建、绿色生态城区建设等工作，对于提高社会各界对于绿色建筑的认知起到了积极作用。

例如，万科在广州市建设了一系列绿色建筑示范项目，如南沙府前花园、黄埔东荟花园等项目着力开展装配式住宅的应用，黄埔幸福誉和广州万科峰境花园等开展高星级绿色建筑探索。越秀地产发布绿色建筑白皮书，在广州民用建筑建设业主中率先垂范建设具备岭南地域特色的绿色建筑，如黄埔区岭南山畔、荔湾区岭南新苑等，通过实施低成本被动式绿色建筑措施，有效改善了建筑室内自然通风和室外风环境，形成了具有地方特色低成本绿色建筑设计和建造模式。广东省建筑设计研究院、广州市设计院、珠江外资院等设计单位成立绿色建筑研究中心、绿色建筑设计咨询工作室，加强绿色建筑技术措施在设计前期的有效集成和协调，研究设计了诸如广东省粤剧艺术博物馆、白天鹅宾馆更新改造、广州市气象预警监测中心、鹅潭湾（金蝶项目）等一批具有技术难度和地方特色的绿色建筑精品。

五、深入推进墙材新发展，促进建筑节能效果提升

推广应用优质新型墙材，是促进建筑节能的关键举措。近年来，广州市节能墙革办紧紧围绕建筑节能发展工作需要，开拓创新，推进墙材革新深入发展。

（一）抓好新型墙材推广应用工作

"十二五"期间全市新型墙材应用量达 118.35 亿块标砖，较"十一五"期间的应用量增长 64.8%。2016 年，全市新型墙材应用量达 27.19 亿块标砖，节约土地资源 4487.33 亩，节约能源 16.86 万吨标准煤，减排二氧化硫 3371.96 吨，城区建设工程新型墙材应用比例达 98% 以上，有效地保护了环境和土地资源。

（二）推进绿色墙材发展

为大力推进绿色墙材生产和应用，广州积极鼓励新型墙材生产企业开展绿色建材评价标识申报工作，组织召开政策宣贯会议，邀请绿色建材标识评价机构专业人员对企业开展培训，指导企业做好绿色建材评价标识申报。目前，已有三家蒸压加气混凝土砌块企业与

绿色建材标识评价机构签订了评价协议,正式申报绿色建材评价标识。下一步,广州将根据省相关政策规定和工作要求,大力引导新型墙材企业开展绿色建材评价标识认定,发展节能减排、安全便利、可循环的新型墙材,提高建设工程绿色建材应用比例。

(三)促进新型墙材产业结构优化

建筑业转型升级和建造方式变革是必然形势。广州着眼绿色建筑、装配式建筑等的发展需求,通过技术研发、技术引进,开发生产符合绿色建筑、装配式建筑发展要求的优质砌块、预制墙板等品种、产品,形成市场多品种良性竞争的局面,促进行业持续健康发展。一是不断提高蒸压加气混凝土砌块产品品质(目前蒸压加气混凝土砌块产品约占我市新型墙材应用的70%)。鼓励有条件的蒸压加气混凝土砌块生产企业积极发展高精度、高强度蒸压加气混凝土砌块产品(简称"高性能砌块"),不断提高高性能砌块市场比例,带动蒸压加气混凝土砌块市场整体品质水平的提升。二是发展预制墙板(墙体)等产品。引导企业发展具有部品化、智能化、标准化特点的质轻、高强、隔音的隔墙板(墙体)以及集"防水、保温、装饰"等多功能于一体的外围护结构墙板,包括蒸压加气混凝土板、复合型混凝土板、装配式大墙板等板材体系,促进生产专业化、标准化和信息化。随着广州市大力发展装配式建筑,广州预制墙板(墙体)等产品将得到快速发展,产品性能和质量将大幅提升。

(四)推动行业升级发展

在推进企业转型方面,广州市积极推进企业智能制造,鼓励新型墙材企业积极进行生产智能化改造,加大对企业技术装备改造支持力度,通过建立生产线改造示范、开展科研项目研究、组织技术交流培训等措施,引导企业提升改造升级发展意识,加大生产装备和设备改造升级力度。推动人工智能技术与墙材生产工艺有效融合,鼓励企业引进使用自动码坯、打包集成系统、高精度自动切割、自动掰板等装备,实现关键岗位智能化改造和机器换人,关键工序数控化及制造流程智能化。引导企业建立基于信息技术的发展体系,加强生产过程信息化管理,实现生产信息互通、数据共享和运行自动化等,提升生产和管理效能,降低生产和经营管理成本。近年来,全市多数蒸压加气混凝土砌块企业已积极开展了升级改造,企业升级发展意识不断提高,企业间初步形成"你追我赶"的良好竞争态势,行业整体生产技术水平处于广东省领先地位。

第三节 广州市建筑节能与绿色建筑的发展态势

近几年来,在广东省住房和城乡建设厅的指导下,广州市以创新、协调、绿色、开放、共享新发展理念为指导,贯彻执行"经济、适用、绿色、美观"的建筑方针,坚持因地制宜原则,积极培育良好的市场环境,推动绿色建筑实现了健康、有序发展,取得了较好的成效,形成了良好的发展态势。

一、深入实践,有序推动,构建"政府引导、市场主导"的绿色建筑发展政策体系

一是总结实践经验,适时推出规模化发展政策。广州市自国家发布《绿色建筑评价标准》以来,积极开展绿色建筑试点项目建设,自2007年到2012年,向住房和城乡建设部申报了十多个绿色建筑国家级示范创建项目，总结出了适宜广州地区的"被动优先，主动优化，可再生能源为辅"的绿色节能建筑技术路线，奠定了规模化推广绿色建筑的基础，它还于2012年以市政府办公厅名义发布《关于加快发展绿色建筑的通告》，将绿色建筑推广从点发展到面，启动了规模化发展之路。

二是做好顶层设计，建立绿色建筑发展管控机制。广州市2013年出台了推动绿色建筑发展的地方政府规章《广州市绿色建筑和建筑节能管理规定》，修订了《广州市房屋建筑和市政基础设施工程质量管理办法》，明确了推广绿色建筑的基本制度设置、建设过程管理、使用过程维护、质量监督要点等内容，建立了广州地区绿色建筑规模化发展的政策框架。结合广州的实际，在土地出让合同、建设用地规划条件中明确绿色建筑目标，编制绿色建筑设计审查表，将绿色建筑设计纳入施工图审查，在民用建筑项目中落实绿色建筑实施要求，完善了绿色建筑规模化发展的制度保障。

三是激励市场主体，完善绿色建筑发展市场机制。结合广州市创建广东省碳普惠制试点城市活动，编制完成《广州市碳普惠制管理暂行办法》，将居民购买（租用）绿色建筑的行为纳入碳惠电行动，通过制定碳币发放使用规则引导绿色建筑的消费，逐步形成开发企业主动开发、消费者积极购买使用绿色建筑的市场调节机制。利用广州市建设绿色金融改革创新试验区的契机，引导商业银行开展绿色保险、绿色信贷支持、激励建设单位开发绿色建筑，如兴业银行广州分行优先提供绿色建筑项目的信贷服务，已先后支持广州国际演艺中心等绿色建筑项目的开发。

二、因地制宜，简明实用，完善"多层次、多方位"的绿色建筑技术实施体系

一是加强规划层面的技术指导。组织编制《广州市绿色建筑与绿色社区规划管理指引》，梳理规划层面绿色建筑控制指标，指导规划主管部门开展规划阶段的绿色建筑审查；编制《广州市绿色生态城区规划建设技术导则》，在国家和省相关标准的基础上，结合广州市实际情况，制订广州市绿色生态城区从"策划→规划→管理→运营→评估→认定"的全过程方案，指导开展绿色生态城区的建设。

二是加强设计阶段的技术指导。以国家《绿色建筑评价标准》为依据，组织编制《广州市绿色建筑设计指南》，将绿色建筑从后评价前置到设计阶段，分专业提炼设计控制指标，提供了不同星级绿色建筑设计的菜单式技术组合方案，极大地方便了设计单位工作；编制《广州地区绿色建筑常用技术构造做法参考图集一》，将屋面外墙隔热构造做法、屋顶绿化构造做法、建筑外遮阳构造做法和楼板隔声构造做法等形成标准图集，便于设计人员落实绿色建筑技术；编制《岭南特色绿色建筑设计指南》，将岭南传统建筑在强化自然通风和自然采光效果、防潮防霉提升室内舒适性的建筑设计手法与绿色建筑设计相结合，彰显岭南特色绿色建筑特征；编制发布《广州市民用建筑绿色设计专项审查要点》，统一绿色建筑设计各个阶段审查的标准和尺度，提升广州市绿色建筑设计审查质量。

三是加强适宜技术的应用指导。编制《广州市常用绿色建筑技术指引》，在行业内推广普及适宜广州地区的常用技术措施；编制《集中空调制冷机房系统能效监测及评价标准》，抓住广州地区公共建筑集中空调机房能效的关键点，提升公共建筑能效水平；编制

《广州地区居住建筑自然通风节能效果评价导则》，对自然通风节能量进行量化评价，为行业从业人员提供更加直观的自然通风设计效果感受，以更好地推动被动式技术的应用。

三、创新方式，注重实效，形成"覆盖业内、面向社会"的绿色建筑发展服务体系

一是开展绿色建筑示范创建指导服务。为鼓励、推广优秀的绿色建筑项目，广州市积极组织绿色建筑示范创建活动，先后建成了广州市城市规划展览中心、广东省建筑科学研究院检测实验大楼、广州市气象监测预警中心等20多个市级绿色建筑示范项目，并从绿色建筑单体示范向绿色建筑生态城区示范跨越，将南沙明珠湾起步区列为"绿色建筑试验区"和"绿色施工示范区"双示范区。

二是提供绿色建筑性能后评估服务。选取部分具有代表性的绿色建筑，开展基于实际运行效果的绿色建筑性能后评估服务。通过对运行能耗、环境性能参数数据进行分析，准确评估绿色建筑的实施效果并提出改进策略，提升项目的能效水平和居住品质，指导项目申报绿色建筑运行标识。

三是加强绿色建筑科普宣传服务。通过举办绿色建筑业务宣讲会、科普活动日、节能宣传月等活动，提高和增强社会大众对绿色建筑的认知和了解。

下一步，广州市将继续在完善绿色建筑市场机制、提高绿色建筑健康舒适性能、增强绿色建筑可感知性、促进绿色建筑向重运营实效转变等方面努力，全面提升建筑节能与绿色建筑工作水平，努力推动广州绿色建筑发展在新时代夺取新胜利。

第二章　深圳市建筑节能与绿色建筑
总体情况简介

绿色低碳是人类的共同选择，也是城市实现有质量、可持续发展的必由之路。为贯彻落实党中央推进生态文明建设、建设美丽中国的重要战略决策，深圳大力发展绿色建筑和建筑节能，大胆探索，勇于创新，在城市建设领域走出了一条节约资源和保护环境的可持续发展之路。

第一节　深圳市建筑节能与绿色建筑发展大事记

深圳作为"绿色先锋"城市，敢为天下先的改革创新精神始终贯穿于建筑节能和绿色建筑发展全过程。

2005年，深圳招商地产泰格公寓获得美国绿色建筑委员会LEED银级认证，被美国《新闻周刊》誉为"中国第一栋绿色商用建筑"；

2006年7月，深圳率先出台了全国第一部建筑节能法规——《深圳经济特区建筑节能条例》，开启了深圳建筑节能发展的新时代；

2007年10月，深圳获批成为全国首批三个节能监管体系建设试点城市之一；

2008年3月，深圳市政府出台了《深圳生态文明建设行动纲领（2008～2010）》及《关于打造绿色建筑之都的行动方案》等九个配套文件，提出了"打造绿色建筑之都"的目标；

2008年3月，深圳市政府与国家住房和城乡建设部签署了《关于建设光明新区绿色建筑示范区合作框架协议》；同月，深圳市光明新区与深圳市住建局签署了《建设绿色建筑示范区协议书》。光明新区成为部市合建的国家绿色建筑示范区和全国首批绿色生态城区；

2008年5月，深圳市政府建立了推行建筑节能和发展绿色建筑联系会议制度，协调处理发展过程中的重大问题，办公室设在市建设局；

2008年，深圳成立了市建设科技促进中心，组建了全国首家城市级绿色建筑咨询委员会，全面推行绿色建筑免费评价标识；

2008年12月，深圳推动行业成立了全国第一家跨专业、跨学科的绿色建筑领域的市一级行业协会——深圳市绿色建筑协会；

2009年，深圳出台全国首部建筑节材地方法规《深圳市建筑废弃物减排与利用条例》和《深圳市预拌混凝土和预拌砂浆管理规定》；

2009年，深圳被授予"国家建筑废弃物减排与综合利用试点城市"和"国家首批可再生能源建筑应用示范城市"的称号；

2009年5月，深圳建成了全国首个国家机关办公建筑和大型公共建筑能耗监测平台，通过了住房和建设部验收并获高度评价；

2010 年 1 月，住房和城乡建设部与深圳市人民政府举行共建国家低碳生态示范市合作框架协议签字仪式，深圳成为住房和城乡建设部开展合作共建的第一个国家低碳生态示范市；

2010 年，深圳在国内率先推进保障性住房 100% 按绿色建筑标准建设；

2010 年 12 月，国内第一个以气候带划分的国际性绿色建筑组织——热带及亚热带地区（夏热冬暖地区）绿色建筑委员会联盟在深圳成立；

2011 年，深圳成为全国首批国家机关办公建筑和大型公共建筑节能监测 3 个示范城市之一。同年，深圳市获批成为全国首批公共建筑节能改造重点城市；

2011 年，深圳建科大楼、华侨城体育中心扩建工程两个深圳项目首获全国绿色建筑创新奖一等奖；

2012 年 3 月，在参加北京第八届"绿博会"期间，深圳市获颁住建部、中国城市科学研究会颁发的中国首个绿色建筑实践奖——城市科学奖，被国家住建部誉为住房和建设领域"绿色先锋"城市；

2012 年 8 月，中欧可持续城镇化合作旗舰项目——深圳国际低碳城的启动区项目启动；

2013 年 7 月，深圳市发布实施国内第一部绿色建筑政府令《深圳市绿色建筑促进办法》，深圳成为全国首个全面强制新建民用建筑执行节能绿建标准的城市，自此，绿色建筑发展迈入了快车道；

2013 年 11 月，由深圳市住房和建设局指导、深圳市建设科技促进中心与深圳市绿色建筑协会合作组织的绿色建筑展，首次亮相中国国际高新技术成果交易会，并逐渐发展成为南方地区最大的绿色建筑行业盛会；

2014 年 5 月，时任深圳市市长许勤和英国商务、创新与技能国务大臣兼贸易委员会主席文斯·凯布尔博士共同见证深圳市住建局与英国建筑研究院（BRE）合作签约仪式；

2014 年 8 月，深圳在建筑工程类职称体系中创新增设了全国第一个"建筑工程（绿色建筑）专业技术资格"，同年诞生了全国第一批绿色建筑工程师；

2014 年 11 月，深圳国际低碳城荣获保尔森基金会"2014 可持续发展规划项目奖"，这也是全国第一个获得该奖项的项目；

2015 年 3 月，深圳发布了全国第一个绿色建筑 LOGO。原国家住建部副部长、国务院参事仇保兴为深圳绿色建筑 LOGO 发布仪式揭幕；

2016 年，深圳发布《深圳市建设事业发展"十三五"规划》，并编制了《深圳市建筑节能与绿色建筑"十三五"规划（2016—2020 年)》；

2016 年 4 月，英国建筑研究院（BRE）中国总部正式落户深圳；

2017 年，深圳被授予"国家公共建筑能效提升重点城市"和"国家装配式建筑示范城市"；

2017 年 7 月，深圳市建筑科学研究院股份有限公司在深圳证券交易所举行创业板首次公开发行上市仪式，这是国内建筑行业首个绿色建筑企业挂牌上市；

2017 年 12 月，深圳出台《关于提升建设工程质量水平打造城市建设精品的若干措施》，开展建设工程质量"十项质量提升行动"；

2018 年 5 月，深圳市政府印发了《深圳市可持续发展规划（2017—2030 年）》及相关方案；

2018 年 10 月，深圳市新修订的深圳市工程建设标准《绿色建筑评价标准》（SJG47—2018）实施。

第二节 深圳市建筑节能与绿色建筑的发展现状

截至 2018 年 9 月，全市累计新建节能建筑面积超过 1.5 亿平方米，绿色建筑总面积超过 8971 万平方米，累计 982 个项目获得绿色建筑评价标识，13 个项目获得全国绿色建筑创新奖，建有 10 个绿色生态园区和城区，是我国绿色建筑建设规模和密度最大的城市之一。涌现出深圳建科院、华阳国际等一大批建设科技创新和绿色发展领军企业，形成规模超千亿元的绿色建筑产业集群。

深圳市建筑节能和绿色建筑工作取得的主要成效如下。

一、加强统筹协调，工作体制机制日益完善

在市级层面，深圳建立了推行建筑节能和绿色建筑联席会议制度，由市住房建设局负责日常联络协调工作，市财政委、市机关事务管理局等市直部门共同参与，协调推进解决建筑节能和绿色建筑工作中的困难和问题。在区级层面，各区政府（新区管委会）也明确了建筑节能工作的主管部门，并建立了相关责任制度。全市形成了自上而下、分工分级负责的建筑节能管理体制和工作机制，为工作高效推进和后续发展奠定了坚实的组织基础。

二、创新理念、先行先试，积极探索绿色建筑发展之路

从"十一五"开始，深圳就认真贯彻可持续发展战略，把保护环境摆在与经济发展同等重要的位置来抓。2005 年，在国内首次将全市 50% 土地面积划入基本生态控制线范围，防止城市建设无序蔓延危及生态系统安全；2006 年，率先全国出台《深圳经济特区建筑节能条例》，建立新建建筑强制执行节能标准等制度；2008 年，提出"打造绿色建筑之都"的目标；2013 年出台《深圳市绿色建筑促进办法》，明确新建民用建筑全面实施绿色建筑标准。上述法规文件，为全市建设行业绿色低碳发展构建起坚实的政策保障。

2008 年，深圳市与住建部签署合作协议，以发展绿色建筑为基础和突破口，将 156 平方公里的光明新区（现在的光明区）打造成国家级的绿色建筑示范区，这是全国第一个绿色建筑示范区，也是迄今为止全国最大的一个生态城区。同时，深圳在可再生能源建筑应用、建筑废弃物减排与利用、既有公共建筑节能改造、装配式建筑应用等专项领域，积极承接国家试点任务，为建设领域全面探索绿色发展，积累了较为扎实的实践经验。

三、充分发挥市场力量，激活绿色建筑发展活力

积极培育绿色低碳产业，涌现了中建钢构、中建科技、深圳建科院、华阳国际、达实智能等一大批国内建设科技创新企业和绿色节能服务领军企业，以及万科、招商等为代表的一批国内领先、国际知名的绿色房地产开发企业，形成了规模超千亿元的绿色建筑产业

集群。深圳绿色建筑行业不仅在国内形成较大影响力,而且成为中国绿色建筑产业的代表走向全球,参与国际竞争合作。

充分利用市场化手段,率先在国内全面推行合同能源管理(EMC),引入社会资金完成既有建筑节能改造面积超过 2000 万平方米。创新采用 BT、BOT 等建设模式,建成国内首个大型公共建筑能耗监测平台,实现 500 栋大型公共建筑能耗实时监测。建立节能减排市场化运作机制,2013 年在全国率先开展碳排放权交易,将 197 栋大型公共建筑和 608 家重点企业纳入管控范围,占全市碳排放总量 40% 的机构上线交易,管控企业平均碳排放强度下降超过 30%,成为我国碳交易最活跃市场之一。

四、充分调动行业资源,发挥行业协会的纽带作用

2008 年 12 月,深圳市住建局和民政局大胆突破、勇于创新,成立了全国第一家绿色建筑领域的市级行业组织——深圳市绿色建筑协会。十年的发展历程中,协会充分发挥跨专业、跨学科的"混血组织"的优越性,配合政府主管部门,积极向全社会宣扬并树立绿色生活的价值观,开展科普活动数百场;向全行业进行绿色建筑政策普及、技术培训与提升,创立了绿色建筑工程师职称,2018 年产生了全国第一批正高(教授)级绿色建筑工程师;每年都组织大型交流活动,通过展会、论坛、考察调研等,为企业的绿色建筑新产品、新技术的推广搭建平台;成立专家委员会,开展课题研究,编制行业标准,着力提升绿色建筑质量;树立行业标杆,关注产业链的打造,以会员企业为切入点,推动绿色建筑产业上下游强强联合……深圳绿色建筑行业组织以无尽的活力,给政府助力、给企业支持,在深圳市建筑节能与绿色建筑的发展过程中,发挥了重要且积极的桥梁、纽带作用。

五、坚持科技创新引领,打造绿色建筑的深圳品牌

作为我国首个以城市为单元的国家自主创新示范区,深圳充分发挥以科技创新为核心的综合创新优势,积极借鉴国内外先进技术和管理经验,探索建立适合深圳实际的绿色低碳发展之路。比如,平安金融中心作为深圳地标性建筑,共 115 层、高 588 米,总建筑面积达 45.8 万平方米,这栋建筑集成应用幕墙 LOW-E、中水系统、雨水回收系统、空调冰蓄冷系统、LED 照明系统、BIM 系统设计等多项绿色技术,充分体现了绿色建筑节材、节能、节水等可持续发展的理念,该项目获得了中国绿色建筑设计阶段三星级认证,并获得了 LEED 金级认证以及 BREEAM 设计阶段三星级认证。再比如,裕璟幸福家园项目是深圳首个采用 EPC 工程总承包模式的装配式住宅项目,也是华南地区预制率最高的装配式建筑,预制率超过 50%,装配率超过 70%。而全市当前在建规模最大的公共住房项目——光明长圳项目,可提供住房 9672 套,已按照住建部"一体两翼"的装配式建筑发展思路,制定了实施路线,"一体"是指采用成熟可靠适用的装配式建筑技术,"两翼"是指 EPC 工程总承包模式和 BIM 技术。长圳项目不仅将成为深圳市装配式建筑的新标杆,也将是绿色建筑、智慧建筑和健康建筑的新探索、新示范。

六、全面对标国际一流,加强与全球的交流合作

作为我国改革开放的"桥头堡"和绿色建筑发展的先锋城市,深圳主动全面融入世界绿色城市发展阵营,积极参与发起设立世界低碳城市联盟并举办两届联盟大会。位于深

圳市龙岗区的国际低碳城，是中欧可持续城镇化合作旗舰项目。深圳建科院与美国劳伦斯伯克利实验室也开展了务实合作，联合成立中美低碳建筑与创新实验中心。该项目是深圳践行绿色低碳发展理念，建设国家低碳发展试点城市的重要载体，曾获得由美国保尔森基金会和中国国际经济交流中心合作颁发的"可持续发展规划项目奖"。此外，我们还大力支持英国建筑研究院（BRE）中国总部落户深圳，并与欧美、亚太10多个国家、地区和国际组织建立友好合作交流关系，在绿色低碳领域展开广泛的交流合作。

第三节　深圳市建筑节能与绿色建筑的前景展望

近年来，面对复杂多变的外部形势和持续加大的经济下行压力，在市委市政府的坚强领导下，深圳积极践行"五大发展理念"，主动适应和引领经济发展新常态，着力推进供给侧结构性改革，坚持质量引领、创新驱动、转型升级、绿色低碳发展方向，全力推动有质量的稳定增长和可持续的全面发展，一直走在绿色发展的前列，形成了"十三五"的良好局面。

当前，深圳正以习近平新时代中国特色社会主义思想为指导，认真贯彻落实习近平总书记视察广东、深圳重视讲话精神，努力建设"先行示范区"和"城市范例"。深圳绿色建筑必将迎来改革开放再出发、乘势而上创佳绩的新起点。深圳绿色建筑发展虽然取得显著成绩，但与"先行示范区"和"城市范例"要求相比，还存在不少差距。

下一步，深圳将深入贯彻落实习总书记"世界眼光，国际标准，中国特色，高点定位"的要求，以建设"美丽中国"为使命，全面落实绿色发展理念，以标准为引领，以设计为龙头，以创新为动力，大力实施建设领域质量提升行动，通过建筑节能、绿色建筑与绿色建造、绿色建筑材料的进一步推广与使用，提高新建建筑能效水平和绿色发展质量；深圳还将进一步培育既有建筑绿色节能改造服务市场，研究推进绿色运营和绿色物业管理，积极培育创新型绿色低碳产业链条，逐步扩大绿色建筑产业集群，推动建筑节能和绿色建筑向纵深发展，全面提升深圳建造品质和建筑质量，实现"十三五"末期深圳市绿色建筑面积超7000万平方米的目标，打造更高品质的绿色之城；更加重视以人为本、宜居宜业，更加重视标准引领、品质提升，更加重视与产业化、工业化、信息化相结合，更加重视智慧城市、人工智能技术的应用，把城市建设成为人与人、人与自然和谐共处的美丽家园，在实现城市的可持续发展方面做好示范、提供经验，不断满足人民群众对美好生活的向往。

第三章　珠海市建筑节能和绿色建筑总体情况简介

第一节　珠海市绿色建筑发展现状

一、珠海市绿色建筑发展历程

《珠海经济特区绿色建筑管理办法》明确提出：未来在珠海新建民用建筑应当执行一星级以上的绿色建筑标准，使用财政资金投资的公共建筑等，则应当执行二星级以上的绿色建筑标准，区政府对旧城区和旧小区进行综合治理时，则当进行绿色化改造。实现"2020年，新建建筑全面执行绿色建筑标准，其中二星级及以上项目达到50%以上，运营标识达到10%以上"的目标。该办法将是"珠海市绿色建筑专项规划"的有力保证。

近几年，珠海市绿色建筑的发展在设计和施工图审查阶段体制不断完备，在2013年珠海市住房和城乡规划建设出台了《关于加快推进珠海市绿色建筑发展的通知》（珠规质〔2013〕40号），对绿色建筑项目全过程管理系统工作提出要求。2014年珠海市印发了《珠海市人民政府办公室关于印发珠海市绿色建筑行动实施方案的通知》（珠府办〔2014〕29号），对绿色建筑管理涉及的有关主管部门进行规范，全面规范绿色建筑各方行为。方案的出台，很好地促进了珠海市绿色建筑快速发展。为贯彻落实方案精神，珠海市住房和城乡规划建设于2015年颁发了《关于新建民用建筑全面实施绿色建筑标准的通知》（珠规建质〔2015〕151号），在新建建筑中全面推进绿色建筑。2017年3月珠海市发布了关于执行《绿色建筑施工图设计文件编制与审查要点（2017版）》（下文简称《审查要点》）的通知，《审查要点》的出台进一步规范珠海市绿色建筑设计和施工图审查工作。2017年10月，珠海市人民政府第十九届第十五次常务会议通过了《珠海经济特区绿色建筑管理办法》（下文简称《办法》），《办法》的出台在法规层面上对绿色建筑的发展予以支持，同时也明确指出进行建筑工程验收需包含绿色建筑专项内容，对建设单位违反绿色建筑标准进行设计、施工，或者对不符合绿色建筑标准的建筑项目出具竣工验收合格报告的，将对建设单位进行行政处罚。

2017年珠海市相关部门已经多次组织进行了在施工项目的绿色建筑大检查，发现存在绿色建筑的技术在施工中未能落实的情况，说明了制定绿色建筑验收标准的必要性。在明确了需要编制绿色建筑工程验收标准后，在标准编制的半年时间中，编制组广泛调查研究了北京、广州、深圳、重庆和江苏等地区绿色建筑工程验收政策和标准编制、实施情况，也实地调研了北京、南京、苏州、深圳等地区绿色建筑验收的实施情况，认真总结实践经验，参考有关国内标准，结合珠海市绿色建筑的实施情况，并进行多次会议深入讨论，确定了珠海市绿色建筑的实施思路和路径。将质量监督检测站进行的建筑工程质量验收与建设单位组织的绿色建筑专项验收相结合来开展实施验收工作，就是在这样的指导思想下编制组进行了标准的编制工作，并在广泛征求意见的基础上完成标准的编制。

《珠海市绿色建筑工程验收导则》是在吸收其他省市的经验基础上结合珠海的实际而制定，具有一定的创造性，将珠海市的绿色建筑事业从原来的新建建筑导向既有建筑改造，从设计标识评价导向竣工验收和运营标识，特别是它明确了珠海市的绿色建筑要执行验收检查，这将极大地保证珠海市绿色建筑施工质量。

2017年7月，成立了以珠海市各建筑业骨干企业组成的珠海市绿色建筑协会，以引导行业的合理健康发展。协会主要包括与绿色建筑相关的房地产开发、设计、咨询、施工、建材、科研及运维等单位。协会以当好政府参谋、服务于行业为宗旨，必将引导行业健康发展；协会初创后，完成了2017年绿色建筑现场观摩会等重点工作，目前正在制定绿色建筑星级评定、2018年绿色建筑大会等工作安排。

二、珠海市绿色建筑经验总结及措施

（一）珠海市绿色建筑的全面强制执行与市场激励保障

珠海是继深圳之后，广东省第二个在全市所有行政区域全面执行绿色建筑标准的城市。珠海市住房和城乡规划建设局于2015年11月发布《关于新建民用建筑全面实施绿色建筑标准的通知》（珠规建质〔2015〕151号），规定2016年1月1日起全市新建民用建筑全面执行绿色建筑标准。截至2017年12月，珠海市获得绿色建筑设计标识证书的项目有117个，总建筑面积为1554万 m^2。

《珠海经济特区绿色建筑管理办法》（珠海市人民政府令〔2017〕119号）2017年11月13日正式颁布，12月13日起施行。政府法规明确了珠海市建设行政主管部门负责全市绿色建筑工作的监督管理及组织实施，珠海市建筑节能行政管理机构负责绿色建筑监督管理工作的具体实施，珠海市绿色建筑协会等绿色建筑相关行业协会负责建立行业公约，推进行业自律，促进行业规范发展。

珠海市已出台并实施《珠海市绿色建筑和建筑产业现代化发展专项资金管理办法》（征求意见稿），设立了绿色建筑专项资金，每年由珠海市建筑节能行政管理机构组织全市绿色建筑示范项目的申报和评选。珠海市绿色建筑示范项目的奖励标准为：一星级15元/平方米（建筑面积，下同）、二星级30元/平方米、三星级50元/平方米，单一项目最高不超过100万元。

（二）珠海市绿色建筑的全过程实施情况

1. 立项节能评估和规划许可审批

目前，珠海全市建设项目的立项节能评估中已纳入绿色建筑内容，它包括在节能评估报告中明确绿色建筑的建设标准和指标要求，在立项阶段即保障绿色建筑项目增量成本和绿色施工费用的投入，同时，在全市建设项目土地出让条件、用地规划许可、建设工程规划许可中明确绿色建筑建设目标和相关规划指标要求。

2. 绿色建筑设计和施工图审查

珠海市建设行政主管部门和建筑节能行政管理机构先后组织编制了《珠海市绿色建筑施工图设计文件编制与审查要点》和《珠海市既有建筑绿色改造工程施工图设计文件

编制与审查要点》，指导和规范珠海市绿色建筑、既有建筑绿色改造工程的设计和施工图审查工作。

珠海市绿色建筑和既有建筑绿色改造工程的设计阶段星级由施工图审查机构认定，未通过绿色建筑专项审查和星级认定的项目，不予通过施工图审查，不予发放施工许可。

珠海市建设行政主管部门和建筑节能行政管理机构每年组织两次对绿色建筑施工图审查质量的大检查，采取专家组抽查、施工图审查机构互审、评审会等多种形式督促和逐步提高珠海市绿色建筑设计和施工图审查水平。

3. 绿色建筑施工管理和绿色建筑工程验收

珠海市建设行政主管部门和建筑节能行政管理机构每年组织两次对绿色建筑施工现场的大检查，重点检查绿色建筑施工图设计文件在施工中的落实情况，同时向项目建设单位、施工和监理单位宣贯绿色建筑相关法规政策，促进绿色建筑技术的真正落地和实施。

《珠海市绿色建筑工程验收导则》于2018年1月2日发布，2月1日起实施。按照导则的规定，绿色建筑工程验收不合格、不符合绿色建筑设计要求的项目不得通过工程竣工验收。

（三）存在问题及不足

1. 绿色建筑科研和技术实力相对薄弱

限于城市规模和经济实力，珠海市绿色建筑的科研、技术发展没有市域范围内知名高校和专业科研机构作为依托，目前仍然是以珠海市相关企业、设计院和施工图审查机构作为绿色建筑相关科研课题、技术标准的研发和编制主体，科研和技术成果的创新性、精准性和权威性都有待进一步提高。

珠海市绿色建筑设计水平的现状仍然是大部分建筑设计师不懂或不熟悉绿色建筑，在各专业设计中不能或不愿自觉运用绿色建筑技术措施；大部分绿色建筑咨询人员没有设计院工作经历，不懂或不熟悉建筑设计，只会死抠评价标准条文，因而缺乏和各专业设计师对话的资格及能力。珠海市绿色建筑的一体化设计之路仍然任重而道远。

2. 绿色建筑的全过程实施存在短板和缺板

绿色建筑技术只有在立项、规划、方案、设计、审查、施工、验收和运营等全过程实施及闭环监管，才能确保绿色建筑项目在全寿命周期内，最大程度地节能、节水、节地、节材和保护环境，使建筑与自然和谐共生。

珠海市的绿色建筑工作虽起步晚，但起点高，建设行政主管部门和建筑节能行政管理机构的政策执行力度大、监管范围全覆盖。目前珠海市绿色建筑在立项、规划、方案、设计和施工图审查等前期及设计环节的工作较有成效，各项监管措施在稳步落实和逐步提高。但是在落地环节，绿色建筑工程验收珠海标准刚发布，相关工作千头万绪，实施阻力不小，这是短板；绿色建筑施工图的建设各方技术会审、绿色建筑施工组织设计和监理、绿色施工、绿色建筑运营等尚无据可依，相关地方技术标准和工作指引是空白，这也是短板。

3. 绿色建筑的典型技术应用

目前珠海市绿色建筑主要应用的技术包括：①围护结构节能技术；②多层次、多空间的绿化；③遮阳技术；④照明节能技术；⑤空调节能技术；⑥雨水回收技术；⑦节水器具；⑧可再生能源利用技术；⑨自然通风技术；⑩自然采光技术；⑪分项计量；⑫楼板隔音降噪技术等。未来绿色建筑技术将与装配式技术紧密结合，并逐步实现落实绿色施工，实现"真正的"绿色建筑。

4．绿色建筑相关行业协会组织有待发展

珠海市绿色建筑协会在 2017 年 7 月诞生，成立时间短、规模小、专职人员少、专业能力不足、行业影响力不够。与绿色建筑行业相关的建筑节能、装配式建筑、BIM 技术、海绵城市建设等协会组织尚未成立或纳入绿色建筑协会，统筹协调发展尚无从谈起。

与省内外其他先进协会组织相比较，珠海市绿色建筑协会在为政府当参谋、为会员办实事、加强自身建设、增强技术力量、加强行业自律、开展行业培训等方面的差距明显。

第二节　珠海市绿色建筑发展规划

一、贯彻实施政府规章《珠海经济特区绿色建筑管理办法》，全面发展绿色建筑

《珠海经济特区绿色建筑管理办法》于 2017 年 12 月 13 日正式实施，是珠海市依法推动绿色建筑发展的重要举措，为此我们要切实做好贯彻落实。要严格执行《珠海市绿色建筑发展专项规划》规划要求，全面执行绿色建筑建设标准。在项目咨询、设计招标或委托设计时，明确建设工程的绿色建筑等级等指标要求，并保障绿色建筑设计、施工等建设全过程的资金投入，加强绿色建筑验收和运行管理工作。发挥好珠海市绿色建筑协会的协会功能，规范并形成行业合力，全面推进民用绿色建筑标准实施和监管，将绿色建筑规划、设计、评审、绿色施工、验收形成全流程的闭环监管，有利于形成具有一定地方特色的健康产业链。《珠海经济特区绿色建筑管理办法》于 2017 年 10 月颁布实施，对绿色建筑全过程管理提出了明确的规定，要严格落实其中的相关要求，进一步依法加大监管力度。2017 年相继解决了绿色建筑健康发展的"队伍"问题和"办法"问题，相信未来的发展一定会更好。要以协会作为凝聚、规范行业发展的主要力量，实现备案制度，为未来珠海市绿色建筑星级标识评审本地化积极地做好准备工作，依托行业健康力量，实现产业全周期的闭环管理。

二、贯彻实施市政府规范性文件《珠海市推进建筑产业现代化管理办法》，大力发展装配式建筑

绿色建筑的大力发展，离不开绿色施工，未来也离不开产业信息化和装配式建筑。实施装配式建筑已成为国家建筑业转型升级的发展战略。要坚持系统管理思维，坚持装配式建筑和绿色建筑融合发展；完善指导激励机制，制定出台《珠海市装配式建筑住宅项目建筑面积奖励实施细则》《珠海市装配式建筑商品房项目提前预售实施细则》；强化设计企业技术引领作用，创新建筑产业化管理体制，积极推广建筑"总承包"模式；加大科技创新和人才培养力度；抓好试点示范和推广工作，培育示范典型，推广典型经验，提升工作成效，通过推广典型经验，培育和打造具有一定影响力的装配式建筑试点示范基地、专家队伍、优质项目、品牌企业，为下一步创建"全国装配式建筑示范城市"奠定基础。

三、强化各级检查考核力度，层层传导压力，要确保绿色建筑和装配式建筑项目量质提升、落地生根、开花结果

通过云计算、大数据、互联网＋、人工智能、超低能耗等新技术在绿色建筑和装配式建筑中的应用，让绿色、智能、健康的发展理念成为全市绿色建筑和装配式建筑发展的新时尚、新常态，实现跨跃式发展。同时发展绿色建筑和装配式建筑情况已纳入各区党政领导班子考核指标，下一步要严格检查考核力度，强化工作落实，确保取得实效。

未来对于既有建筑的绿色化改造、装配式建筑、超低能耗建筑要积极实施重点示范、重点扶持的政策，确保珠海市绿色建筑实现真正落地并实现绿色运维。

第四章 惠州市建筑节能与绿色建筑总体情况简介

为推动惠州市建筑节能和绿色建筑发展事业，惠州市住房和城乡规划建设局响应国家、省等有关部门的号召，积极开展本市建筑节能和绿色建筑标准与体系建设工作，自2008年以来，陆陆续续出台了《惠州市建筑节能设计、审查备案管理规定》《惠州市"十三五"建筑节能与墙体材料革新发展规划》《惠州市绿色建筑行动实施方案》《关于惠州市限期禁止现场搅拌砂浆的通知》《惠州市加强落实城市规划建设管理实施方案》《惠州市绿色建筑专项规划方案》等一批关于建筑节能和绿色建筑等方面的政策支持和标准建设体系。正因为这些行之有效的标准体系建设，惠州市建筑节能和绿色建筑的发展得到了巨大的动力，取得了较大的进步和长足的发展。

第一节 建筑节能、绿色建筑的标准与体系建设

一、2017—2018 年度发布实施的绿色建筑方面的政府令或部门管理规定

（一）《2017年惠州市建筑节能与绿色建筑发展工作计划》（以下简称《工作计划》）；

（二）《惠州市加强城市规划建设管理实施方案》（以下简称《建设管理实施方案》）。

二、2017—2018 年度有关建筑节能和绿色建筑管理规定的内容和执法检查介绍

（一）各县区必须严格按照《工作计划》《建设管理实施方案》和各县区制定的绿色建筑行动实施方案的要求，对以下几类建筑项目须严格执行绿色建筑标准：

（1）新建大型公共建筑和政府投资新建建筑全面执行二星级及以上绿色建筑设计和运营标准，绿色建筑建设的增量成本纳入投资预算；

（2）新建保障性住房；

（3）三旧改造项目及棚户区改造；

（4）计容积率总建筑面积超过5万平方米的新建住宅小区等。

（二）在新建住宅小区方面，各县区执行的绿色建筑标准有所区别：

（1）博罗县执行的标准为：计容积率总建筑面积超过4万平方米的新建住宅小区应执行绿色建筑标准；同时规定，东江两岸及罗浮山片区的公共建筑、住宅建筑执行绿色建筑二星级以上标准。

（2）其他各县区执行的标准为：计容积率总建筑面积超过5万平方米的新建住宅小区应执行绿色建筑标准。

（3）严格绿色建筑全过程监督管理。在新区建设、旧区更新、棚户区改造等工作中，各县、区政府严格落实绿色建筑指标体系要求，组织有关部门加强规划审查、土地出让监

管和施工监管,并在设计方案审查、初步设计审查、施工图设计审查增加绿色建筑相关内容。对应执行绿色建筑标准但未通过审查的项目,不得颁发建设工程规划许可证和施工许可证。在项目施工图设计文件审查通过后,方可申请绿色建筑设计评价标识。同时加大对绿色建筑施工现场的监管,建立健全绿色建筑施工现场巡查、抽查制度,强化绿色建筑设计标准实施情况的监督管理工作,确保绿色建筑设计标准及措施的落实,开展绿色建筑施工过程监控和竣工验收、备案等相关工作。对未获得绿色建筑设计评价标识认证的项目,不得办理建筑工程竣工验收。

(三)市住建主管部门结合辖区实际情况,积极会同有关部门研究制定绿色建筑推广应用扶持政策,支持各县区设定土地使用权、出让规划条件、明确绿色建筑比例和星级标准。

(四)各县区规划建设行政主管部门要不断加强组织领导,完善工作机制,明确目标,落实责任,推进运行阶段绿色建筑的发展以及扩大二星级及以上绿色建筑的规模,切实提高绿色建筑发展水平,确保完成 2017 年全市绿色建筑建设任务。

(五)提升建筑节能水平,制定《惠州市建筑节能与绿色建筑专项发展规划》。明确建筑节能主管部门、施工图审查机构、工程质量监督站等机构的工作责任,落实施工图审查和施工验收监管措施。建立健全新建建筑节能现场巡查、抽查制度,强化建筑节能设计标准实施情况的监督管理工作,确保新建建筑施工阶段节能强制性标准的执行率。组织各县区开展建筑能耗统计、能源审计和能耗公示工作,加强建筑能耗监测平台建设。强化既有建筑节能改造工作,进一步完善和落实既有建筑节能改造的设计、施工、质量监督管理制度和用能系统管理体系。大力推广可再生能源在建筑中的应用,具备太阳能应用条件的,合理选择包括太阳能光电、光热、光伏等在内的一种以上可再生能源应用方式。

第二节 惠州市建筑节能、绿色建筑的规划发展与现状分析

一、惠州市建筑节能、绿色建筑的发展历程

(一)2011 年实行《广东省民用建筑节能条例》后,惠州市各县区均成立了建筑节能管理办公室,简称"节能办",主要负责建筑节能设计备案审查及验收。其主要抓手从施工图审查备案到工程质量检测中心,从建筑节能设计到竣工进行全程监督,并与墙改办一起,针对落实新型节能材料加强管理并把施工落实到位,确保"禁黏"和采用预拌混凝土、预拌砂浆等政策得以顺利贯彻落实。

(二)在绿色建筑方面,2014 年,惠州市住房和城乡规划建设局出台了《惠州市绿色建筑行动实施方案》,正式启动了全市绿色建筑行动方案,为绿色建筑实施保驾护航。同时各县区从 2015 年至 2016 年先后出台了:

①《关于印发大亚湾区绿色建筑行动实施方案的通知》;

②《惠阳区人民政府办公室关于印发惠阳区绿色建筑行动实施方案的通知》;

③《仲恺高新区绿色建筑行动实施方案》;

④《惠东县人民政府办公室关于印发惠东县绿色建筑行动实施方案的通知》;

⑤《龙门县人民政府办公室关于印发龙门县绿色建筑行动实施方案的通知》;

⑥《博罗县人民政府办公室关于印发博罗县绿色建筑行动实施方案的通知》。

（三）为更好地推动惠州市绿色建筑的发展，2016年1月5日在市民政局指导下，惠州市成立了惠州市绿色建筑与建筑节能协会。同年5月，受广东省住房和城乡建设厅的委托，惠州市住房和城乡规划建设局授权惠州市绿色建筑与建筑节能协会作为惠州市绿色建筑标识评价的评审机构，使惠州成为继广州、佛山、东莞、珠海、中山市之后第六个具备绿色建筑标识评价的地级市，使惠州市绿色建筑得到了跨越性的发展，自2016年至今，全市一星级以上的绿色建筑项目数量超过100多宗，建筑面积总规模已达500多万平方米。

二、惠州市建筑节能、绿色建筑的现状分析

（一）"十二五"期间，惠州市已经着手建筑节能和绿色建筑方面的工作。2009年出台的《关于推行太阳能热水系统与建设工程建设一体化的通知》，使惠州市太阳能热水系统在"十二五"期间得到强制执行和长足的发展。

（二）"十二五"期间，惠州市新型墙体材料也得到强制推广和实施。如新建建筑已经杜绝了"实心黏土砖"的使用，"加气混凝土、预拌商品混凝土、预拌砂浆"随着验收政策得以落实，在新建建筑中基本上难觅传统旧建材。建筑外墙门窗的"三性（气密性、水密性和抗压性能）"也日渐提上建筑节能验收的日程。其他建筑节能方面的验收与屋顶隔热系数检测、外墙得热系数与隔热检测、外窗隔热检测等也正逐步推进。

（三）"十二五"期间，全市新建建筑设计阶段执行建筑节能标准和施工图节能备案比例达100%；新建建筑施工阶段建筑节能强制性标准执行率达100%；同时，新增太阳能应用面积达50.47万平方米；有近400栋的政府办公楼和大型公共建筑完成了能耗统计、审计；有近10栋公共建筑完成了能耗监测平台建设。

（四）"十二五"期间，全市完成散装水泥供应量3794万吨和使用量3190万吨，预拌混凝土使用量达3660万立方米，预拌砂浆3.1万吨；自2015年3月起，全市新开工项目必须使用预拌砂浆，建筑设计单位在建设工程项目施工图设计文件中，必须注明使用预拌混凝土、预拌砂浆等级强度等具体要求。

（五）"十二五"期间，全市大力推广使用新型墙材，不断提高墙材产品质量和档次，拓展新型墙体新品种。目前，全市共有71家新型墙体材料生产备案企业，年生产能力近959万m^3，新型墙材总产量约占广东省10%以上，产品包括混凝土多孔砖、蒸压泡沫混凝土砖、蒸压加气混凝土砌块、普通混凝土小型空心砌块、蒸压粉煤灰砖、建筑用轻质隔墙条板、纤维板材、纸面石膏板等。市区和各县区内建设项目全部使用新型墙体材料，新型墙体材料使用占总墙体的比例达99%。

（六）"十二五"期间，惠州市累计获得绿色建筑设计评价标识的建筑项目总数为34个，总建筑面积为258.5万m^2。按绿色建筑设计标识评价等级分类，其中一星级设计标识项目25个，建筑面积为172.08万m^2，二星级设计标识项目8个，建筑面积为83.11万m^2；按建筑类型分类，住宅类设计评价标识项目17个，建筑面积为185.13万m^2，公共建筑类设计标识项目16个，建筑面积为66.77万m^2，工业建筑类设计标识项目1个，建筑面积为6.6万m^2。

（七）在"十三五"开局后，绿色建筑标识评价工作稳步推进。截至2017年10月，

惠州市绿色建筑面积（按已经获得绿色建筑设计标识认证的项目）已经超过 500 万平方米，其中一星级设计标识有 53 个，建筑面积 534 万平方米；二星级设计标识有 17 个，建筑面积 18.34 万平方米。

三、惠州市建筑节能与绿色建筑发展目标

（一）全市新建建筑严格执行建筑节能标准。到 2020 年末，新建建筑设计、施工阶段建筑节能标准执行率达到 100%。

（二）因地制宜推进既有建筑节能改造，加强用能系统管理，逐步提升能效水平，继续推广可再生能源建筑应用，推进可再生能源在建筑中的规模化应用，重点推进太阳能技术应用，建立利用太阳能等可再生能源的示范工程（含示范小区）。

（三）到 2020 年末，设区的市和县级市城区范围内全部实现"限黏"，有条件的城市向"禁黏"推进；在所有县城规划区范围内实现"禁实"，并推动乡镇"禁实"，有条件的县城向"限黏"推进。

（四）到 2020 年末，符合国家产业政策的新型墙体材料生产比例达 90% 以上，新型墙体材料应用比例达 100%，新型墙体材料生产技术与装备水平显著提升，产品质量明显提高，产品结构进一步优化，形成了符合绿色墙材评价指标要求的新型墙体材料体系，建成若干特色鲜明的新型墙体材料生产企业（集团），基本实现从简单替代黏土砖向满足绿色节能建筑要求的功能型墙体材料升级，稳步推进惠州市发展预拌砂浆的生产、使用与发展，继续推动绿色搅拌站的创建工作。

（五）加快发展绿色建筑：推广绿色建材生产和绿色施工，以及节能门窗、绿色照明、屋顶绿化、水源热泵、太阳能利用和智能化控制等技术和产品。

（六）推进绿色小区建设：到 2020 年底前，城市新建建筑全面按绿色建筑标准规划设计建设。

（七）推广应用绿色建材，建设工程混凝土和砂浆全部使用预拌混凝土和预拌砂浆。推广应用安全耐久、节能环保、施工便利的绿色建材。

（八）采取引导措施，鼓励开发、设计、构配件生产、施工、科研和咨询服务等单位组建产业集团、联合体或联盟，打造完整产业链；鼓励有实力的大型施工企业，走设计、施工一体化道路；研究制定相关管理制度，提升合同能源管理服务、绿色建筑咨询和检测、建筑能效测评、节能量审核、绿色建材检测和认定等机构水平；加强专家队伍建设，强化对建设、设计、施工、监理、物业单位和有关管理部门人员培训，将相关知识列入继续教育培训、执业资格考试的重要内容。

（九）培育 BIM 技术应用骨干企业，惠州市甲级勘察、设计单位要成立 BIM 技术中心，特级、一级总承包施工企业要把 BIM 技术应用纳入企业技术中心工作内容，造价、咨询服务类企业要大力发展 BIM 技术，建设 BIM 技术应用示范工程，总结不同类型不同阶段项目的 BIM 应用经验，以点带面地带动其他项目推广应用，发挥示范作用，鼓励有条件的县（市、区）在绿色生态城区、生态组团和生态社区成片推广 BIM 应用。

第三节　惠州市建筑节能产品与绿色建材现状与发展

一、惠州市建筑节能产品与绿色建材的现状

（一）全市各县区新建建筑采用建筑节能的产品包括混凝土多孔砖、蒸压泡沫混凝土砖、蒸压加气混凝土砌块、普通混凝土小型空心砌块、蒸压粉煤灰砖、建筑用轻质隔墙条板、纤维板材、纸面石膏板等。

（二）全市辖区内建设项目全部使用新型墙体材料，新型墙体材料使用占总墙体的比例达 99%。

（三）建筑节能产品基本按照省厅颁发的《广东省建筑节能技术产品推荐名录》的产品进行验收。

二、惠州市建筑节能产品与绿色建材的发展与展望

（一）到 2020 年末，设区的市和县级市城区范围内全部实现"限黏"，有条件的城市向"禁黏"推进；所有县城规划区范围内实现"禁实"，并推动乡镇"禁实"，有条件的县城向"限黏"推进。

（二）到 2020 年末，符合国家产业政策的新型墙体材料生产比例达 90% 以上；新型墙体材料应用比例达 100%。

（三）新型墙体材料生产技术与装备水平显著提升，产品质量明显提高，产品结构进一步优化，形成符合绿色墙材评价指标要求的新型墙体材料体系，建成若干特色鲜明的新型墙体材料生产企业（集团），基本实现从简单替代黏土砖向满足绿色节能建筑要求的功能型墙体材料升级。

（四）稳步推进惠州市发展预拌砂浆的生产、使用与发展，继续推动绿色搅拌站的创建工作。

（五）建立健全绿色建材标识评价体系管理制度，启动绿色建材评价标识功能工作，鼓励企业研发、生产绿色建材，优化墙体材料产品结构和种类，培育地区主导产品和品牌，鼓励企业做大做强，提升产品档次，大力扶持当地企业通过绿色建材标识评价。

（六）加强外围护结构采用绿色建材、绿色门窗、绿色屋顶的推广工作：推广绿色建材生产和绿色施工，以及节能门窗、绿色照明、屋顶绿化、水源热泵、太阳能利用和智能化控制等技术和产品，促进建筑产业现代化转型，科学合理利用资源，加强建筑废弃物资源化利用的研发和推广，促进建筑物废弃物资源化利用，提高资源循环利用水平。

第四节　惠州市可再生能源在建筑中的应用

一、惠州市可再生能源产业的发展现状

（一）2009 年，惠州市规划建设局《关于推行太阳能热水系统与建筑工程建设一体化的通知》明确规定：多层（六层）及以下的新建居住建筑（村民住宅除外）和实行集中

供应热水的医院、学校、集体宿舍、幼儿园、餐饮、酒店、游泳池等公共建筑热水消耗大户，应当采用太阳能热水系统与建筑一体化技术；对具备利用太阳能热水系统条件的多层及以下的民用建筑，建设单位应当采用太阳能热水系统；政府投资的民用建筑，应积极带头采用太阳能热水系统。通过6年来的不懈努力，惠州全市在酒店、学校、医院特别是广大农村地区的新建建筑、既有建筑绝大多数均安装相应规模的太阳能热水系统，太阳能热水系统在惠州已经得到长足的发展。

（二）2013年，龙门垃圾焚烧发电厂，踏出了惠州市在垃圾收集、回收再发电的生活垃圾废弃物的资源利用方面坚实的一步。随后，2015年，博罗县垃圾焚烧发电厂投产，紧跟其后的是惠阳区垃圾焚烧发电厂、惠东县垃圾焚烧发电厂，它们先后在2017年建成投产，而亚洲最大的焚烧发电厂也在惠城区卢兰镇开工建设，预计2020年前能按期发电投产。

（三）2017年，惠州首个风力发电项目——广控东山海一期正式并网发电，标志着惠州在清洁能源开发上又取得新进展，另外惠州已经对惠东正能量陶瓷安墩、龙门保利协鑫、博罗龙溪电镀基地、惠城马安光电项目等太阳能光伏发电项目进行立项建设，积极推广太阳能光热、光电设备、普及风、光电互补路灯等。

（四）《2017年惠州市建筑节能与绿色建筑发展工作计划》（以下简称《工作计划》）中，明确要积极推动可再生能源建筑规模化应用的目标。

二、惠州市可再生能源在建筑应用的发展规划

（一）积极推动以太阳能为重点，包括浅层地能、生物质能、风能等可再生能源在建筑中的应用，严格执行省制定的可再生能源在建筑中应用的设计、施工、验收标准和技术导则。落实惠州市太阳能热水系统与建筑工程建设一体化政策，鼓励推动太阳能光伏建筑一体化项目建设。政府投资的公共建筑项目应带头使用太阳能光热光电等可再生能源系统。（示范性建筑为：市住房和城乡规划建设局、发展改革局、经济和信息化局、财政局）。

（二）在开展可再生能源应用试点示范的基础上，重点推动可再生能源建筑应用的集中连片推广。对节能效果及示范带动效应较好的项目给予适当奖励，截至2018年底，示范建筑可再生能源使用量占建筑能耗总量的比例达到10%以上。（示范性建筑：市住房和城乡规划建设局、发展改革局、经济和信息化局、科技局、财政局）。

（三）大力推广可再生能源在建筑中的应用，加大太阳能、地热能等可再生能源在建筑应用中的宣传力度，在新建、扩建和改造的学校、医院、酒店、工厂集体宿舍等建筑中，具备太阳能应用条件的，积极推广使用太阳能热水。对有条件的地区，推广应用地（水）源热泵空调、热水系统或其他可再生能源系统。推广太阳能光伏发电在建筑屋面（包括公共建筑和工业厂房的大跨度屋面）的应用。

（四）进一步抓好可再生能源建筑应用城市示范及农村地区县级示范。通过出台法规、政府令等方式，统筹规划，做好可再生能源集中连片推广应用的工作，对适合本地区资源条件及建筑利用条件的可再生能源技术进行强制推广。加大在公益性行业及城乡基础设施推广应用力度，使太阳能等清洁能源更多地惠及民生。积极在国家机关等公共机构推广应用可再生能源，充分发挥示范带动效应。

（五）继续大力发展垃圾焚烧发电厂，推广世界级垃圾焚烧发电技术，确保全市环境安全舒适，打造绿色生态山水城市。

（六）根据规划，惠州将积极开发利用可再生能源。例如，在风电场开发建设上，适度开发风资源丰富地区的陆上风电，有序推进广控东山海风电场二期、华润惠东桃园、国电电力惠东斧头山、卡子嶂、莲花山等陆上风电建设，启动港口海上风电建设，逐步形成沿海风电规模化发展。到 2020 年风电装机规模力争达到 30 万千瓦。

（七）惠州还将力推太阳能光伏发电。鼓励各类社会主体投资建设屋顶分布式光伏发电，重点推进惠东正能量陶瓷安墩、龙门保利协鑫、博罗龙溪电镀基地、惠城中电太阳能公司马安等光伏发电项目建设。积极推广小型太阳能光热、光电设备，普及风、光、电互补路灯。到 2020 年太阳能光伏发电装机规模预计达到 10 万千瓦。

第五节　惠州市建筑工程中实行绿色施工方面的行动

一、惠州市建筑工程推进绿色施工的现状和发展状况

（一）惠州市的建筑工程在推行绿色施工方面还处在起步阶段。由于惠州市还不属于广东省关于房屋建筑工程推进绿色施工试点市，因此惠州市的绿色施工推进工作比较缓慢，各县区在推行绿色施工工作上还没形成全市性的规定动作。但因为 2017 年，博罗、龙门、惠东等县都在申报国家级、省级文明县城活动，在此期间这三个县城内的施工工地基本是按《广东省住房和城乡建设厅关于建筑工程绿色施工的管理规定（暂行）》来推进本地绿色施工工作。

2. 惠州市住房和城乡规划建设局联合惠州市建筑业协会在 2017 年举办过两期全市施工、监理、房地产企业等从业人员的绿色施工规范培训，为推进惠州市建筑工程绿色施工工作打下了基础。

（二）技术创新在绿色施工中的研究与应用

1. 全市各县区在绿色施工方面仍处于低级阶段，因此在推进"四节一环保"的绿色施工方面还没形成有效经验，而技术创新层面仍然落后；

2. 考虑到惠州市云集了众多著名房地产企业，其中包括万科、恒大、碧桂园、绿地、保利等优质房地产企业早已进驻惠州，加上有中国建筑、中海建筑等一大批全国具有影响力的施工企业，相信惠州很多工地在绿色施工方面仍然具有较高发展水平，只是在绿色施工管理总结和推广方面有待加强。

第六节　惠州市装配式建筑

一、惠州市装配式建筑的现状

（一）全市装配式建筑绝大多数集中在新建的工业轻钢厂房项目上，每年约有 200 万平方米建有装配式钢结构体系，而属于装配式混凝土结构的项目则相对要少得多，如个别项目采用预制楼板和预制墙板，这样的项目一年不到 10 万 m^2。

（二）全市装配式建筑企业总共有 4 家，分别位于惠城区 1 家，惠阳区 2 家，大亚湾区 1 家，年产还是以中建钢构企业生产的装配式钢结构为主，且大多销往深圳、东莞等外地市。

二、惠州市装配式建筑的发展趋势

（一）加快装配式建筑产业基地建设，落实试点项目，稳步提高装配式建筑比例；鼓励发展预制装配式钢筋混凝土结构体系和钢结构体系；推广楼梯、叠合楼板、阳台板、空调板等预制部品和整体厨卫；推行装配式建筑部品部件认证制度，实现部品部件的系列化、标准化和通用化。

（二）加强落实装配式混凝土结构体系的扶持政策：对在新型建筑工业化项目中使用预制墙体的部分，经相关部门认定，视同新型墙体材料，可优先返还预交的新型墙体材料专项基金和散装水泥专项基金。对引进大型专用先进设备的新型建筑工业化基地，其所属企业可享受与工业企业相同的贷款贴息等优惠政策。对购买采用新型建筑工业化方式建设的住宅的消费者，在个人住房贷款服务、贷款利率等方面给予支持。对企业为开发新型建筑工业化新技术、新产品、新工艺支出的研究开发费用，符合条件的可以在计算应纳税所得额时加计扣除。企业在提供建筑业务的同时销售自产部品构件的，对部品构件销售收入征收增值税，对建筑安装业务收入征收营业税，符合政策条件的给予税收优惠。

第七节　惠州市绿色建筑星级项目展示（部分）

一、隆生．金山湖中心

该项目位于惠州市惠城区，建设单位为惠州市隆生房地产有限公司。本项目含住宅及商业综合楼，建筑面积约 50 万 m^2（图 1）。绿色建筑评价星级：国标二星。

图 1　隆生．金山湖中心效果图

二、云创国际广场 AB 区

该项目位于惠州仲恺高新区陈江街道青春村、东升村及潼侨镇金星片区 ZKC-064-07 号地块，建设单位为惠州碧科科学城发展有限公司。本项目总用地面积 97 391m²，总建筑面积 263 473.43m²，项目地上由 30 栋低层与高层建筑组成，地下 2 层（图2）。绿色建筑评价星级：国标二星。

图2　云创国际广场 AB 区效果图

三、水岸丽都

该项目位于惠州市博罗县，建设单位为博罗县成峰实业有限公司。本项目总建筑面积 256 290.45m²，楼层地上 28 ～ 30 层，地下 2 层（图3）。绿色建筑评价星级：国标二星。

图3　水岸丽都效果图

四、家和十里水湾花园二期横大派洲公寓楼

该项目位于惠州市龙门县麻榨镇，建设单位是龙门县嘉晋开发投资有限公司。本项目总建筑面积25364.79平方米，地上15层，地下1层（图4）。绿色建筑评价星级：国标二星。

图4　家和十里水湾花园二期横大派洲公寓楼效果图

五、家和十里水湾花园二期横汉岛公寓楼

该项目位于惠州市龙门县麻榨镇，建设单位为龙门县嘉晋开发投资有限公司。本项目总建筑面积35 602.92平方米，地上16层，地下1层（图5）。绿色建筑评价星级：国标二星。

图5　家和十里水湾花园二期横汉岛公寓楼效果图

六、惠东县中医院新建项目

该项目位于惠东县大岭镇大洲村后面村民小组和大龄社区惠平村民小组之间的公山。项目总造价 3.8 亿元，总用地面积 57 982m²，总建筑面积 42 000m²，新建一栋 3 层门诊医技楼、1 层附属用房，并配套完成院内给排水、供电、围墙、大门、道路、绿化、管网等设施（图6）。本项目开发主体综合医疗床位 400 张。按照三等甲级中医院标准建设。绿色建筑评价星级：国标二星。

图6　惠东县中医院新建项目效果图

七、博罗县人民医院新院建设项目

该项目位于罗阳街道办水西村委会白狗岗（土名）地段，按三级甲等综合医院标准建设，设计床位 1000 张。项目总用地面积 107 884m²，总建筑面积 155 000 m²，其中地上建筑面积 115 000 m²，地下室（地下车库）面积 40 000 m²。总机动车停车位 1700 个，其中地上 700 个，地下 1000 个。另有地上非机动车停车 2000 m²。主要建设内容为门诊医技综合楼、住院楼、行政公寓综合大楼、精神病楼、传染病楼、污水处理系统、机电工程（锅炉房、变压器、发电机等）辅助配套设施用房以及绿化景观工程、照明广场道路等配套工程（图7）。绿色建筑评价星级：国标二星。

图 7　博罗县人民医院新院建设项目效果图

此外，惠州市国标二星绿色建筑项目还有惠州学院科技产业大楼（教学实验大楼二期）、博罗县社会养老服务中心、博罗县中医医院异地搬迁新建项目、南昆山慕思嘉华森林生态康养基地一期（第 11－6 地块）、罗浮紫苑等项目。

惠州市国标一星绿色建筑项目有惠阳雅居乐花园四期、万科双月湾花园、隆腾盛世花园项目、隆生仲恺花园 3 区、惠东嘉旺花园、佳兆业山海湾、美丽洲花园、恒大雅苑、御水龙庭、皇冠花园、华泓·星岸城（三期）、五矿·哈施塔特、碧桂园·九龙湾、佳兆业东江新城、荣盛御湖观邸、富茂海滨城、惠东县合正东部湾、方圆·东江月岛等项目。以上项目资料均由广东建工审图咨询有限公司提供，且这些项目的施工图审查均由广东建工审图咨询有限公司完成。

广东建工审图咨询有限公司（原名博罗县建工施工图审查有限公司）于 2001 年 8 月经广东省住房和城乡建设厅批准成立，专业从事房屋建筑和市政工程项目的施工图设计文件审查工作。经广东省住房和城乡建设厅认定，现具备一类房屋建筑（含超限高层）工程、一类市政基础设施（道路、桥梁、隧道、公共交通、风景园林）工程、二类市政基础设施（给水、排水、环境卫生）工程施工图设计文件审查资质。

公司拥有强大的专业技术队伍和高效智能化的施工图审查办公系统，在绿色建筑方面拥有包括梁志华会长在内的建筑、结构、给排水、电气、暖通等 5 名全专业的惠州市绿色建筑委员会专家。从业 18 年来，分别完成了全市大小工程项目施工图审查工作近 12000 项，审查房屋建筑面积合共 11787 万平方米，审查市政项目工程规模达 674.6 亿元。

公司是惠州市绿色建筑与建筑节能协会会长单位、广东省建筑节能协会理事单位、广东省勘察设计协会理事单位。企业信用等级被行业协会评定为"AAA 级"。

第五章 佛山市建筑节能与绿色建筑总体情况简介

第一节 佛山市绿色建筑发展现状

一、佛山市政府绿色建筑相关政策文件

佛山市出台了《佛山市建筑节能管理办法》《关于加快推广绿色建筑的意见》《佛山市人民政府办公室关于印发佛山市绿色建筑行动方案的通知》（佛府办函〔2012〕704号）、《印发关于解决推广绿色建筑中若干问题的指导意见》《佛山市禅城区人民政府办公室关于印发禅城区开展广东省低碳区试点工作实施方案的通知》（佛禅府办〔2012〕57号）等相关文件，在此基础上探索了一套行之有效的管理机制和管理模式、配套政策，基本形成了一套较完善的建筑节能和绿色建筑政策体系。

二、佛山市绿色建筑的现状

佛山市以打造"绿色建筑之城""建设低碳城市"为核心战略，大力推进建筑节能和发展绿色建筑实践，建成了一系列从绿色建筑单体到绿色园区再到绿色城市的示范项目，推动城市建设发展在全国率先转型，绿色建筑呈跨越式发展态势，并取得了阶段性进展。早在2012年7月4日，为推动佛山市低碳绿色建设，推动绿色建筑的普及推广，佛山市政府下发了相关文件，并把佛山新城、禅城智慧新城、南海千灯湖金融高新区、高明西江新城，以及三水新城五个城市发展新区，纳入绿色建筑重点实施范围。

截至2017年11月的绿色建筑73个项目中，各类项目中数量比例分别为居住建筑占36%、公共建筑占63%、工业建筑占1%，项目建设面积比例分别为居住建筑占52%、公共建筑占47%、工业建筑占1%（图1）。各星级项目中数量比例分别为一星级建筑占73%、二星级建筑占25%、三星级建筑占2%，项目建设面积比例分别为一星级建筑占82%、二星级建筑占14%、三星级建筑占4%（图2）。

居住类和公共类绿色建筑从数量比例上看，公共建筑高于居住建筑，但从面积比例发现居住建筑反而高于公共建筑。从各星级绿色建筑上看，一星级和二星级为主，三星级相对较少。从面积体量角度而言，一星级建筑已经占到73%以上。由此可见，一星级项目成本增量不高，比较容易达到。按照"十三五"绿色建筑的规划要求，未来城市新建建筑要求全部绿色化。在地方政策的支持下，二星级项目增量成本压力不大，会激发佛山市实施二星级绿色建筑的动力，使二星级绿色建筑成为未来的主导。相对三星级绿色建筑体量和建设面积较小，总体增量成本较高，要因地制宜，从设计前期入手，降低增量成本，未来开发建设经过一定的努力和研发是可以达到要求的。

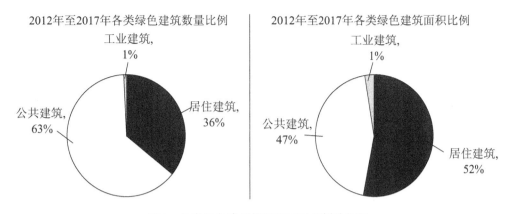

图1　各类绿色建筑数量和面积比例分析图

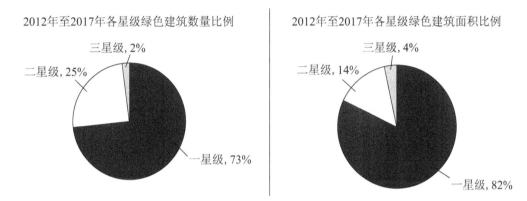

图2　各星级绿色建筑数量和面积比例分析图

　　绿色工业建筑自2012年以来，只有南海区有一个项目，虽然单项建筑面积占到总建筑面积的7%，绿色工业建筑的发展还是相对缓慢，但佛山市有着很好的产业发展为支撑，未来绿色工业建筑的发展潜力很大。

　　佛山市经过几年的摸索与实践，目前绿色建筑技术区域不断成熟，未来发展绿色建筑的零增量和递增量成本、技术运用越来越多，通过这四年的努力，佛山市的绿色建筑取得了非常显著的成绩，绿色建筑标识评价也逐步走向成熟，绿色工业建筑、超高层建筑等领域有待下一步的开发。

三、佛山市绿色建筑存在问题

　　（1）建筑节能能力建设依然不足。一是管理力量不足，部分城区对绿色建筑、既有建筑节能改造、可再生能源建筑应用等专项工作缺乏专门机构及人员进行管理，工作进度、质量等无法得到有效保障；二是部分地方资金投入不够，对建筑节能与绿色建筑发展方面的投入普遍不足，为各项工作的有序开展带来较大困难。

　　（2）新建建筑执行节能强制性标准仍有不到位的情况。一是部分城区对建筑节能设计规范性及精细度不够，一些审图机构对建筑节能方面的把关不严；二是施工现场随意变更节能设计、偷工减料的现象仍有发生；三是部分地区对保温材料、门窗、采暖设备等节能关键材料产品的性能检测能力仍然不足。

（3）部分区、单位对绿色建筑发展工作重视不够，自觉执行国家绿色建筑标准的积极性不高，工作协调配合力度有待加强。

（4）佛山市在制度执行层面，有利于绿色建筑的法规体系缺失。从中国目前法规体系来看，建筑节能立法体系相对完善，但是针对绿色建筑的立法工作，还没有开展。有利于佛山市绿色建筑发展的政策体系还没有形成，财政、税收、行政金融、激励奖惩等政策都没有建立。

（5）在2008—2014年的中国绿色建筑发展进程中，超过90%的绿标项目为设计评价标识项目，而获得运行评价标识的项目数量比例仅为7.1%。

四、佛山市绿色建筑发展趋势

根据佛山市各区已申报成功的绿色建筑项目提供的2012年至2017年数据，2017年11月，评审通过的项目有285个，建筑面积2722.96万 m^2。

（一）佛山市绿色建筑项目增长分析

据统计，2012年绿色建筑项目数量7个，建筑面积80.916万 m^2；2013年绿色建筑项目数量24个，建筑面积352.63万 m^2；2014年绿色建筑项目数量13个，建筑面积169.456万 m^2；2015年绿色建筑项目数量48个，建筑面积443.047万 m^2；2016年绿色建筑项目数量100个，建筑面积814.19万 m^2；2017年绿色建筑项目数量93个，建筑面积862.72万 m^2。

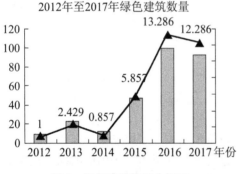

图3 绿色建筑数量分析图

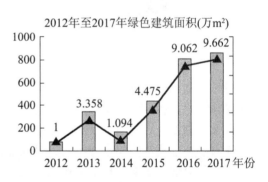

图4 绿色建筑面积分析图

如图3、图4所示如果以2012年为基准进行分析，2013年绿色建筑项目数量同比增长1.0倍，建筑面积同比增长1.0倍；2014年绿色建筑项目数量同比增长2.43倍，建筑面积同比增长1.10倍；2015年绿色建筑项目数量同比增长5.86倍，建筑面积同比增长4.48倍；2016年绿色建筑项目数量同比增长13.29倍，建筑面积同比增长9.06倍；2017年绿色建筑项目数量同比增长12.29倍，建筑面积同比增长9.66倍（截至2017年11月）。由此可见，佛山市自2012年以来绿色建筑项目数量已经呈稳步上升趋势，2013年开始稳步发展，建筑面积增长比例高于建筑数量，建筑面积逐步增多，呈可持续发展路线。

（二）佛山市各星级绿色建筑项目对比分析

据统计，2012年至2017年，一星级绿色建筑项目数量209个，建筑面积2240.538万 m^2；

二星级绿色建筑项目数量 70 个，建筑面积 390.945 万 m^2；三星级绿色建筑项目数量 6 个，建筑面积 91.47 万 m^2。

由图 5 和图 6 可见，南海区绿色建筑项目各星级发展居首位，其余依次为佛山新城顺德区、禅城区、三水区、高明区。其中一星级绿色建筑比例较大，除了南海区其他区暂时没有三星级的绿色建筑，高明区趋向高星级绿色建筑发展。从分析图中不难看出，绿色建筑的星级发展不均衡，各区发展差别较大。

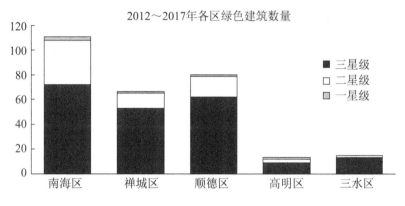

图 5　各星级绿色建筑数量分析图

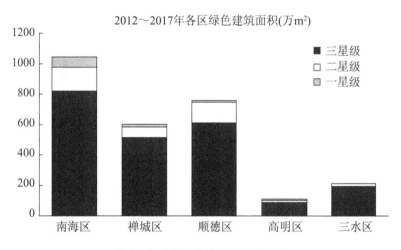

图 6　各星级绿色建筑面积分析图

（三）佛山市各类绿色建筑项目对比分析

据统计，2012 年至 2017 年，居住绿色建筑项目数量 102 个，建筑面积 1439.590 万 m^2；公共绿色建筑项目数量 181 个，建筑面积 1208.258 万 m^2；绿色工业建筑项目数量 2 个，建筑面积 71.13 万 m^2。

由图 7 和图 8 可见，南海区绿色建筑项目发展居首位，居住、公共和工业建筑相对比例发展较为均衡，其中禅城区、顺德区两个区绿色建筑发展也相对稳定，高明区、三水区两个区发展缓慢，禅城区、顺德区、高明区、三水区这四个区的工业建筑发展相对薄弱。

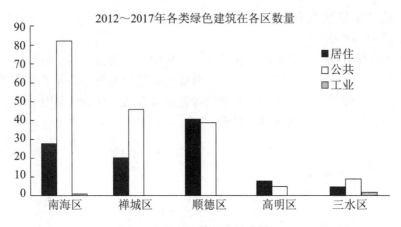

2012～2017年各类绿色建筑在各区数量

图7　各类绿色建筑数量分析图

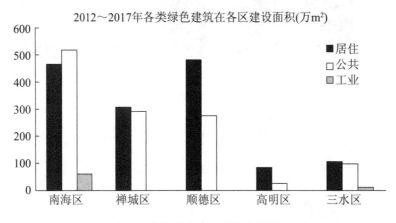

2012～2017年各类绿色建筑在各区建设面积(万m²)

图8　各类绿色建筑面积分析图

综上所述，绿色建筑大多还停留在绿色建筑设计标识阶段，设计标识只是将绿色建筑要求落实到施工图纸。但是从调研的部分绿色建筑来看，很多获得绿色建筑设计标识的绿色建筑在实际建成和运行后并不"绿色"，在落实施工图纸方面大打折扣，很多节能措施或者节水措施在设计图纸里有，但实际施工时由于其他原因而没有真正实施，这显然与中国发展绿色建筑的真正目的是相违背的，绿色建筑的运行标识才是最终的实施目标。

第二节　佛山市建筑节能与绿色建筑"十三五"规划的目标及主要任务

一、总体发展目标

（1）大力发展绿色建筑，积极推进绿色生态城区建设，逐步实现"三个转变"，即从单体绿色建筑向规模化绿色建筑转变、从低星级绿色建筑向高星级绿色建筑发展转变、从规模化绿色建筑向区域绿色生态城区转变。争取到2020年，绿色建筑占全市城镇新建民用建筑比例达60%及以上。

计划在"十三五"期间，全市每年绿色建筑发展目标不低于 520 万 m^2，五年共计发展绿色建筑 2604 万 m^2（具体年度分解见表1）。

表1 "十三五"期间佛山市建筑建设任务分解表　　　　单位：万 m^2

区　域	"十三五"期间建设任务完成目标	2016		2017		2018		2019		2020	
		绿色建筑	运行阶段绿色建筑	绿色建筑	运行阶段绿色建筑	绿色建筑	运行阶段绿色建筑	绿色建筑	运行阶段绿色建筑	绿色建筑	运行阶段绿色建筑
禅城区	470	90	4	90	4	90	4	90	4	90	4
南海区	790	150	8	150	8	150	8	150	8	150	8
顺德区	1040	200	8	200	8	200	8	200	8	200	8
高明区	152	30	0	30	0	30	0	30	1	30	1
三水区	152	30	0	30	0	30	0	30	1	30	1
合　计	2604	500	20	500	20	500	20	500	22	500	22

（2）积极发展低能耗建筑、可再生能源一体化应用建筑，开展既有建筑的绿色化改造。

（3）2016 年新建保障性住房执行绿色建筑标准的建筑面积比例不低于 90%，2017 年以后达到 100%。

二、指导思想

以科学发展观为指导，以国家建筑节能和绿色建筑"十三五"规划的指导思想为依据，以制度建设和强化监督为保证，把积极推进建筑节能和绿色建筑工作作为重要任务，切实执行建筑节能和绿色建筑标准，提升科技创新能力，加快绿色建筑建设，把绿色建筑发展与公益性和大型公共建筑、保障性住房建设、城镇旧城更新等惠及民生的实事工程相结合，促进佛山市人居环境品质的全面提升。

三、发展原则

（1）全面推动，突出重点：点面结合，在着眼全局的同时，抓重点项目。

（2）因地制宜，分类指导：总结"十二五"期间的经验和教训，要特别强调因地制宜。

（3）政府引导，市场推动：绿色建筑在起始阶段需要政府的强力推动。

（4）立足当前，着眼长远：既要考虑现在的建设成本，也要考虑未来的运营成本，最终必须建立起以全寿命周期为导向的管理体系。

四、发展战略

从单体绿色建筑向规模化绿色建筑转变，从低星级绿色建筑向高星级绿色建筑发展转变，从规模化绿色建筑向区域绿色生态城区转变。

以创新的思路，从体制机制、政策措施等各个方面，建立起有利于绿色建筑发展的法制环境和相应的技术体系、政策体系和产业体系。从政策层面调动大家对于绿色建筑的主动性、积极性，同时应建立配套的税收政策、金融政策和行政政策等为绿色建筑的发展提供一切可能的扶持。

五、发展建设时序

本规划的绿色建筑分期建设遵循总体规划的分期建设策略，将开发过程分为四个阶段，即近期建设阶段（2016 年）、中期发展阶段（2017—2018 年）、中长期发展阶段（2018—2020 年）、远期发展阶段（2020 年以后）。

（一）近期建设——示范带动

2016 年，绿色建筑的工作重点仍在新城区、财政投资、国有资金占主导、大型公建等新建示范项目上，在建筑进行初步设计时就进行与绿色相关的室外环境、暖通、给排水、电气、智能化和室内环境适宜性技术考虑，使绿色建筑设计伴随建筑方案诞生，充分起到示范带动作用。

（二）中期发展——重点发展

2017 年—2018 年间，绿色建筑的工作重点在于发展新城区，通过新城区的带动，新城区高星级绿色建筑布局构架基本形成。工业建筑围绕外环产业发展带，并结合产业发展布局积极开展绿色工业建筑。

（三）中长期发展——全面发展

2018 年—2020 年间，绿色建筑的工作重点在于全面发展中心城区，在城市中心和副中心重点发展的基础上，全面形成绿色建筑布局框架。对于绿色工业建筑，以狮山和大良—容桂副中心为重点，带动周边组团发展路线。通过利用这些设计标识阶段的绿色建筑步入运行阶段的实际效果，带动整个佛山市的高级绿色建筑比例全面达到均衡的发展水平。

六、评价体系指引

（一）规划控制

（1）人均居住用地面积是住宅建筑整体节地的关键，在当前的规划阶段，尚未明确建筑的户数和规划地块承载的人数，因此仍以容积率控制来进行考察。如果按着每户 100 m^2 建筑面积，每户 3.2 人的规划指标，可以粗略地对应算出，每人 15 m^2 居住用地面积对应容积率 2.2，每人 11 m^2 用地面积对应容积率 2.5。

对公共建筑从容积率上进行控制，是新标准的新加内容。城市中公共建筑用地占有 40% 甚至更高的比例，目前城市规划和建设中，某些公共建筑，尤其公共服务类建筑的容积率过低，造成了严重的土地浪费。

（2）绿地地块内的绿地，与城市的绿化地块一并构成生态城市的植物环境。健康和高比例的绿地率是生态城区的重要组成部分，它与雨水控制和城市热岛效应具有强关联关系。绿地率新区建设达到 30%，旧区改造达到 25%，工业建筑透水良好地面占场地的 28%。

（3）场地噪声主要指来源于交通干线的交通噪声。虽然主要交通干线两侧，在规划中加设了绿化带，可以起到减轻场地噪声的作用。但在建筑落成后，对位于较高楼层的建筑使用者而言，这种作用是微弱的。

（二）公共服务

1．停车率

居住区内居民小汽车的停放已成为普遍问题。汽车停车率的提高要考虑对地面环境的控制，要控制地面停车数量，达到地面停车率不宜超过10%的控制指标。住宅小区内地面停车采用立体方式，对于节约用地具有明显作用。

2．公共服务设施

住宅附近的公共服务设施，保证着居民生活的便利性。良好的绿色建筑本着以人为本的宜居原则打造，提供便利的公共服务。小区场地出入口到达幼儿园的步行距离不超过300m；到达小学的步行距离不超过500m；到达商业服务设施的步行距离不超过500m；场地1000m范围内应设有多种公共服务设施。

3．公共交通

公共交通在住宅建筑的评价体系中占3%的评分值。在良好的绿色交通规划条件下，城区所有地块的公共交通都可以保证较高程度的得分。

（三）生态环境

1．雨水调蓄控制

雨水调蓄控制是指在建筑地块内合理地控制雨水，能够保证雨水本地渗透涵养，又不因过度控制而减少外排雨水量，进而影响本地水系稳定性。在评价时，居住建筑与公共建筑的评价类似，按控制性详细规划的绿地率控制指标计算地块内绿地面积。绿地面积不小于10000m²。

2．热岛强度

佛山市除个别区中心外，区周边建设还处于起步期，当前的热岛效应并不明显，佛山市属亚热带季风性湿润气候，但随着新城的城市化快速发展，很容易演化出城市热岛。推荐采用热岛强度≤1.5℃作为新区的衡量标准。但在多种条件因素未确定的规划阶段，很难通过模拟准确地给出模拟量，应用措施性手段来进行宏观控制。

3．建筑物朝向

按照未来总体规划地块的轮廓形状，计算地块东西跨度和南北跨度的比值，从而根据比值确定南北朝向建筑。南北朝向的建筑，有更好的条件去利用自然生态资源——阳光，无论是室内自然采光环境，还是冬季建筑得热都可以从中受益。

（四）可再生能源利用

可再生能源利用方面，居住建筑与公共建筑地块类似，选取太阳能光热和光电利用作为可再生能源方面的核心影响因子。实施时，将此因子与建筑物高度进行挂钩，结合地块内的建筑限高，低于十二层（含十二层）地块内的新建建筑在屋面和立面上有更好的条件利用太阳能光热。

（1）太阳能热利用。在城市推广普及太阳能一体化建筑、太阳能集中供热生活热水工程；在农村和小城镇推广户用太阳能热水器。

（2）太阳能发电。光伏发电系统可充分挖掘光伏产业与本地市场应用的可能性，在佛山市推广光伏发电系统。

（3）热泵技术。积极推广空气源热泵技术，在适合的条件下推广地热源热泵制热水及空调技术。

第三节　佛山市绿色建筑实施与技术指引

一、实施策略

在政策指导下，绿色规划先行、绿色设计关键、绿色施工保证、绿色监管制度化；确保新建绿色建筑落实，推进既有建筑的节能改造；设立绿色建筑专门管理机构；加强扶持绿色建筑技术专门研究部门；在政策导向、公众参与、商业运作、法规标准指导等各方的结合下，使不同利益团体均从中受益，必能有效推进建筑市场向绿色转型。

二、技术指引

（一）评价体系引领

根据国家和地方的绿色建筑评价标准的解读，抽取绿色生态城区内绿色建筑评定的规划控制、公共服务、生态环境、可再生能源利用、再生水资源利用、区域影响等因子，形成评价体系，对各类片区进行控制和调整。对绿色建筑及建筑全寿命周期规划立项、用地审批、设计、施工和运行管理等阶段进行综合评定。

（二）绿色建筑标准实施

为更进一步落实国家绿色建筑标准和省建筑节能相关规定，指导绿色建筑规划编制具体技术措施的实施，需要在能源系统、给排水系统、建筑材料、室内环境、施工管理和运行管理等方面进行控制。

三、实施路径

以先期绿色建筑作为佛山市绿色建筑示范区域，结合佛山市整体空间布局，明确不同星级绿色建筑适合中心、副中心、影响各镇落实绿色建筑评价标准的因素，进而对绿色建筑分布地块适宜性进行评价，从而形成不同绿色建筑星级潜力建设在建设用地上的空间布局。实施路径框架图见图9。

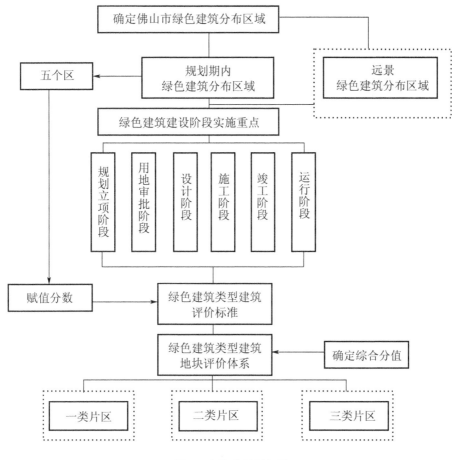

图9 实施路径框架图

四、绿色建筑建设实施的任务

（一）规划立项阶段

（1）根据项目性质、影响研究绿色建筑目标。针对不同的项目类型（公共建筑、居住建筑）以及项目的重要程度等因素，提出合理的绿色建筑建设意向。

（2）进行环境评价，编制环境评价报告，确保用地内不受污染（土壤、气、噪声等），并对建设项目保护生态环境进行评估。

（3）进行合理的建筑选址，对用地现状进行深入考察，确保不占用自然水系、湿地、基本农田、森林等保护区用地；发掘可被利用现状，如旧建筑利用、古树名木、建筑地形等。

（二）用地审批阶段

（1）确立合适的规划建筑技术经济指标。用地指标和绿化指标满足相关标准和当地规划指标。

（2）与周围地区公共服务资源共享，合理组织交通，人车分流，到达公共交通站点便利。充分有效利用旧建筑。

（3）规划布局满足日照、采光、通风要求，不对周围建筑产生不良影响。采用相关措施改善室外热环境。

（4）制定给排水系统方案，统筹综合利用各种水资源，控制水污染。

（三）设计阶段

1. 绿色建筑与结构专业

（1）建筑总平面考虑自然通风。

（2）合理的建筑功能划分和利用，合理开发地下空间。

（3）建筑细部和构造精心处理，考虑建筑门窗大小、形式、位置。满足相关规范对室内日照标准、采光系数、视野、室内背景噪声、构件隔声要求、换气次数等的要求。

（4）简约的建筑体型和外立面设计，处理体量满足日照标准，有利于自然通风。高层建筑能防止风啸声发生。采取建筑外遮阳措施，合理选择建筑色彩。

（5）按《公共建筑节能设计标准》广东省实施细则、《夏热冬暖地区居住建筑节能设计标准》进行有效的热工设计和计算，采用热工性能指标达标的围护结构，防止室内表面结露、发霉。

（6）进行建筑室内外环境模拟，对规划和设计的室内外风、光、热及声环境进行计算机仿真，能优化设计并为绿色建筑申请提供证明。

（7）采用资源消耗和对环境影响小的建筑结构体系，并对结构体系进行优化，或者采用工业化住宅建筑体系。

（8）进行无障碍设计。

2. 绿色建筑暖通空调专业

（1）根据标准要求，选择合理的室内外计算参数、新风量指标。根据项目特点，选择合理的空调形式，利用自然通风，降低空调系统能耗或减少空调面积。

（2）按照规范要求，进行合理的空调系统设计，选择合适的冷热源及配套设备来达到满足或高于节能标准要求的空调设备性能系数、输配系统各项指标，不采用电热锅炉、电热水器作为热源。

（3）对空调系统的冷热源、输配系统的能耗环节进行独立分项计量。

（4）选择高效节能的用能设备和系统。集中空调需要根据项目情况，考虑设置能量回收系统，采用可灵活调节的空调末端，合理采用蓄冷蓄热技术。

（5）采取措施改善室内空气品质，考虑设置室内空气质量监控系统。

（6）使用专业软件进行能耗模拟，空调和采暖能耗在满足节能标准的基础上，考虑采取节能技术手段使空调和采暖能耗低于"参照建筑"能耗的80%。

3. 绿色建筑电气照明专业实施关注重点

（1）建筑的用电指标（负荷）不超出佛山新城用电规划要求，并符合广东省及佛山市的相关规定。

（2）对空调系统用电、照明、办公设备、热水能耗等实现独立分项计量，提高能源的综合利用率。

（3）室内建筑照明功率值、室内照度、统一眩光值、一般显色指数满足照明标准要求。进行照明节能设计，采用高效灯具，尽可能采用智能控制系统，使设计参数达到标准提出的目标值。

4．绿色建筑给排水专业实施关注重点

（1）合理规划：综合利用各种水资源，制定合理的用水方案；规划雨水径流途径，增加雨水渗透量，降低雨水洪峰。

（2）分用途供水：景观用水不采用市政供水和地下水；绿化、洗车等用水宜用非传统水源；宜按用途设置计量水表。

（3）节水措施：采用节水器具和设备；采用避免管网漏损的措施。

（4）保证水质安全：使用非传统水源时保证水质安全，且不对周围环境与人体健康造成影响。

（5）技术经济性与合理性：非饮用水采用再生水时，优先选用集中再生水厂或选用合理的再生水源与处理技术；比较经济性，合理确定雨水蓄积量及利用方案。

5．绿色建筑园林与环境专业

（1）因地制宜进行绿化，选择合适植物。

（2）环境绿化植物形成错落层次群落，有一定量的高大树木。建筑绿化采用屋顶绿化、垂直绿化等多种绿化形式。

（3）合理设计室外地面质地，提供一定的室外透水地面面积，进行绿化遮阳，改善微气候环境。

（四）施工阶段

（1）健全绿色建筑施工管理，包括组织管理、规划管理、实施管理、评价管理和人员安全与健康管理五个方面。

（2）施工中注重环境保护，进行扬尘控制、噪声与振动控制、光污染控制、水污染控制、土壤保护、建筑垃圾控制以及地下设施文物和资源保护。施工现场必须做到：施工标牌应包括环境保护内容；应在现场醒目位置设环境保护标识；施工现场的文物古迹和古树、名木应采取有效保护措施；现场食堂应有卫生许可证，炊事员应持有效健康证明。

（3）从结构材料、围护及装修材料、周转材料、资源再生利用几个方面制定相应的施工节材措施。施工现场必须做到：根据就地取材的原则进行材料选择并有实施记录；有健全的机械保养、限额领料、建筑垃圾再生利用等制度。

（4）施工中应提高用水效率，进行非传统水源利用，保证用水安全。施工现场必须做到：签订标段分包或劳务合同时，应将节水指标纳入合同条款；应有计量考核记录。

（5）为保证施工过程的节能，现场必须做到：施工现场的生产、生活、办公和主要耗能施工设备应设有节能的控制措施；对主要耗能施工设备应定期进行耗能计量核算；不应使用国家、行业、地方政府明令淘汰的施工设备、机具和产品。

（6）施工场地布置应合理，并应实施动态管理；施工临时用地应有审批用地手续；施工单位应充分了解施工现场及毗邻区域内人文景观保护要求、工程地质情况及基础设施管线分布情况，制订相应保护措施，并应报请相关方核准。

（五）竣工验收与运行阶段

（1）制定并实施节能、节水、节材与绿化管理制度。资源管理制定相关的激励机制，使得物业的经济效益与耗能等直接挂钩。能源计量设备配备齐全，施行分项计量。物业管理通过质量管理体系认证。

（2）对运营过程中的废气、废水进行处理达到相关标准。制定垃圾管理制度。对垃圾进行有效处理、分类控制、回收利用，加强垃圾站管理。

（3）设备、管道的设置方便维修、改造和更换。对空调通风系统按照国家标准《空调通风系统清洗规范》（GB 19210）的规定进行定期检查和清洗。结合项目广播系统设计设置应急广播系统。

（4）智能化系统满足国家标准要求。建筑通风、空调、照明等设备自动监控系统技术合理，系统高效运营。

（5）采用无公害病虫害防治技术，规范杀虫剂、除草剂、化肥、农药等化学药品的使用，有效避免对土壤和地下水环境的损害。保证树木有较高的成活率，栽种和移植的树木成活率大于90%，植物生长状态良好。

（6）建筑车辆、人流交通组织合理。

（7）按照《广东省建筑节能工程施工质量验收规范》进行运营中相关项目的节能检测工程，应出具具有相应资质的第三方检测单位的检测报告。

第四节　保障措施及未来之展望

一、完善法律法规

建立健全佛山市绿色建筑法律法规和标准体系，是保证佛山市绿色建筑节能工作沿着法治化、规模化的轨道稳步前进的重要武器。

在已颁布实施的《佛山市建筑节能管理办法》《佛山市区墙体材料革新办法》《印发关于加快推广绿色建筑意见的通知》等管理办法的基础上，继续强化落实，详实总结，深入分析，健全建筑节能与绿色建筑法规规章的管理办法和具体措施。从2016年起，进一步建立与佛山市绿色建筑相关的法律、法规，力求形成"法律法规＋部门规章＋实施细则"，制定一系列可操作、可实施的地方性法规。

二、加强组织协调

进一步健全完善市政府推行建筑节能和发展绿色建筑联席会议制度，成立建筑节能与绿色建筑工作专责领导小组，协调建筑节能与绿色建筑相关的工作。佛山市住房和城乡建设主管部门负责建筑节能与绿色建筑的总体工作，统筹协调规划国土局、发改委、环保局等相关部门，分工负责建筑节能与绿色建筑各相关领域的工作。各职能部门和成员单位密切配合，明确任务，建立目标责任考核评价体系，逐项落实各项工作，从而合力高效推进佛山市建筑节能和绿色建筑工作更好地发展。

三、完善管理体系

（一）行政管理体系

佛山市政府制定并发布了《印发关于加快推广绿色建筑的意见的通知》（佛府办〔2012〕51号），文中要求加强绿色建筑行政管理工作。

"发展改革部门负责对绿色建筑项目立项审批、核准或备案进行节能评估审查时予以把关；国土主管部门负责在土地供应环节明确项目的绿色建筑级别标准与建设要求；规划主管部门负责对规划设计单位提出的绿色建筑指标体系、绿色建筑设计专篇进行审查；建设主管部门负责绿色建筑的建设监督管理工作，制定绿色建筑设计文件审查，实施过程监管、验收、评价等工作的管理细则；财政部门负责安排财政投资绿色建筑项目的建设资金，对项目工程概算及预算、结算和竣工财务决算进行审核。"

（二）绿色建筑建设阶段管理保障

1. 规划立项阶段

本阶段由建设单位委托设计咨询单位编制项目建议书并提交至发改部门。以划拨方式提供国有土地使用权的国土规划部门核发"规划选址意见书"。项目建议书应包括绿色建筑专篇、明确绿色建筑建设级别标准，对拟采用的绿色建筑技术进行可行性分析，并将绿色建筑成本费用列入投资估算。

2. 用地审批阶段

此阶段由设计咨询单位编制可研报告，国土规划部门出具规划、建筑设计条件，发出建设用地规划许可证。在规划部门审批前，宜聘请咨询单位进行绿色建筑预评估等绿色建筑咨询服务，以确保与规划相关的指标满足要求。

根据批准的项目建议书，编制可行性研究报告。可行性研究报告中应包括绿色建筑专篇、明确绿色建筑建设级别标准，对拟采用的绿色建筑技术进行可行性分析，并将绿色建筑成本费用列入投资估算。

3. 设计阶段

此阶段为设计单位进行方案设计、初步设计、施工图设计，国土规划部门负责对规划设计单位提出的绿色建筑指标体系、绿色建筑设计专篇进行审查。

设计单位应在设计文件中增加绿色建筑设计专篇，在施工图设计文件中应注明对绿色建筑施工与建筑运营管理的技术要求。绿色建筑咨询单位对设计提出绿色建筑要求，并对设计提出相应的意见和建议，同时可进行绿色建筑设计评价标识申报准备工作。根据佛建管函〔2012〕726号文要求，施工图设计完成后，设计单位应填写绿色建筑设计审查备案表，连同图纸一并交由建设单位报送施工图审查。审查合格的项目，施工图审查单位在绿色建筑设计审查备案表加具审查意见，审查人员实名签名，报建设主管部门审核同意后，办理施工图审查备案。施工图设计文件通过审查后，任何单位和个人不得擅自变更。如确需变更的，需按有关规定重新办理审查备案手续。审查不合格或未按要求进行绿色建筑设计审查备案的绿色建筑项目，建设主管部门不予办理施工图审查备案和建筑工程施工许可证明。建设主管部门负责绿色建筑的建设监督管理工作，制定绿色建筑建设文件检查、实施过程监督、验收、评价等工作的管理细则。

4. 施工阶段

施工阶段建设单位组织、施工单位实施工程施工。招投标管理部门受理招标方案的核准，建设主管部门核发"建设工程施工许可证"。工程质量监督站应当把绿色建筑技术系统分部分项工程纳入工程质量监督内容并编制专项监督方案。监理单位应根据绿色建筑设计内容制定监理细则，对施工组织方案进行审查。

绿色施工是在保证质量、安全等基本要求的前提下，通过科学管理和技术进步，最大限度地节约资源，减少对环境负面影响的施工活动，实现"四节一环保"（节能、节材、节水、节地、室内环境和施工管理）的建筑工程施工活动。实施绿色施工，应对施工策划、材料采购、现场施工、工程验收等各阶段进行控制，加强对整个施工过程的管理和监督。

5. 竣工验收

工程竣工验收前，项目应取得绿色建筑设计评价标识。在组织工程竣工验收阶段，验收文件中应包括相应的绿色建筑技术系统等专项验收报告。在申请办理工程竣工验收备案时，应将绿色建筑技术系统专项验收报告、绿色建筑设计评价标识证明文件与建筑节能验收备案等其他相关资料一并送建设主管部门办理。

项目竣工投入使用 1 年后，可以申请绿色建筑运行评价标识。

当建设项目参与"绿色建筑评价"时，绿色施工仅作为建设工程的一个环节参与评价，其涉及内容可参见《绿色建筑评价标准》（GB/T50378—2014）和现行的《广东省绿色建筑评价标准》（DBJ/T15 – 83—2017）。

6. 运行阶段

按照《广东省建筑节能工程施工质量验收规范》进行运营中相关项目的节能检测的工程，应出具具有相应资质的第三方检测单位的检测报告。

四、激励措施

（一）激励内容

（1）低能耗建筑激励。研究制定用于低能耗建筑的激励政策，并采用财政补贴、税费减免、资金奖励等手段，奖励低能耗建筑。

（2）建筑工业化项目激励。研究推动建筑工业化建设项目的激励政策，采用财政补贴、税费减免、低息贷款等手段，激励建筑工业化和装配式建筑项目建设。

（3）既有建筑绿色化改造激励。进一步推动既有建筑绿色化改造的激励政策实施，充分利用国家财政及市财政补贴资金，制定基于节能减排量或综合节能改造面积为基准的奖励标准。

（4）节能技术和产业激励。重点扶持对建筑节能减排效果突出、亟需发展的技术和产业，制定激励政策，采用税费减免、贴息手段进行奖励。

（5）建筑节能研究和服务机构激励。大力扶持建筑节能研究和服务机构，可以利用建筑节能专项基金，对从事建筑节能研究、咨询服务的优秀机构和先进个人进行奖励。

（6）可再生能源激励。优化可再生能源应用的扶持政策，严格确定扶持地区和对象，保证激励取得实效。

（二）资金激励

1. 资金筹措方式

（1）地方财政。地方政府提供基础建设资金，通过对基础设施建设以及配套设施建设，进行区域开发投入。

（2）开发集团的自有资金。

（3）银行贷款。可获得来自于政府性银行、商业银行、股份制银行在内的信贷资金。

（4）其他投资者。佛山市绿色生态城区的建设目标，将会吸引到能源供应企业（例如：电力企业、市政供热供冷企业等）、新能源服务公司、风险投资者、私募基金等投资者。

（5）其他融资渠道。由于绿色生态城区项目的实施能够有效实现二氧化碳的减排，在条件具备的情况下，可以考虑在国际碳汇市场上进行交易。另外，也可考虑通过绿色生态城区开发建设公司发行债券、股票、资产证券化等方式实现融资。

第六章　湛江市建筑节能与绿色建筑总体情况简介

2017 年，湛江市具备建筑行业企业资质的建筑企业有 241 家。其中：一级企业 24 家，二级企业 53 家，三级企业 95 家，劳务施工企业 29 家，预拌混凝土企业 40 家。资质范围覆盖施工总承包（包括建筑工程、市政公用、公路、水利水电、通信、机电等专业）、专业承包（包括地基基础、预拌混凝土、消防设施、防水防腐、钢结构、装修装饰工程等），资质范围和资质等级较为全面，基本适应湛江市目前建筑状况的需求。2016 年，湛江市建筑业增加值 127.49 亿元，比上年增长 9.7%，实现建筑业总产值 533.15 亿元，比上年增长 15.9%；实现利润总额 10.7 亿元，增长 19.4%；完成房屋建筑施工面积 3723.52 万平方米，同比增加 10.8%。

第一节　湛江市建筑节能与绿色建筑的总体情况

一、总体概况

湛江市高度重视建筑节能和发展绿色建筑。2010 年以来，湛江市政府陆续出台了《湛江市民用建筑节能管理办法》《关于加快推动湛江市绿色建筑发展的通知》等 7 份与建筑节能和发展绿色建筑相关的文件。湛江市政府实施的每年度对各县（市、区）政府节能目标责任评价考核工作中，建筑节能及发展绿色建筑工作涉及的发展绿色建筑、新建建筑节能标准执行率、"禁实限黏"及新型墙材应用、既有建筑节能改造等 5 项内容均列入考核评分指标。

2003 年，湛江市住房和城乡建设局成立了市墙体材料革新建筑节能办公室，2009 年列入参公管理单位，负责建筑节能日常管理工作。湛江市住房和城乡建设局设专责建筑节能工作领导小组，由局长任组长，分管领导担任副组长，成员为各相关科室站办负责人，领导小组负责对全市民用建筑节能工作进行指导、协调、监督，统筹解决工作中遇到的困难和问题。湛江市住房和城乡建设局将建筑节能和发展绿色建筑工作在局内进行分解，由局内 10 个科室（单位）按照职责分工分别做好相关建筑节能工作。各县（市）也成立了建筑节能管理机构，大部分和散装水泥办公室合署办公。

2016 年，湛江市住房和城乡建设局根据省住建厅下达的年度工作任务，制定发布了《湛江市 2016 年建筑节能与绿色建筑发展工作要点》（湛建管〔2016〕44 号）（以下简称《年度工作要点》），明确了全年全市建筑节能工作目标，将各项任务形成量化指标分解至各县（市、区），作为推动县域工作质量的考核内容予以督促落实。

2016 年，湛江市在监工程项目共 277 项，各级质监站、节能办涉及节能工程内容材料监督抽测 104 组。1～10 月，市区民用建筑节能设计审查备案的单体工程 88 项，总建筑面积约 135 万平方米;民用建筑节能分部工程质量验收备案的工程有 72 项,总建筑面积约 119 万平方米,设计阶段及施工阶段的建筑节能强制性标准执行率均为 100%。

2016 年,湛江市政府批准并安排专项经费,湛江市住房和城乡建设局组织编制的《湛江市"十三五"建筑节能和发展绿色建筑规划》,经市政府审定已于 2017 年 11 月发布,系统指导湛江市下一步工作。

2016 年 10 月,根据省住建厅的部署,湛江市住房和城乡建设局发文组织 2016 年度全市建筑节能与绿色建筑发展工作督查。督查工作分为各县(市、区)自查、湛江市住房和城乡建设局对市管项目及吴川市等 4 个县(市、区)的现场督查工作。其间湛江市住房和城乡建设局派出检查组共抽查工地 24 个,对项目的设计文件、节能报审、备案、施工图审查、施工组织、节能公示、竣工验收措施文件等进行现场核查,发出 8 份整改通知书,并要求相关县(市、区)建设局督促项目责任单位落实整改。湛江市住房和城乡建设局在 11 月初发文通报本次督查和整改落实进展,并将对整改不落实的责任单位进行行政查处。

二、建筑节能及绿色建筑重点工作

(一)狠抓新建建筑节能

经多年的探索和积累,湛江市已建立较完善的新建建筑节能监管机制,建筑节能在项目初步设计审查、施工图设计审查、建筑节能施工专项方案、检测台账、进场报验、样板引路、节能检测、分部分项验收以及节能分部验收备案工作等一系列环节均有明确的可操作的规章制度及技术文件。2013 年 11 月,湛江市住房和城乡建设局联合省建科院发布《湛江市建筑节能、绿色建筑设计说明专篇、施工图设计文件审查备案表(公共、居住建筑)》(以下简称《设计专篇》),并组织了行业单位培训及推广应用,湛江市建筑节能技术应用工作得到进一步规范。

自工程质量治理行动两年以来,湛江市住房和城乡建设局将工作重点放在全市建设管理单位、参建主体落实单位质量体系运作、各类项目负责人落实质量责任的监管,加强对各类单位质量行为结果的监管,促进建筑节能措施的落实。近年来,湛江市住房和城乡建设局每年坚持组织全市性的工程质量安全管理示范现场会,其中建筑节能技术应用做法和施工质量验收"样板引路"都是重要的示范内容。目前,湛江市建筑节能管理已取得较明显的成效,湛江市新建建筑节能落实达标要求得到有效的保障。

为紧跟建筑节能和发展绿色建筑的技术政策要求,2017 年,湛江市住房和城乡建设局向湛江市政府提请安排湛江市住房和城乡建设局组织编制新版的《湛江市建筑节能施工图审查要点、湛江市绿色建筑施工图审查要点》,以确保湛江市新建建筑节能技术应用工作的与时俱进。新版《湛江市建筑节能施工图审查要点、湛江市绿色建筑施工图审查要点》已于 2018 年 1 月印发并实施。

2016 年,湛江市住房和城乡建设局组织省建科院对湛江西粤京基城二期 7、8、9 号楼(总建筑面积 8.1 万平方米)开展了湛江市首例民用居住建筑项目建成后的建筑能效测评。此前,湛江市住房和城乡建设局曾组织过对湛江君豪酒店的公共建筑能效测评。这些做法,为湛江市组织继续开展此项工作提供了有效的示范。

（二）大力发展绿色建筑

湛江市高度重视推广绿色建筑的工作，依据湛江市政府批准发布的《关于加快推动湛江市绿色建筑发展的通知》（湛建管〔2013〕51号），明确了绿色建筑重点实施范围，并在立项、规划、设计建设、验收、运行及评价标识、财政支持等方面，均做了相关规定，不断加大推广发展绿色建筑的力度。

2016年1月，湛江市获批为国家循环经济示范城市建设地区。按照《广东省湛江市建设国家循环经济示范城市实施方案》的要求，到2019年，湛江市城镇新建建筑执行绿色建筑比例需要达到100%。这个目标要求很高，为此，湛江市住房和城乡建设局牵头制订《湛江市发展绿色建筑实施方案》（以下简称《方案》），明确湛江市发展绿色建筑工作目标、评价标准、各部门职责和激励机制，这将更加有效地推进湛江市发展绿色建筑工作。湛江市政府于2017年4月发布了该《方案》。同时，湛江市编制出台绿色建筑《湛江市绿色建筑设计说明专篇》，有效保证了项目进行绿色建筑设计、施工、监管的技术实施。

每年，湛江市住房和城乡建设局都在《年度工作要点》中，将湛江市发展绿色建筑任务分解安排至各县（市、区），并督促落实。通过多方努力，截至2017年6月，湛江市君豪酒店项目、湛江西粤京基城二期项目、湛江保利原景花园项目、湛江市万达广场项目南区、西区项目，新坐标商住小区一期（1－8栋）项目、湛江恒大帝景公馆（1号－6号楼）项目分别获得广东省绿建委绿色建筑评价标识评价，总建筑面积134.79万平方米。湛江万达广场西区1－6号楼项目，建筑面积42.18万平方米，获得省住建厅国标一星绿色建筑设计标识。

湛江市住房和城乡建设局积极落实激励政策，湛江市西粤京基城（二期）项目及万达广场南区项目因绿色建筑工作突出，获得省住建厅、省财政厅安排的2016年度省级节能降耗专项资金（建筑节能）补助，合计98.7万元。

2017年，湛江市住房和城乡建设局正在向兄弟城市学习成熟经验，组织湛江市绿色建筑专家库，培养发展绿色建筑技术力量，探索开展绿色建筑认定工作，计划推出制度性的规范做法。

（三）推进既有建筑节能改造

2017年，湛江市开展的既有建筑节能改造主要为局部节能改造。湛江市住房和城乡建设局积极动员和组织有条件的单位，主要针对既有建筑的主要耗能设备、围护结构、电气照明等进行节能改造。根据《年度工作要点》安排，湛江市2016年既有建筑节能改造量不少于10万平方米，并将任务分解到各县（市、区）。2016年以来，湛江市共完成岭南医院、省十四届运动会体育馆节能改造、湛江书城（赤坎店）室内改造工程等项目共计近26万平方米，实施了既有建筑改造，节能部分改造总投入约1800万元。其中，岭南医院既有建筑节能改造项目采用的技术措施接近全面改造的要求，该项目总建筑面积2.3万平方米，建筑节能改造项目投入约200万元，涉及照明、通风空调、围护结构、热水系统等。

（四）倡导推广公共建筑节能

根据《年度工作要点》安排，湛江市住房和城乡建设局2016年继续在全市范围内开展国家机关办公建筑和大型公共建筑能耗统计工作，共完成全市 159 项建筑能耗统计及公示。

湛江市住房和城乡建设局争取湛江市经信局的大力支持，将广东海洋大学、岭南师范学院、广东医科大学、广东医科大学附属医院等公共建筑较集中单位，纳入 2016 年湛江市公共机构节能监察名单，并成功组织广东医科大学附属医院申报为全国节约型公共机构示范单位。同时，湛江市住房和城乡建设局还得到湛江市经信局的支持，在全市节能宣传周、公共机构运行节能管理方面，积极实施倡导和推广公共建筑节能有关工作。以上做法，为湛江市公共建筑节能的运行节能积累了较好经验。

（五）推进可再生能源的规模化应用

为推动湛江市可再生能源在建筑领域规模化应用，2013 年，湛江市住房和城乡建设局联合省建科院出台了《湛江市太阳能光热建筑一体化应用技术指导意见》。湛江市 2017 年《年度工作要点》中，对推广可再生能源建筑面积的要求不低于 10 万平方米。

近年来，湛江市住房和城乡建设局积极在代建的大中型公共项目中推广使用可再生能源技术，其中，湛江奥林匹克中心项目"一场三馆"项目的两个能源站，应用太阳能热水系统集中供应热水，总受益建筑面积为 18.6 万平方米。湛江市住房和城乡建设局代建项目湛江中心人民医院（首期）迁建项目，全面采用了空调余热回收、空气源热泵等可再生能源技术。湛江市住房和城乡建设局代建项目湛江幼儿专科教育学校新校区工程的四幢宿舍楼（约 3.2 万平方米），采用 8 套太阳能和空气能热泵共同供热系统供应生活热水，总投入约 430 万元，满足 6000 名住宿学生的生活需要。

另外，湛江市住房和城乡建设局积极会同其他部门进行可再生能源模块化应用有益探索，例如，指导湛江生物质发电厂在完成金太阳项目 2 兆瓦屋面太阳能发电系统成功并网发电运行 3 年后，继续投入 2000 多万元，兴建 3 兆瓦太阳能发电系统。还有湛江二中新校区学生宿舍项目应用地下温泉热水、湛江开发区湛江一中学生宿舍应用空气源热泵集中供热水、湛江海田国际车城屋面太阳能发电系统、遂溪县洋青镇团结村 50 兆瓦农业光伏电站等，这些项目的可再生能源应用效果良好，也是湛江市成功应用的典范。

第二节　湛江市建筑节能与绿色建筑的政策法规、标准规范及科研情况

一、政策法规

湛江市制定和发布了《湛江市人民政府办公室关于印发湛江市发展绿色建筑实施方案的通知》（湛府办〔2017〕20 号）、《湛江市 2016 年建筑节能与绿色建筑发展工作要点》（湛建管〔2016〕44 号）、《湛江市 2017 年建筑节能与绿色建筑发展工作要点》（湛建管〔2017〕46 号）。根据省住建厅的要求印发了《湛江市住房和城乡建设局关于开展2016 年度湛江市建筑节能与绿色建筑发展工作督查的通知》（湛建管〔2016〕143 号）。

为了系统总结湛江市"十二五"期间建筑节能和发展绿色建筑工作情况，湛江市提出"十三五"期间的主要工作任务和重点解决的问题、途径和保障性措施等政策，经市政府批准，编制发布《湛江市"十三五"建筑节能和发展绿色建筑规划》。目前，湛江市住

房和城乡建设局正向市政府请示安排湛江市住房和城乡建设局组织编制住宅产业现代化"十三五"规划、以及《湛江市民用建筑太阳能光电建筑一体化应用技术指导意见》、装配式建筑技术政策文件等一批政策及技术指导文件。

上述文件发布后，湛江市住房和城乡建设局组织了对全市建筑施工、监理、设计、施工图审查、建设管理人员的宣贯与培训，并出台了配套措施推广应用，这些研究成果将有力支撑未来湛江市建筑节能各项工作。

二、标准规范

2018 年 1 月印发《湛江市建筑节能施工图审查要点》和《湛江市绿色建筑施工图审查要点》。

三、科研情况

湛江市正在申报国家海绵城市试点，以此为契机，市政府批准安排了 190 万元专项资金，由湛江市住房和城乡建设局组织制定《湛江市建筑工程低影响开发雨水综合利用技术指引》，拟编制发布适用于湛江市实际情况的《建筑工程低影响开发雨水综合利用设计指南》《施工图设计文件审查要点》《施工验收指南》《施工运营维护指南》，指导规范湛江市海绵城市技术建筑小区应用的建设管理。专项资金现正在走政府采购程序。

开展绿色建筑增量成本课题研究、工程项目常见问题调研。

第三节　湛江市建筑节能与绿色建筑的发展方向和前景

一、发展目标

（一）总体目标

建筑能耗总量和强度有效控制，建筑能效水平进一步提高；绿色建筑发展的量和质全面提升；既有建筑节能改造大力推进，改造规模稳步增长；可再生能源在建筑中应用规模逐步扩大；农村建筑节能实现新突破。

（二）具体目标

（1）"十三五"期末，全市城镇新建建筑能效水平比 2015 年提升 20%，建设 1～2 栋被动式超低能耗建筑。

（2）城镇新建民用建筑全面执行一星级及以上绿色建筑标准。"十三五"期间，湛江新增获得绿色建筑标识的绿色建筑 300 万平方米，其中二星级以上包括二星级（国标二星以上或省标二星 B）绿色建筑面积超过 100 万平方米，运行阶段绿色建筑面积达 25 万平方米。

（3）运用低影响开发技术手段探索海绵城市建设，建立建筑低影响开发技术导则和指引，在高星级和运营标志绿色建筑中采用积极措施。创建 5 个低冲击开发示范小区或园区。

（4）"十三五"期间，湛江全部城镇完成既有建筑改造面积达到 50 万平方米。

（5）"十三五"期间，湛江全部城镇新增太阳能光热及其他可再生能源应用建筑面积100万平方米，新增太阳能光电建筑应用装机容量10兆瓦。

（6）"十三五"期间，湛江市继续巩固新建建筑执行节能强制性标准100%的成果。

二、重点任务

（一）逐步提升建筑能效

1. 严格执行新建建筑节能监管措施

完善新建建筑在规划、设计、施工、竣工验收等环节的节能监管措施，明确工程建设各方主体建筑节能责任，确保节能标准执行到位，规范节能设计变更、节能备案、施工方案、监理方案、材料进场及检测等建筑节能施工过程管理，严格处理违法违规行为，依法依规追究责任，同时应加大建筑节能监督检查力度。

重点提高县级建筑节能监管水平，加强对施工图设计文件的节能技术指标、措施、构造等内容的审查，加强对进入施工现场的建筑节能材料、部品、产品质量的监督，落实建筑节能工程验收规定。探索建筑节能工程施工质量保险制度。

对超高超限公共建筑项目，实行节能专项论证制度，加强建筑能耗的论证评估，复核其建筑节能设计特别是能源系统应用方案的合理性。

2. 提高新建建筑节能水平

总结提炼规划、设计、施工、运行维护等环节共性关键技术，积极推广被动优先的建筑设计理念，引导应用自然通风、天然采光、遮阳隔热等技术措施。开展有湛江特色的超低能耗建筑建设示范，推动具备条件的园区、街区集中连片建设超低能耗建筑，支持有条件的地区开展零能耗建筑建设试点，逐步形成有湛江特色的超低能耗建筑设计、施工及材料、产品支撑体系。推动国家机关办公建筑和大型公共建筑等重点建筑实施建筑能效测评标识。

（二）实现绿色建筑量质齐飞

1. 全面实施绿色建筑行动

2020年前湛江市城镇新建民用建筑全面执行一星级及以上绿色建筑标准。建设地块规划条件落实一星级及以上绿色建筑的管控目标，推动各区域递进发展绿色建筑。支持财政资金、国有资金项目、重点项目以及海东新区、中央商务区、港城原点项目按高性能绿色建筑要求建设，大幅提升高星级绿色建筑比例。建设一个绿色建筑发展示范片区。鼓励高校、医院创建"绿色校园""绿色医院"，推动绿色工业建筑建设。

2. 实施绿色建筑全过程质量提升行动

提高施工图审查机构的绿色建筑设计审查能力，强化建筑工程质量监督站等监管机构的工作责任，加强绿色建筑建设全过程监管，督促工程建设各方主体落实绿色建筑建设相关要求。大力发展运行阶段绿色建筑，对绿色建筑运行标识项目择优给予资金支持。加强绿色建筑运营管理，确保各项绿色建筑技术措施发挥实际效果，加强绿色建筑评价标识项目质量事中事后监管。支持推广绿色物业管理模式。积极学习珠三角地区绿色建筑发展经验，推动绿色建筑均衡化发展。

探索湛江特色的绿色建筑设计和运营手法，应组织广泛的调研，开展绿色建筑技术体系的推广建设，筛选一些适宜本地区应用的绿色建筑技术，进行重点推广，定期组织考察、观摩、交流会，提高绿色建筑设计和实施水平。

3. 建立健全绿色建筑政策制度体系

完善财政激励措施，鼓励绿色建筑在节约资源、保护环境等技术应用和管理方面进行性能提高和创新，发展高性能绿色建筑。研究制订绿色建筑的奖励政策。与相关部门研究争取贷款优惠等金融支持，提高市场发展高品质绿色建筑的积极性。完善装配式建筑相关政策、标准及技术体系，积极发展装配式混凝土、钢结构等建筑体系。推动绿色建筑与装配式建筑、智能建筑技术融合，倡导绿色建筑精细化设计，促进绿色建筑新技术、新产品的应用，提升绿色建筑的综合效益。

（三）推进建筑节能绿色化改造

1. 强化节能改造基础支撑

强化节能改造基础支撑。继续开展建筑能耗统计、能源审计和能耗公示。结合建筑能耗统计工作，以宾馆、商场等为重点，公布高于能耗标准的公共建筑名录，加强建筑节能日常运行管理。制订工作计划，争取财政、经信等部门支持，研究推动本地区市级建筑能耗监测平台的建设工作，建成市级建筑能耗监测平台。

2. 积极推动既有建筑节能绿色改造

强化监督管理，鼓励既有建筑改造执行绿色建筑标准要求。制订实施既有建筑节能改造指南，鼓励应用市场化手段实施既有建筑节能改造。鼓励公共机构采用合同能源管理模式实施既有建筑节能改造，按照合同规定支付给节能服务机构的支出应当视同能源费用进行列支。支持学校、医院节能改造试点，建设一批既有建筑节能改造示范项目。探索公共建筑能耗定额管理制度，探索大型公共建筑能耗末尾淘汰制的强制改造办法，采取强制性改造和市场引导相结合的方式推动高能耗建筑实施节能改造。引导能源服务公司等市场主体寻找有改造潜力和改造意愿的建筑业主，采取合同能源管理、能源托管等方式投资公共建筑节能改造，实现运行管理专业化、节能改造市场化、能效提升最大化。积极推动既有居住建筑节能改造，探索适合湛江气候条件和居民生活习惯的改造技术路线。

（四）积极推进可再生能源建筑应用

1. 加强应用能力建设，探索适宜性技术

完善湛江市太阳能建筑应用的实施办法，制订实施可再生能源建筑应用规划，开展相关技术培训，全面推广太阳能光热、光电系统在建筑中的应用。积极推广太阳能光伏、地（水）源热泵、生物质能等可再生能源建筑应用技术，建立不同类型可再生能源的示范工程，做好可再生能源建筑应用示范总结及评估，通过对不同技术典型案例的实际情况的运行监测、跟踪调查，总结项目实施经验教训，指导后续的技术推广。

2. 提升可再生能源建筑应用质量

探索新建建筑应用可再生能源的论证，加强可再生能源建筑应用关键设备、产品质量管理。提高可再生能源建筑应用在规划设计、施工验收等环节的管理水平。研究完善激励政策，建立政府引导、市场主导的可再生能源建筑应用实施机制。强化可再生能源建筑应用运行管理，积极利用特许经营、能源托管等市场化模式，对项目实施专业化运行，确保项目稳定、高效。

3．扩大可再生能源建筑应用规模

应选择部分地方积极性高、配套政策落实较好的地区作为重点区域实行可再生能源建筑应用的集中连片推广。在高性能绿色建筑或各类示范项目中，将可再生能源建筑应用比例作为约束性指标。鼓励在绿色工业建筑群中连片推广太阳能光伏建筑应用，在民用建筑中连片推广太阳能光热建筑应用，在农村建筑中连片推广生物质能应用。优先支持保障性住房、政府投资的公益性建筑和大型公共建筑使用可再生能源，在总结经验的基础上逐步扩大实施范围。

4．强化可再生能源建筑应用质量监管

加强可再生能源建筑应用关键设备、产品的市场监管及工程准入管理，规范可再生能源建筑应用产品市场。探索建立可再生能源建筑应用运行管理、系统维护的可持续的商业模式，加大可再生能源建筑应用设计、施工、运行、管理、维修人员的培训力度，确保可再生能源建筑应用的稳定高效运行。

（五）大力推广绿色建材

1．推广绿色建材

加强技术研究和成果应用，培育开放有序的绿色建材发展环境。开展绿色建材的技术研发和规模化示范。鼓励新建、改建、扩建的建设项目、绿色建筑项目、绿色生态城区、政府投资和使用财政资金的建设项目优先使用绿色建材。在试点示范工程和推广项目中，研究制订推广使用绿色建材的政策。开展绿色建材产业化示范，鼓励在政府投资建设的项目中优先使用绿色建材。

2．推进建筑废弃物资源化利用

加强建筑废弃物综合利用产品的生产技术和工艺研发，培育创新型龙头企业。开展建筑废弃物资源化利用示范，鼓励政府投资建设项目优先使用建筑废弃物综合利用产品。制订实施工作方案，因地制宜设立专门的建筑废弃物集中处理基地，研究建立包括管理服务互动、动态供需资讯等内容的信息共享平台，探索建立信息化监管模式，加强建筑废弃物的资源化利用和减量化管理，提高建筑废弃物资源化利用比例。

（六）推动农村建筑节能

1．推进节能绿色农房建设

紧密结合农村实际，总结出符合地域及气候特点、经济发展水平、保持传统文化特色的乡土绿色节能技术，编制技术导则、设计图集等，积极开展试点示范。鼓励农村新建、改建和扩建的居住建筑按建筑节能标准、绿色农房建设导则等进行设计和建造。鼓励政府投资的农村公共建筑、各类示范村镇农房建设项目率先执行节能及绿色农房标准、导则。结合农村医院、学校等危房改造，稳步推进农房节能改造。鼓励可再生能源在农村建筑中的应用，在具备条件的地区推广使用太阳能热水系统。

2．提高农房居住环境，打造美丽乡村

促进室外环境整治，加强生活垃圾和污水处理力度，设置集中绿地、公共照明，完善乡村硬化道路；提升农房室内环境，改善室内采光与自然通风条件，采用遮阳、防潮措施；开展绿色建材下乡行动，促进绿色建材在农房建设的应用，积极采用原生材料，重点推广应用节能门窗、轻型自保温砌块、预制构件等绿色建材产品，支持新农村建设。

第五篇

附　录

◎广东省建筑节能协会简介

◎广东省住房和城乡建设厅关于印发《广东省绿色建筑评价标识管理办法》（试行）的通知

◎广东省建筑节能协会关于发布《广东省建筑节能协会绿色建筑技术咨询单位备案管理办法》的通知

◎广东省建筑节能协会关于征集广东省建筑节能行业专家库成员的通知

◎广东省建筑节能协会关于《广东省建筑节能技术与产品推荐目录》的通知

◎广东省建筑节能协会关于印发《广东省建筑节能协会团体标准管理办法》的通知

◎科技成果鉴定

◎广东省建筑节能协会大事记和重要政策汇编

附录一　广东省建筑节能协会简介

一、协会简介

广东省建筑节能协会（Guangdong Building Energy Conservation Association，GBECA）是广东省建筑节能领域的社会团体，由省内从事城市规划、建筑设计、建筑施工、建筑安装、施工图审查、建设监理、建筑材料、节能监测、设备生产（经销）等企业和单位，相关大专院（校）、科研院所和从事建筑节能技术研究、应用的专家学者和管理等人员自愿组成的非盈利性社会组织。它具有社会团体法人资格，合法权益受国家法律保护，享有民事权利和独立承担民事义务，接受广东省住房和城乡建设厅业务指导，接受广东省民政厅的监督管理。

广东省建筑节能协会于2010年2月26日正式登记成立，并于2016年3月被广东省民政厅评为5A级（最高级）社会组织，可优先获得政府优惠和政府奖励，包括优先承接政府职能转移、购买服务，享受政府公益性捐赠税前扣除、非营利性组织免税资格认定及评优评先资格等福利。广东省建筑节能协会秉承"服务政府、服务会员、服务行业"的宗旨，在提供公共服务、促进行业发展、增进社会和谐等方面起到引领作用。

广东省建筑节能协会第三届领导班子：

理事长：孟庆林

常务副理事长：杨仕超

副理事长：黄沃　周孝清　叶青　周治红　廖志　李红　江刚　王俊娟　程文辉　陈希阳　赵立华　胡贺松

秘书长：廖远洪

二、分支机构

绿色建筑专业委员会

（一）简介

广东省建筑节能协会绿色建筑专业委员会是广东省建筑节能协会的分支机构，由科研学术机构、高等院校和产业单位联合自愿结成的，是共同研究、实践适合我省省情的绿色建筑与建筑节能理论与技术集成系统、推动我省绿色建筑发展的非营利性学术团体。

主任委员单位：广东省建筑科学研究院

主任委员代表：广东省建筑科学研究院副院长杨仕超

秘书长：吴培浩

（二）业务范围

（1）结合我省气候特点和发展现状，研究我省绿色建筑的内涵，协助政府进行绿色建筑相关政策、标准的研究、制定；探索发展绿色建筑的实现方式和有效途径，积极开展绿色建筑理论和设计思想与方法论等相关科研工作，完善适应于我省的绿色建筑评价体系；及时跟踪绿色建筑发展过程中出现的重大问题，总结绿色建筑的发展趋势，为相关行政管理部门的决策提供咨询服务；

（2）依托我省绿色建筑与建筑节能的各方面专家，开展绿色建筑与建筑节能标识认证的管理工作，协助政府做好绿色建筑相关科研任务的立项、评审等工作；

（3）联合各科研机构、高等院校和生产企业积极开展绿色建筑的技术集成研究，探索因地制宜的绿色建筑技术路线，联合房地产开发单位、设计机构和施工单位，积极推广与绿色建筑相关的新理念、新方法、新技术、新产品和新材料，及时总结绿色建筑与节能的实践经验；

（4）定期举办国内外学术交流、研讨和培训，评选优秀研究成果和论文，汇编信息资料时机成熟时出版会刊；积极开展国内国际科技合作活动，共同探索相关内涵科技前沿，适时引进新方法、新技术、新产品和新材料；

（5）普及绿色建筑的相关知识，做好绿色建筑的基础资料积累、管理和宣传教育工作；

（6）为本会的会员提供本行业内的相关信息服务；

（7）开展符合本会宗旨和业务范围的其他活动。

建筑遮阳专业委员会

（一）简介

广东省建筑节能协会建筑遮阳专业委员会是广东省建筑节能协会的分支机构，是由民用建筑围护结构内遮阳、外遮阳及中间遮阳产品的生产、销售、安装企业和原材料制造企业，以及相关大专院校、科研院所和从事建筑遮阳技术研究、应用的专家学者和管理等人员自愿组成的非营利性社会组织。

主任委员单位：广东创明遮阳科技有限公司
主任委员代表：广东创明遮阳科技有限公司华南公司总经理周治红
秘书长：吴晓楠

（二）业务范围

（1）调查研究建筑遮阳行业发展状况，向政府及有关部门反映会员的诉求，提出政策、立法方面的意见和建议；

（2）参与制订、修订建筑遮阳及相关产品行业（国家、地方）标准；

（3）组织建筑遮阳行业的产品展览及技术交流与合作，协助组织产品技术鉴定会、评奖评优；

（4）举办有关建筑遮阳行业发展的报告会、研讨会、产品推介会；

（5）通过协会办报、网站等措施加强会员内部信息交流；

（6）制订行业职业道德准则、行业规范，并监督会员执行，维护行业内的公平竞争，维护会员和消费者的合法权益；

（7）进行行业信息的调查、收集与发布，开展咨询服务，为会员提供国内外技术、经济情报和市场信息；

（8）与国外同行业及相关组织建立联系，开展民间国际交流与合作；

（9）主办行业职业教育与培训，考核发证，提高从业人员素质；

（10）承办政府有关部门、上级协会委托事项；

（11）开展符合本专业委员会宗旨和业务范围的其他活动。

建筑节能设备专业委员会

（一）简介

广东省建筑节能协会建筑节能设备专业委员会是广东省建筑节能协会的分支机构，是由民用建筑节能设备企业，相关大专院校、科研院所和从事建筑节能设备技术研究、应用的专家学者和管理等人员自愿组成的专业性工作机构。

主任委员单位：广州大学建筑节能研究院

主任委员代表：广州大学建筑节能研究院院长周孝清

秘书长：陈晓

（二）业务范围

（1）调查研究建筑节能设备行业发展状况，向政府及有关部门反映会员的诉求，提出政策、立法方面的意见和建议；

（2）参与制订、修订建筑节能设备及相关产品行业（国家、地方）标准；

（3）组织建筑节能设备行业的产品展览及技术交流与合作，协助组织产品技术鉴定会、评奖评优；

（4）举办有关建筑节能设备行业发展的报告会、研讨会、产品推介会；

（5）通过协会办报、网站等措施加强会员内部信息交流；

（6）制订行业职业道德准则、行业规范，并监督会员执行，维护行业内的公平竞争，维护会员和消费者的合法权益；

（7）进行行业信息的调查、收集与发布，开展咨询服务，为会员提供国内外技术、经济情报和市场信息；

（8）与国外同行业及相关组织建立联系，开展民间国际交流与合作；

（9）主办行业职业教育与培训，考核发证，提高从业人员素质；

（10）承办政府有关部门、上级协会委托事项；

（11）建立与管理促进会员单位协同发展的绿色金融平台、技术创新平台；

（12）建立和管理专家库，搭建技术支持平台，根据会员单位的需求来提供服务；

（13）开展符合本专业委员会宗旨和业务范围的其他活动。

绿色施工专业委员会

（一）简介

广东省建筑节能协会绿色施工专业委员会是广东省建筑节能协会的分支机构，是由从事建筑施工相关的协会会员单位（包括企、事业单位和其他社会团体）自愿结成的非营利性组织。

主任委员单位：中国建筑第八工程局有限公司广州分公司

主任委员代表：中国建筑第八工程局有限公司广州分公司副总经理季进明

秘书长：汪伟

（二）业务范围

（1）组织开展对广东省内建筑施工及相关领域的调查研究，总结经验，提出问题，研究有关政策与措施，经协会为政府和相关部门的科学决策和政策制订提出咨询建议。

（2）开展有关建筑施工涉及经营模式、资源利用、资源经营、制度流程、政策研究的信息交流，加强业务沟通，共享建筑施工绿色发展的经验教训；规范行业行为，建立诚信体系，发挥集聚效能，推动技术进步；制订本专业领域的活动计划。

（3）加强与有关国际和国内其他省市行业组织的交流，组织专业学术会议；跟踪绿色施工的最新成果和发展动态，加强技术合作，资讯交流，推动自身进步。

（4）开展专业性的研究工作，加强基础理论、经营手段、管理模式和技术标准的研究，为建筑施工及相关领域发展提供智力支撑和专业服务，组织专业经营管理培训、继续教育，倡导信息互通技术攻关，发现和推荐优秀专业经营人才，建立专业人才库和行业专家库。

（5）经协会接受政府有关部门或其他单位的委托，组织开展建筑施工领域相关的课题研究、评审鉴定、咨询论证等工作。

（6）提出建议经协会报经有关政府部门批准，以协会名义奖励本专业优秀经营人才。

（7）宣传、贯彻国家有关政策和法规，编辑、出版有关信息和资料，搭建传递信息、交流经验和发表意见的平台，经协会向政府和相关部门反映行业意见和要求。

（8）承办协会委托的其他工作事项。

绿色建材与工程专业委员会

（一）简介

广东省建筑节能协会绿色建材与工程专业委员会是广东省建筑节能协会的分支机构，是由建材产业单位、科研学术机构、高等院校和从事绿色建筑材料技术研究、应用的专家学者和管理等人员自愿组成的专业性工作机构，在协会的统一领导和管理下开展工作。

主任委员单位：广东宏达建投控股集团有限公司

主任委员代表：广东宏达建投控股集团有限公司董事长黄沃

秘书长：杨若文

（二）业务范围

（1）调查研究建绿色建材与工程行业发展状况，向政府及有关部门反映会员的诉求，提出政策、立法方面的意见和建议；

（2）参与制订、修订绿色建材与工程及相关产品行业（国家、地方）标准；

（3）组织绿色建材与工程行业的产品展览及技术交流与合作，协助协会组织广东省绿色建材与工程评价标识具体工作，组织产品技术鉴定会、评奖评优；

（4）举办有关绿色建材与工程行业发展的报告会、研讨会、产品推介会；

（5）通过协会办报、网站等措施加强会员内部信息交流；

（6）制订行业职业道德准则、行业规范，并监督会员执行，维护行业内的公平竞争，维护会员和消费者的合法权益；

（7）进行行业信息的调查、收集与发布，开展咨询服务，为会员提供国内外技术、经济情报和市场信息；

（8）与国外同行业及相关组织建立联系，开展民间国际交流与合作；

（9）主办行业职业教育与培训，考核发证，提高从业人员素质；

（10）承办政府有关部门、上级协会委托事项；

（11）开展符合本专业委员会宗旨和业务范围的其他活动。

建筑节能服务专业委员会

（一）简介

广东省建筑节能协会建筑节能服务专业委员会是广东省建筑节能协会的分支机构，是由建筑节能服务公司、绿色建筑与建筑节能产品设备制造/销售单位、节能工程公司、设计研究单位、公用事业单位、金融、法律等单位或个人自愿组成的非营利性社会组织。

主任委员单位：广东省建筑设计研究院

主任委员代表：广东省建筑设计研究院副院长陈雄

秘书长：王世晓

（二）业务范围

（1）宣传贯彻国家有关政策法规。宣传贯彻国家有关建筑节能的政策法规；组织有关专家开展建筑节能产业发展政策研究，并向政府有关部门反映建筑节能产业的要求以及提供政策建议，为发展建筑节能产业创造和谐的政策环境，促进相关建筑节能公司的健康发展。

（2）提供技术援助。向相关建筑节能单位提供一系列培训、针对性的技术援助，帮助他们进行相关的能力建设和市场开拓。

（3）组织召开建筑节能公司业务发展论坛或研讨会，创办期刊或出版物，定期报道建筑节能行业的发展趋势、行业动态、产品信息、市场和机遇等。

（4）建立建筑节能网络信息发布平台和搭建建筑节能产品与技术数据库，宣传推广先进经验、经典案例、成熟技术。

（5）鼓励与引导各会员之间的合作与互动，整合各方资源，搭建核心技术创新平台，通过共建实验室、联合开发新产品、联合研发核心关键技术、联合培养人才、共同承担重大项目等方式，提供专业的服务和技术解决方案，促进广东省建筑节能的整体发展。

（6）接受政府委托或配合政府开展建筑节能的各项业务。

（7）根据需要开展有利于行业发展的其他活动。

（8）不断制定新的发展战略，规范和协调建筑节能行业的相关活动，以促进建筑节能行业在广东省持续健康发展。

附录二　广东省住房和城乡建设厅关于印发《广东省绿色建筑评价标识管理办法》（试行）的通知

粤建科函〔2011〕527 号

各地级以上市住房和城乡建设局（城建委），顺德区国土城建和水利局：

为规范我省绿色建筑评价标识工作，引导我省绿色建筑健康发展，我厅制定了《广东省绿色建筑评价标识管理办法》（试行）。现印发你们，请遵照执行。

广东省住房和城乡建设厅
二〇一一年八月十五日

广东省绿色建筑评价标识申报指南

一、申报主体

绿色建筑评价标识的申请由建设单位（或者业主单位）提出，鼓励设计单位、施工单位和物业管理单位等相关单位共同参与申请。

二、申报条件

（一）申请绿色建筑设计评价标识的项目应当完成施工图设计并取得施工许可证。

（二）申请绿色建筑运行评价标识的项目应当通过工程竣工验收并投入使用一年以上，符合国家相关政策，未发生重大质量安全事故，无拖欠工资和工程款。

（三）申请标识的建筑，在规划设计、建筑设计、环境设计和施工等方面体现绿色建筑特色，采用适合于绿色建筑的技术、工艺与产品，施工质量、运营管理等具有较高的水平。在保护自然资源和生态环境、节能、节材、节水、节地、减少环境污染、提高室内空气质量与智能化系统建设等方面效果显著。

三、申报方式

申报采用网上申报，申报单位可通过"广东建设信息网"（网址：http：//www. gd-cic. net/）首页进入，也可直接从网址 http：//59. 41. 62. 130：21019/进入。

四、申报材料

（一）申报资料应真实、完整。所有文件都必须提交通过施工图审查的版本，相关证明文件须加盖单位公章。

（二）广东省绿色建筑评价标识申报资料清单如下表所示。

广东省绿色建筑评价标识申报资料清单

序号	资料名称	数量	要求
1	申报绿色建筑评价标识承诺书	1	项目名称、申报单位名称需与注册信息一致,申报单位盖章后上传扫描件。详见资料1
2	绿色建筑评价标识申报书	1	由系统自动生成。评审通过后,申报单位需从系统中导出申报书,打印盖章后邮寄至评价机构归档
2	申报人员身份证明	1	申报人员同时应为本项目系统管理员,申报人员身份证明由所在单位盖章后上传扫描件。详见资料2
3	施工许可证	1	申报面积应不大于施工许可证面积
4	更名证明文件	1	申报项目名称与施工许可证名称不一致时需提供,且要上传扫描件
5	工程规划许可证	1	当申报面积与施工许可证面积不一致时需提供
6	竣工验收合格证明文件	1	申报运行标识需提供,设计标识不需提供
7	建设、设计、咨询、施工、监理、物业单位证明文件	各1	提供单位简介及营业执照或组织机构代码证。其中,申请设计标识的提供建设、设计单位证明文件;申请运行标识的提供建设、设计、施工、监理、物业单位证明文件,如有咨询单位参与的,还需提供咨询单位证明文件
8	建筑、暖通、给排水、电气、结构、景观专业图纸	各1	1. 各专业图纸文件需为带图框信息的 PDF 文件,且每张图纸应为单独 PDF 文件,不能把几张图纸集中在一个 PDF 文件中。 2. 每个文件的文件名应明确图纸名称,方便查找。 3. 每个专业至少需上传一个压缩包的图纸,压缩包命名格式为"××项目建筑图纸"。由于系统要求每个压缩包不超过200M,图纸较多的项目可上传多个压缩包,压缩包命名格式为"××项目建筑图纸(1)""××项目建筑图纸(2)"……
9	其他证明材料		申报单位按照申报类别分别提供,详见资料3—资料6,根据系统填报页面下方的"证明材料"要求上传。申报单位可根据项目得分情况提前准备

资料1 申报绿色建筑评价标识承诺书

资料2 申报人员身份证明

资料3 【省标设计】广东省绿色建筑设计评价标识证明材料清单(DBJT 15－83—2017)

资料4 【国标设计】绿色建筑设计评价标识证明材料清单(GB T50378—2014)

资料5 【省标运行】广东省绿色建筑运行评价标识证明材料清单(DBJT 15－83—2017)

资料6 【国标运行】绿色建筑运行评价标识证明材料清单(GB T50378—2014)

(资料可到广东建设信息网下载,网址是:http://www.gdcic.net/HTMLFile/shownews_messageid＝150809.html)

五、申报流程

网络评审分为项目注册、形式审查、专业评审和公示公告共四个阶段，每个阶段均有时限要求，各单位务必按时完成，具体如下：

（一）申报单位在系统注册系统账号，填写项目基本信息，成为项目管理员。

（二）申报单位上传"申报绿色建筑评价标识承诺书""申报人员身份证明""施工许可证"扫描件，完成项目注册。

（三）评价机构对项目进行审核、确认。评价机构在 2 日内完成项目确认，资料不符合要求的，退回申报单位，申报单位按要求重新提交资料至项目注册完成。

（四）项目注册完成后，申报单位在系统上填写项目申报信息，并上传相应的证明材料，填写完成后提交项目形式审查。

（五）评价机构收到申报材料后应于 7 日内对项目进行形式审查，对资料不符合要求的，一次性告知申报单位；申报单位应在 10 日内补正资料（超期将视为形审不通过），再次提交形式审查。资料仍不符合要求的，评价机构终止项目评审。资料符合要求的，通过形式审查。

（六）形式审查通过后，评价机构应组织专家组进行专业评审。对专家组评审不通过的条文，申报单位应在 10 日内按专家意见完成修改回复并提交二审，至所有条文通过专家评审（原则上专家审查最多二审）。二审未通过专家评审的项目，评价机构将终止项目评审。专业评审应该在 30 日内完成，申报单位补资料、专家现场查看时间除外。

（七）评审通过的项目，评价机构在 5 日内进行网上公示，公示期 10 天。

（八）公示无异议后，评价机构出具《广东省绿色建筑评价标识技术评价报告》（系统生成）。

（九）评价机构或主管部门对项目进行公告。

（十）系统生成证书编号，评价机构制作并颁发相应等级的绿色建筑标识证书。

系统流程图（编者注：从略）

六、申报联系方式

申报绿色建筑一星级设计、运行标识的，请咨询当地市住房城乡建设主管部门。

申报绿色建筑二、三星级设计、运行标识的，请咨询广东省建筑节能协会绿色建筑专业委员会，联系方式：

地址：广州市先烈东路 121 号 2 号楼 204 室

邮编：510500

电子邮箱：gd_ljw@163.com

联系电话：020 - 87745141、020 - 87744467

七、2017—2018 年广东省运行标识绿色建筑

2017 年广东省运行标识绿色建筑

序号	项目名称	申报单位	评定星级	建筑面积/万 m²	项目类型
1	珠海万科城市花园（1、2、8、9栋住宅）	珠海市万润置业发展有限公司、深圳万都时代绿色建筑技术有限公司	★	8.6	住宅建筑
2	广州萝岗万达广场大商业	广州萝岗万达广场商业物业管理有限公司、广州萝岗万达广场有限公司、北京清华同衡规划设计研究院有限公司	★	19.6	公共建筑
3	广州南沙万达广场大商业	广州南沙万达广场商业物业管理有限公司、广州南沙万达广场有限公司、北京清华同衡规划设计研究院有限公司	★	19.5	公共建筑
4	东莞厚街万达广场大商业	东莞厚街万达广场投资有限公司、东莞厚街万达广场商业管理有限公司、北京清华同衡规划设计研究院有限公司	★	17.64	公共建筑
5	湛江开发区万达广场大商业	湛江开发区万达广场投资有限公司，湛江万达广场商业物业管理有限公司，北京清华同衡规划设计研究院有限公司	★	20.6	公共建筑
6	深圳证券交易所营运中心	深圳证券交易所、广东省建筑科学研究院集团股份有限公司、深圳市建筑设计研究总院有限公司、中建三局集团有限公司、北京远达国际工程管理咨询有限公司	★★★	26.73	公共建筑
7	佛山广佛新世界庄园广佛会	佛山乡村俱乐部有限公司、广东省建筑科学研究院集团股份有限公司	★★★	3.72	公共建筑
8	深圳壹海城北区1、2、5号地块（01栋、02栋A座、02栋B座、二区商业综合体）	深圳市万科滨海房地产有限公司、深圳万都时代绿色建筑技术有限公司、华森建筑与工程设计顾问有限公司	★★★	18.88	公共建筑
9	深圳市嘉信蓝海华府（中英街壹号）	深圳市中银信置业有限公司	★★	6.83	住宅建筑
10	深圳市太平金融大厦	中国太平保险集团有限责任公司、太平财产保险有限公司、太平人寿保险有限公司深圳分公司、太平置业（深圳）有限公司	★★	13.16	公共建筑
11	顺景商业中心	广东顺景实业发展有限公司	省标一星A	4.835026	公共建筑

2018 年广东省运行标识绿色建筑（暂缺）

八、2017 – 2018 年广东省设计标识绿色建筑

因项目较多，这里不设表一一列举，可到广东建设信息网查询，网址为：http：// www. gdcic. net/

附录三　广东省建筑节能协会关于发布 《广东省建筑节能协会绿色建筑技术咨询 单位备案管理办法》 的通知

粤建节协〔2016〕04 号

各相关单位：

为加强我省绿色建筑技术咨询工作，规范绿色建筑技术咨询行为，提高咨询单位业务能力，保障绿色建筑质量，本会组织制定了《广东省绿色建筑技术咨询单位备案管理办法》，经公开征集意见、专家讨论审定后，现正式发布。

请备案单位根据《广东省绿色建筑技术咨询单位备案管理办法》中有关要求将申报材料一式两份（A4 纸张装订成册）连同电子文档报送我会。

联系人：钱智康　18814861968　邮箱：gbeca@ vip. 126. com

地址：广州市天河区五山路 381 号华南理工大学建筑节能研究中心旧楼

附件：1.《广东省绿色建筑技术咨询单位备案管理办法》；

　　　2. 广东省绿色建筑技术咨询单位登记备案表

详细内容请参考原文链接：（http：//www. gbeca. org/xinwenzixun/xiehuitongzhi/1aj6af8054p6b. xhtml）

广东省建筑节能协会

2016 年 5 月 19 日

《广东省建筑节能协会绿色建筑技术咨询单位备案管理办法》 （2018 年修订案）

第一条　为了促进我省绿色建筑发展，加强绿色建筑技术咨询工作，规范本会绿色建筑技术咨询单位的行为，提高技术咨询能力，保障绿色建筑质量，依据住房和城乡建设部《一、二星级绿色建筑评价标识管理办法》（试行）、《广东省绿色建筑评价标识管理办法》（试行)》及有关法规，制定本办法。

第二条　在本会备案的广东省绿色建筑技术咨询单位及其从业人员，适用本办法。

第三条　广东省建筑节能协会暂受理本协会会员单位的绿色建筑技术咨询单位的备案和备案管理工作。

第四条　绿色建筑技术咨询单位备案的基本要求，应符合以下条件之一：

（一）具有乙级建筑工程设计资质以上的设计单位；

（二）具有建筑领域国家计量认证或认可实验室资质的单位，且应符合本条款第

（三）项要求。

（三）具有独立法人的工程咨询单位，且建筑、结构、给排水、暖通空调、电气、建筑物理和建筑材料专业技术人员必须齐备，其中具有中级以上职称人员占比不少于30%。

第五条 绿色建筑技术咨询单位应设置专业技术负责人岗位，专业技术负责人应具备副高职称以上或取得一级注册建筑师资格，并不得同时在两个或者两个以上的绿色建筑技术咨询单位执业。

第六条 绿色建筑技术咨询单位的专业技术人员应具备大学本科学历以上，或中级职称以上，或取得注册执业资格。技术人员可同时在不超过两个咨询单位执业。

第七条 所申报的专业技术人员与专业技术负责人需提供与申报单位签订的劳动合同、社保缴费记录并填写申报人员基本情况及业绩表。

第八条 绿色建筑技术咨询单位申请备案应当提交下列材料：

（一）绿色建筑技术咨询单位备案登记表；

（二）企业法人营业执照复印件或事业单位法人证书复印件或相关资质证书原件照片；

（三）从事绿色建筑技术咨询专业技术人员的毕业证书或职称证书或注册资格证书及身份证件原件照片。

以上相关材料复印件需加盖本单位公章。

第九条 协会秘书处在工作日随时受理备案申请，并在自收到符合本办法规定的备案材料之日起10个工作日内予以备案，出具绿色建筑技术咨询单位备案证书。

第十条 绿色建筑技术咨询单位如发生单位名称、法定代表人、技术负责人、专业技术人员变化的，应当办理备案变更。

第十一条 备案证书的使用：

（一）咨询单位应在咨询报告书中标注单位备案号，并由技术负责人和相关完成人签名；

（二）绿色建筑评审单位受理项目评审时应核查咨询单位的备案信息。

第十二条 绿色建筑技术咨询单位在绿色建筑技术咨询工作中不负责任或者弄虚作假的，由协会取消其备案，并向社会公布，两年内不得重新申请备案。

第十三条 备案有效期为三年，有效期届满延期应重新提交相关资料进行备案。

第十四条 本办法自发布之日起实施。

广东省建筑节能协会
2018年10月26日

附录四　广东省建筑节能协会关于征集广东省建筑节能行业专家库成员的通知

粤建节协〔2018〕14号

各相关单位、专委会、各业内专家：

根据国家和省建设行政主管部门相关文件规定精神，为推进全省绿色建筑规模化发展和社会团体标准审核审查工作，充分发挥建筑节能领域专家智慧，贯彻落实创新驱动发展战略，为建设新时代中国特色社会主义，实现"两个一百年"奋斗目标，加快我省建筑节能事业发展，特征集广东省建筑节能行业专家库成员。现就征集专家有关事项通知如下：

一、专家委员会的主要职能

（一）协助我会拟定推动绿色生态城区（小区）、绿色建筑发展、绿色建材新举措及建筑节能团体标准相关文件规定；

（二）参与协会对绿色建筑项目的评审工作、建筑节能团体标准的审核审查工作、绿色建材评价工作、建筑节能产品和新型墙体材料企业信用评价工作；

（三）配合协会对绿色建筑标准及建筑节能团体标准执行情况的检查及复审；

（四）配合协会做好对评审结果引起的质疑和投诉处理工作；

（五）承担协会交办的临时工作等。

二、专家条件

（一）本科以上文化程度，具有本专业高级专业技术职称（其中，建筑节能产品与新兴墙体材料专家可具有工程师以上职称）；

（二）专家的专业范围包括规划与建筑、结构、暖通、给排水、电气、建材、建筑物理、建筑施工、工程管理等九个专业；

（三）应长期从事本专业工作，具有丰富的建筑节能和绿色建筑理论知识和时间经验，在本专业领域有一定的学术影响；熟悉建筑节能设计和审查、施工与监理、检测与验收、运行管理、建筑节能技术和产品以及绿色建筑评价标识的管理规定和技术标准，能够完成协会所委托的工作和参与相关会议；

（四）年龄一般不超过65周岁（专业学术带头人或在建筑节能行业知名专家年龄可适当放宽至68岁）；

（五）所在单位支持认可；

（六）住建厅公布绿色建筑评审专家均不需再次申请，直接纳入协会专家库专家。

三、申报的程序

凡自愿加入我会建筑节能行业专家库的人员请填写广东省建筑节能专家申请表（附表）（此处略），并于 2018 年 8 月 31 日前将制纸质申报表送我会秘书处或电子扫描后传我会邮箱 gbeca@ vip. 126. com。协会秘书处收到专家入库申请进行初审，合格后在协会门户网站公示 10 个工作日，期满无异议后即入库通过。

负责人：孟庆林

联系人：廖远洪

　　　　刘镇锋　　　电话：18719471529

附件：广东省建筑节能行业专家入库申报表（此处略）

广东省建筑节能协会

2018 年 6 月 29 日

附录五　广东省建筑节能协会关于《广东省建筑节能技术与产品推荐目录》的通知

各相关单位：

为贯彻落实《广东省民用建筑节能条例》《广东省人民政府办公厅关于印发广东省绿色建筑行动实施方案的通知》（粤府办〔2013〕49号）等有关规定，促进绿色节能建筑技术与产品应用推广，我会决定开展《广东省建筑节能技术与产品推荐目录》（以下简称《目录》）的征集工作，现将有关事项通知如下：

一、申报程序

（一）申报单位按照自愿原则提出申请。

（二）我会会员可直接将申报材料报至我会；其他企业经所属地的地级相关协（学）会推荐后报至我会。

（三）我会在收到材料后定期组织专家组进行评审。对符合《目录》公布条件的技术和产品，在评审通过后在我会网站公示15日，经公示无异议的技术和产品将被纳入《目录》予以公布。

（四）相关单位或个人根据建设技术与产品生产应用发展情况，可对无法满足我省工程建设领域使用要求的技术与产品，提出限制或者禁止使用建议，填报广东省建设领域限制、禁止使用技术与产品建议表（此处略），报送至我会。

二、申报时间

请各单位将材料一式三份（A4纸张装订成册）申报纸质材料，连同电子文档报至我会。我会在工作日内随时接受申报资料。

三、有关要求

（一）《目录》申报单位应对申报资料真实性负责，不得弄虚作假。对弄虚作假的行为，按有关规定进行处理，并依法追究有关单位及相关人员责任。

（二）《目录》有效期为2年。列入《目录》的项目应在有效期满前60天，由项目单位重新申报。

四、联系方式

联系人：包守权

电话：020 – 66205833　18620295918

邮箱：gbeca@ vip. 126. com

地址：广州市天河区五山路 381 号华南理工大学建筑节能研究中心楼广东省建筑节能协会秘书处办公室，邮编：510641。

附件（编者注：此处略）：

（一）《广东省建筑节能技术与产品推荐目管理办法》；

（二）《广东省建筑节能技术与产品推荐目》项目申报书（技术类）；

（三）《广东省建筑节能技术与产品推荐目》项目申报书（产品类）；

（四）《广东省省建设领域限制、禁止使用技术与产品建议表》

详细内容请参考原文链接：（http：//www.gbeca.org/xinwenzixun/xiehuitongzhi/1aj3siu2ko8gu.shtml)

广东省建筑节能协会
2016 年 05 月 18 日

广东省建筑节能技术与产品推荐目录管理办法

第一条 为加强我省建筑工程使用节能技术、材料和产品应用的管理，保障建筑节能工程质量，根据《民用建筑节能条例》《建设领域推广应用新技术管理规定》（建设部 109 号令）和住房和城乡建设部等 3 个部委关于《加强建筑节能材料和产品质量监督管理的通知》（建科〔2008〕147 号）等有关规定，制定本规定。

第二条 《广东省建筑节能技术与产品推荐目录》（以下简称《目录》）是我省建筑节能设计、工程招标采购、施工与监理、监督检验等环节的技术和管理依据。

第三条 本规定适用于境内外企业在广东省建筑节能工程中使用的建筑节能技术、材料和产品的目录编制、管理工作。

第四条 广东省建筑节能协会（以下简称省协会）负责具体管理及受理工作。

第五条 入编目录的建筑节能技术与产品类别：

1. 建筑节能设计技术；
2. 建筑节能施工技术；
3. 自保温墙体材料；
4. 墙体屋面保温隔热材料；
5. 节能门窗及配件；
6. 节能幕墙及配件；
7. 节能玻璃及制品；
8. 建筑遮阳产品；
9. 节能通风空调设备与系统；
10. 建筑可再生能源设备与系统；
11. 节能光源灯具及其配件；
12. 太阳能热水器与系统；
13. 节能泵与风机；
14. 建筑节能控制系统；
15. 建筑废弃物再生建筑材料；
16. 其他绿色节能建筑技术与产品。

第六条 申报条件

（一）对于建筑节能技术或无国家标准和行业标准的产品，应经省级建设主管部门组织的技术鉴定或产品评估，并取得了鉴定证书，符合国家有关技术经济政策和工程建设强制性标准，具有良好的节能效果；

对于有国家标准或行业标准的产品，产品应达到标准的全部性能指标，有全项目的型式检验报告，并在部分绿色、低碳节能指标方面有较大提高；

（二）属于国家生产许可证管理范围的产品应当依法获得有关行政主管部门颁发的生产许可证书；

（三）属于被国家或省纳入作为节能监察的重点对象企业或单位，应通过上一年度的现场节能监察；

（四）申报企业应为广东省内注册企业。省外注册企业在广东省已设立分公司的，可由广东省的分公司提出申报；

（五）已在实际工程中应用1年以上，且用户反映良好，具有较好的节能效果，并提供1个以上用户的使用意见证明；

（六）无知识产权等权属争议。

第七条 申报材料

（一）《广东省建筑节能技术与产品推荐目录》项目申报书；

（二）营业执照原件（核验后退回）和复印件，代理企业的代理合同原件（核验后退回）和复印件；

（三）技术标准（执行企业标准的产品必须提供经过备案的标准文本）；

（四）有效的全项型式检验报告原件（核验后退回）和复印件；

（五）属于节能产品的，应提供省级以上产品鉴定证书、合格证书、质量保证书、使用说明书，进口节能产品还应提供出入境检验检疫局入境货物通关单及进口商品检验合格证；属于节能技术的，应提供省级以上科技成果鉴定证书、应用说明、指南或手册；

（六）用户单位应用证明和主要工程应用清单（含工程名称，使用面积、时间和效果等）；

（七）实行生产许可证的产品应提供生产许可证原件（核验后退回）和复印件；新技术、产品应提供新技术、产品鉴定或评估证书；

（八）其他需要提供的证明。

第八条 《目录》编制程序

（一）申报：节能技术、材料和产品的生产或代理单位按照自愿原则提出入编《目录》申报书。

（二）受理核验：省协会在工作日均可受理申报材料，不定期开展专家评审会。受理申报书后，应对申报材料进行核验。申报材料不齐全或者不符合申报条件的，应当在5日内一次性告知申报人需要补正的全部内容。

（三）技术审查：应对符合申报条件的项目进行技术审查，并出具技术审查意见。协会应按本规定第五条所列建筑节能技术产品类别设立相应的建筑节能产品技术审查专家组。

审查内容：1、技术参数、特征；2、适用范围、要求。

审查方式：以会议或必要时以现场核查、抽样送检的方式进行。

审查人员：每个项目的审查人员由建筑节能行业的同专业领域的专家组成，每一项目的审查专家不小于 3 人。

（四）存档备案：技术审查合格的项目资料在广东省建筑节能协会存档并在网站公示公布。

（五）公示发布：对公示无异议的项目编入《目录》并发文公布；对公示有异议的项目，由省协会核实调查，对无法处理异议的项目，申报单位可申请行政复议及仲裁机构处理。

第九条 《目录》使用管理

（一）《目录》实施动态管理，有效期 2 年。入编《目录》的项目单位应在有效期满60 个工作日前重新申报。

（二）入编省《目录》的材料和产品在进入工程使用时，均应按工程建设有关规定进行抽样检验，不合格产品不得使用。发现有不合格产品在工地使用的，经查实后全省通报，并取消其目录。节能技术在工程中应用应由工程的相关方进行审查，不适合的不能应用并告知省协会，如多项工程应用确实证明不适用于本省，应取消其目录。

（三）省协会将入编《目录》的项目挂在省协会专栏中，供全省查询使用。

（四）入编《目录》产品，可申请参与协会平台宣传推广、技术交流推广，协会年度展会中予以优惠等。

第十条 为扶持我省企业拓展省外市场，入编《目录》的企业可到省协会办理出省手续。

第十一条 《目录》申报单位应对入编项目资料的真实性负责，不得弄虚作假。省协会将不定期开展抽查，对弄虚作假的，经查实，取消其目录并全省通报批评。被取消目录的企业 3 年内不得申报。

第十二条 负责《目录》编制、管理的单位与个人应按照"服务企业、服务基层"的要求，加强自律，加强监管，做好服务，促进我省建筑节能工作发展。

第十三条 本办法自发布之日起实施。

广东省建筑节能协会

2016 年 5 月 18 日

附录六　广东省建筑节能协会关于印发《广东省建筑节能协会团体标准管理办法》的通知

粤建节协〔2017〕18号

各会员单位、专委会、各相关单位：

为充分发挥行业协会通过先进标准引领行业创新发展的作用，进一步提高建筑节能行业技术标准的时效性和先进性，加快建筑节能科技创新成果的推广应用，形成与现行国标、行标、地标的制（修）订工作互补和相互支撑的体系，我会根据《中华人民共和国标准化法》《中华人民共和国标准化法实施条例》、住建部办公厅《关于培育和发展工程建设团体标准的意见》（建办标〔2016〕57号）、《广东省标准化条例》和团体标准管理有关规定并结合我省建筑节能行业实际情况，制定了《广东省建筑节能协会团体标准管理办法》，现印发给你们，望遵照执行（编者注：附件从略）。

附件1：广东省建筑节能协会团体标准管理办法；

附件2：团体标准立项申请表；

附件3：团体标准编制说明大纲；

附件4：团体标准公告；

附件5：团体标准复审公告。

详细内容请参考原文链接：（http：//www.gbeca.org/xinwenzixun/xiehuitongzhi/1aj6af8054p6b.xhtml）

广东省建筑节能协会
二〇一七年十一月七日

广东省建筑节能协会团体标准管理办法

一、总　则

第一条　为规范广东省建筑节能协会团体标准（以下简称团体标准）的编制程序，确保编制工作的科学性和公正性，提高行业管理水平和工作效率，根据《中华人民共和国标准化法》《中华人民共和国标准化法实施条例》、住建部办公厅《关于培育和发展工程建设团体标准的意见》（建办标〔2016〕57号）、《广东省标准化条例》和团体标准管理有关规定，结合我省建筑节能行业实际情况，制定本办法。

第二条　团体标准的制订、修订、实施、监督和日常管理由广东省建筑节能协会负责。

第三条　团体标准为全省范围内建筑节能行业自愿采用的工程建设标准，并接受行业行政主管部门指导监督和社会监督。

第四条　对于需要在全省范围内统一，而又没有国家标准、行业标准和地方标准的下列技术要求，可制定团体标准：

（一）工程建设中建筑节能新技术、新方法、新材料、新工艺、新设备的应用；

（二）工程建设中涉及建筑节能专利的技术；

（三）工程建设领域中具有前瞻性、先导性的建筑节能技术；

（四）工程建设中的建筑节能产品试验、质量检测和评定方法；

（五）工程建设的建筑节能术语与符号；

（六）工程建设的建筑节能信息技术和管理技术。

二、团体标准的管理

第五条　编制团体标准应遵循下列原则：

（一）遵守国家、地方有关法律、法规、方针、政策和国家、行业、地方强制性标准；

（二）不与现行国家标准、行业标准、地方标准重复或抵触；

（三）公开、公平、公正；

（四）技术指标不应低于现行国家、行业、地方标准水平，并与现行国家、行业、地方强制性标准保持一致。

第六条　编制团体标准应具备下列条件：

（一）已基本做好编制团体标准的前期工作，主编单位和编制组人员已安排落实；

（二）建筑节能技术成熟，具有可靠性、先进性和创新性、引导性；

（三）标准中采纳的新技术、新方法、新材料、新工艺、新设备应已经过鉴定或验证，且已具备推广应用的条件；

（四）标准实施后具有推广价值和一定的社会、经济或环境效益。

第七条　团体标准的立项审查、征求意见、评定审核、发布出版、日常管理、复审修订由广东省建筑节能协会负责组织专家实施。

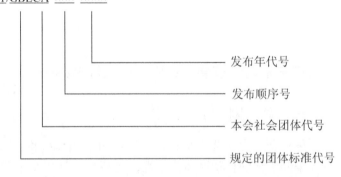

第八条　按照国家团体标准信息平台注册登记要求，本会团体标准的编号由团体标准代号（T/）、社会团体代号（GBECA）、发布顺序号（×××）、发布年代号（××××）构成，其中社会团体代号由广东省建筑节能协会英文名称缩写（GBECA）五个大写英文字母组成，示例如下：

示例：

三、团体标准的制定

第九条　团体标准制定的流程为：前期准备、立项审查、起草拟稿、征求意见、评定审核、发布出版、日常管理。

第十条　前期准备由主编单位负责，主编单位在前期准备期间应广泛进行市场调研，并搭建不少于 5 名高级专业技术人员、不少于 10 名中级以上专业技术人员的团体标准编制组，在不违反本办法编制原则的基础上提出全省建筑节能市场现状，拟编制团体标准的目的意义，与现行国家、行业、地方标准的关系，拟编制的团体标准的技术章节、技术指标，法定检测部门出具的型式检测报告，主编单位及参编单位名称及人员，编制组工作分工，编制时间节点，编制经费来源等编制立项计划后，送我会进行立项审查。

第十一条　我会收到团体标准立项计划后，组织专家对其进行是否与现行国家标准、行业标准、地方标准重复或抵触，是否存在安全、卫生隐患，是否对公众利益有损害，是否存在环境影响，是否存在知识产权纠纷等进行立项审查，立项审查通过后在我会政务网站进行 5 个工作日的公示，公示无异议的通知编制组启动编制起草工作。

第十二条　编制组在起草过程中应广泛收集资料，认真研究省内外建筑节能市场现状，并进行必要的实验验证，如与有关材料、工法、知识产权等存在重复、抵触、冲突时，应提供征求重复、抵触、冲突方的书面意见，编制组在充分认真研究的基础上形成"团体标准征求意见稿，编制说明，征求重复、抵触、冲突方的书面意见汇总表"后送我会。

第十三条　我会收到"团体标准征求意见稿"经初步审核后在我会网站进行为期 1 个月公开征求意见，广泛征求业内人士、社会各界的意见，并反馈给编制组。

第十四条　编制组根据广泛征求到的意见进行认真修改，形成"团体标准送审稿"送我会，我会将组织建筑设计、建筑材料、结构工程、建筑节能等不少于 7 名专家进行评定审核，评定审核通过后将由广东省建筑节能协会在网站上予以发布，并出版发行，其版权归我会所有，涉及专利的按有关规定执行。

第十五条　团体标准的日常管理工作由我会负责。主要负责团体标准的宣传贯彻，团体标准的有关解释，团体标准执行中的问题处理，开展兄弟省市之间团体标准的研究和学术交流，并不定期组织建设单位、设计单位、施工企业、监理企业、生产厂家对团体标准执行情况进行检查，及时处理发现的问题，推进团体标准健康持续发展。

四、团体标准的实施

第十六条　建设单位、设计单位在自愿的基础上采用团体标准，并指导施工企业施工。

第十七条　施工企业要严格施工，严把施工质量关。

第十八条　监理企业要切实负起监督责任，严把质量关，遇有问题及时向建设单位反馈，并与设计单位沟通解决。

第十九条　新型墙体材料和建筑节能产品生产厂家要按标准出厂合格产品，杜绝假冒伪劣产品。

五、团体标准的复审

第二十条　团体标准在实施五年后进行一次复审，复审工作由我会组织专家进行。

第二十一条　团体标准复审可采取函审方式或会议方式，一般由参加过该标准编制或审查的单位或个人参加。

第二十二条　通过复审，不需要修改的团体标准确认继续有效；对需要修改的团体标准作为修订项目立项；对已转为国家、行业、地方标准的或已无存在必要的团体标准，予以废止。

第二十三条　复审结果在我会网站上进行公告。

六、团体标准的修订

第二十四条　团体标准在执行中根据全省建筑节能市场需求若要修订时，由原主编单位会同参编单位提出申请，按本办法第三章有关规定进行。

第二十五条　局部修订的团体标准可申请快速修订程序，在对局部修订内容充分论证的基础上，由原主编单位会同参编单位提出申请，不少于5名专家的修订意见，我会将对局部修订内容在网站上公示15天后组织专家进行审核，审核通过后予以发布。

第二十六条　修订后的团体标准代号（T／）、社会团体代号（GBECA）、发布顺序号（××××）不变，年号（××××）改为修订后报批的年号。

七、团体标准的经费

第二十七条　团体标准的经费来源：

（一）政府有关部门的拨款；

（二）社会团体、企事业单位或个人的赞助；

（三）主编单位和参编单位的资助。

八、附　则

第二十八条　团体标准已转化为国家、行业或地方标准的则相应的团体标准予以废止。

第二十九条　本办法由广东省建筑节能协会负责解释。

第三十条　本办法自颁布之日起施行。

附录七 科技成果鉴定

报送鉴定证书时请注意以下事项：

1. 请于鉴定会后制作鉴定证书；

2. 鉴定证书号为：粤建节协鉴字〔2017〕 号。

鉴定证书封面格式请采用（复制）后面提供的"样板"。

注意：封面表格虚框为方便填写和对齐，打印出来应无框线；

3. 鉴定证书双面打印并插入页码（封面除外），一式八份；

4. 封面、"鉴定意见"和"科技成果完成单位情况"中的项目完成单位排序要一致；

5. 若鉴定委员会已对成果名称作了更改，则鉴定证书中所有成果名称均应作相应修改，并重新提交鉴定材料和查新报告；

6. 鉴定证书制作完成后请将鉴定证书电子版（word 版）发送至：gbeca@vip.126.com，其中"鉴定意见""鉴定委员会名单"和"主要研制人员名单"只需提供未经签名的电子版，不要用已签名原件的扫描件。

鉴定证书电子版文件名命名方式：

"证书编号"＋"鉴定证书－"＋"成果名称"＋（单位名称），

例如：60 鉴定证书－补偿电容器组极对壳耐压试验方法的改进（广东威恒）；

7. 在"组织鉴定单位意见"所在页贴上小标签，以便盖章；

8. 在两份鉴定证书原件的封面右上角处用铅笔标注"原件"，以便退回成果完成单位；

9. "填表说明"无需打印。

广东省建筑节能协会

2017 年 9 月 1 日

科技成果鉴定资料要求

一、需要提交的材料

（一）科技成果鉴定申请表（一式两份加盖公章）；

（二）研制工作总结及技术研究报告（此为鉴定材料核心部分，内容应详实具体）；

（三）检测（检验）报告（建筑材料类及施工类成果应提供与成果相关的第三方检测报告，反映成果质量、安全等性能；软件类成果应提供第三方测试报告；其他科研类成果应提供相关测试报告或试验报告）；

（四）工程验收材料（三个以上，凡应用于工程上的成果应提供工程验收材料（分部、竣工）；大型、特殊项目至少提供一个，并写明理由）；

（五）用户使用意见（三个以上，工程项目需由业主出具，内容不能雷同；大型、特殊项目至少提供一个）；

（六）市场预测及社会经济效益分析报告（从立项到研究结束，所取得的一次性效益，应出具效益证明，并加盖单位公章、财务专用章，附在"分析报告"后面。社会效益要根据项目情况及客观条件，科学地测算。暂未取得经济效益和社会效益的，可不必出具证明，但要有预测分析报告）；

（七）科技查新检索报告（一年内有效，委托单位须是第一完成单位）；

（八）相关技术标准（只需列出标准名称及编号，可复印相关内容，无需提供整本标准）；

（九）成果参与单位的佐证材料（如合同、协议、委托书等）；

（十）涉及污染环境和劳动安全等问题的科技成果，需有资质的第三方机构出具相关意见；

（十一）涉及专利权属问题的承诺及证明；

（十二）关于对本成果申请鉴定唯一性的承诺函（加盖公章）（同一科技成果只能组织鉴定一次，不得多单位分别申请鉴定，同一科技成果不得在不同的鉴定单位申请鉴定。一经查出，不予受理，已经鉴定的将撤消该成果的鉴定证书）；

（十三）其他（营业执照、立项文件、图片、荣誉、论文、相关证明等）。

注：①工程技术类鉴定项目申请单位原则上不超过两家；

②在申请表内如实填写各参与单位具体完成的内容并出具相关证明（上述第九项）。

二、鉴定材料制作要求

①科技成果鉴定申请表单独装订，其余材料合订成一册（电子版合并成一个文档，word 或 pdf 格式）；

②鉴定材料封面应写明项目名称、完成单位（所有参与单位都列出，不能只列第一完成单位）、申请时间；

③申请表、鉴定材料的项目名称必须与科技查新的项目名称一致；

④鉴定材料的正文须在页脚连续编页码，目录须按上述（二）至（十三）项要求顺序排列，并列出对应正文的页码。

附录八
广东省建筑节能协会大事记和重要政策汇编

一、广东省建筑节能协会大事记（2017—2018）

◆2017年1月9日，广东省建筑节能协会组团参加欧洲建筑工业化定制考察活动。

◆2017年1月13日，由广东省建筑节能协会理事长孟庆林带队赴云浮市就《广东省民用建筑节能条例》实施情况开展调研工作。

◆2017年2月2日，广东省建筑节能协会走访江门市住房和城乡建设局。

◆2017年2月27日，广东省建筑节能协会发布广东省住房和城乡建设厅关于广东省2017年第一批绿色建筑评价标识项目的公示。

◆2017年3月21日，广东省建筑节能协会荣获广东省社会组织总会颁发的"2016年度先进单位"的荣誉称号。

◆2017年3月21日至3月22日，广东省建筑节能协会组团参加"第十三届国际绿色建筑与建筑节能大会暨新技术与产品博览会"。

◆2017年3月22日，广东省建筑节能协会理事长孟庆林被评选为"2016年度优秀社会组织会长"，秘书长廖远洪被评选为"2016年度十佳社会组织秘书长"。

◆2017年3月23日至3月24日，广东省建筑节能协会施工专委会组织进行"2017年度国内建筑工业化（上海站）考察活动"。

◆2017年4月1日，广东省建筑节能协会发布广东省住房和城乡建设厅关于广东省2017年第三批绿色建筑评价标识项目的公示。

◆2017年4月5日，广东省建筑节能协会发布关于第三批绿色建筑技术咨询单位备案名单的公告。

◆2017年4月28日，广东省建筑节能协会第三届四次理事会暨五次常务理事会圆满举行。

◆2017年5月23日，广东省建筑节能协会发布关于规范采用反射隔热涂料节能技术的公告。

◆2017年5月24日，广东省建筑节能协会联合广东省社会组织总会举办的第十八期会长秘书长联谊会暨社会组织管理专题探讨交流活动圆满举行。

◆2017年5月30日，广东省建筑节能协会副理事长孙礼军、秘书长廖远洪带领会员单位组团参加"2017年加拿大国际绿色建筑大会"。

◆2017年6月16日，广东省建筑节能协会绿色施工专委会组织了会员赴惠州东方雨虹建筑材料有限责任公司考察调研。

◆2017年6月20日，广东省住房和城乡建设厅制定了"2017年广东省建筑领域节能宣传月"省级宣传活动方案，活动主题为"节能有我，绿色共享"。由广东省建筑节能协会承办政府购买服务，负责组织的省级活动"第一批建筑节能与绿色建筑项目观摩活动"，在广东省住房和城乡建设厅办公大楼粤财大厦首层拉开帷幕。

◆2017年6月26日，广东省建筑节能协会发布关于反射隔热涂料工程设计做法与工程定价参考的公告。

◆2017年6月30日，"2017年广东省建筑节能技术与产品推荐目录（第一批）"评审会成功召开。

◆2017年6月30日，广东省建筑节能协会绿色建筑专业委员会在广州华泰宾馆深圳厅成功召开了《广东省绿色建筑评价标准》（DBJ/T 15－83—2017）宣贯会。

◆2017年7月7日，湖南省绿建委赴广东省建筑节能协会绿色建筑专委会考察交流。2017年7月15日，中国民族建筑研究会绿色建筑与节能专业委员会成立大会在成都安泰安蓉大酒店隆重召开。廖远洪秘书长参加此次会议，广东省建筑节能协会任副主任单位，理事长孟庆林被聘为副主任委员。

◆2017年7月28日，广东省建筑节能协会发布关于"2017年广东省建筑节能技术与产品推荐目录（第一批）"名单的公告。

◆2017年8月8日，广东省建筑节能协会绿色建材与工程专业委员会成立"绿色建筑材料隔热材料专业组"。

◆2017年8月18日，广东省建筑节能协会组织考察团走访入选"广东省建筑节能技术与产品推荐目录"的企业。

◆2017年9月10日，由广东省建筑节能协会和绿色建材委员会主办、多家政府部门参与编导、50多家中外机构联合打造、上百家中外建筑精英主演、50多名专家助阵、10多项配套活动精彩呈现、上万名观众共同参与的"2017中国（广州）国际绿色建筑建材与建筑工业化博览会"（简称"中国筑博会"），于2017年9月10日盛大召开，9月12日在广州圆满落下帷幕。

◆2017年9月12日，广东省建筑节能协会建筑遮阳专业委员会召开换届会议。

◆2017年9月13日，廖远洪秘书长参加广东省社会组织负责人研修班学习。

◆2017年9月21日，广东省建筑节能协会发布关于规范采用反射隔热涂料节能技术的公告（修订版20170919）。

◆2017年9月21日至9月23日，广东省建筑节能协会廖远洪秘书长带领会员单位组团参加"第四届中国（高碑店）国际门窗博览会"。

◆2017年9月22日，由广东省建筑节能协会设备专业委员会参与主办的"2017年广东省暖通空调与制冷技术学术交流年会"在广州大学演艺中心如期举行。

◆2017年9月28日，广东省建筑节能协会绿色建筑专业委员会第二届一次全体会议召开。

◆2017年10月1日，广东省建筑节能协会发布《广东省建筑节能协会关于规范采用反射隔热涂料节能技术的公告》（修订版20170919）的解释。

◆2017年10月18日，广东省建筑节能协会发布广东省住房和城乡建设厅关于广东省2017年第九批绿色建筑评价标识项目的公告。

◆2017年10月19日，由广东省建筑节能协会主办的广州装配式建筑技术交流会暨工业化城市路演在广州希尔顿酒店顺利召开。

◆2017 年 10 月 31 日－11 月 2 日，广东省建筑节能协会秘书长廖远洪率队参与 2017 年中国建筑节能协会年会及 2017 年上海国际城市与建筑博览会。

◆2017 年 11 月 10 日，广东省建筑节能协会发布广东省住房和城乡建设厅关于广东省 2017 年第十批绿色建筑评价标识项目的公告。

◆2017 年 11 月 15 日，社会组织学习党的十九大精神动员大会暨广东省社会组织总会三届三次理事会在广州大厦顺利召开。来自各理事单位代表共 230 余人参加会议，广东省建筑节能协会理事长孟庆林、秘书长廖远洪出席会议。

◆2017 年 11 月 19 日，中国民族建筑研究会学术年会及绿建委地方协会联席会议在重庆成功举办。广东省建筑节能协会理事长孟庆林和秘书长廖远洪出席会议。

◆2017 年 11 月 29 日，广东省建筑节能协会理事长孟庆林带领团队出席第七届热带、亚热带（夏热冬暖）地区绿色建筑技术论坛。

◆2017 年 12 月 1 日，《广东省建筑节能技术与产品推荐目录》入编产品第三次交流会圆满结束。

◆2017 年 12 月 11 日，广东省建筑节能协会建筑节能设备专业委员会顺利召开第二届第一次会员大会。周孝清院长当选主任委员，董福海当选副主任委员，廖坚卫、屈国伦、余国保、沈静当选副主任委员，陈晓当选设备委秘书长。

◆2017 年 12 月 27 日，广东省建筑节能协会发布广东省住房和城乡建设厅关于广东省 2017 年第十一批绿色建筑评价标识项目的公告。

◆2018 年 1 月 11 日，广东省建筑节能协会暨佛山市建筑节能协会联合年会盛大召开。本次年会内容分为五部分：广东省地方协会交流座谈会，"绿色建筑技术交流之装配式建筑引领未来"论坛，广东省建筑节能协会第三届五次理事会暨六次常务理事会，佛山市建筑节能协会一届三次理事会，建筑节能协会 2017 年年会晚宴。

◆2018 年 1 月 12 日，广东省住建厅建筑节能处来广东省建筑节能协会开展建筑节能工作调研。

◆2018 年 1 月 30 日，广东省建筑节能协会建筑节能服务专业委员会成立会议顺利召开。

◆2018 年 1 月 31 日，广东省社会组织党委党建工作指导员到广东省建筑节能协会交流工作。

◆2018 年 1 月 31 日，广东省建筑节能协会发布关于编制广东省建筑遮阳产品应用要求征集参编单位的通知。

◆2018 年 3 月 5 日，广东省建筑节能协会发布关于组建屋顶绿化专业组和征集《广东省屋顶绿化系统应用技术规程》参编单位的通知。

◆2018 年 3 月 20 日至 3 月 21 日，广东省建筑节能协会设备专业委员会组织会员参加广东珠海举办的"2018 中国企业走出去风险发布会"。

◆2018 年 3 月 22 日，广东省建筑节能协会发布广东省住房和城乡建设厅关于广东省 2018 年第一批绿色建筑评价标识项目的公告。

◆2018 年 3 月 29 日，广东省社会组织总会三届三次会员大会暨表彰大会在广州东方宾馆隆重召开。广东省建筑节能协会荣获"2017 年度优秀社会组织"荣誉称号。

◆2018 年 4 月 2 日，广东省建筑节能协会秘书长廖远洪荣获中国城市科学研究会绿色建筑与节能委员会颁发"2017 年度先进个人"荣誉奖杯。

◆2018 年 4 月 2 日至 3 日，"第十四届国际绿色建筑与建筑节能大会暨新技术与产品博览会"在珠海国际会展中心召开。本届大会的主题为"推动绿色建筑迈向质量时代"，周孝清副理事长和廖远洪秘书长率团参加。

◆2018 年 4 月 19 日，广东省建筑节能协会 2018 年第一季度专委会秘书长工作会议召开。

◆2018 年 5 月 18 日下午，"装配式建筑产业技术系列主题沙龙第一期"在中建四局六公司广州分公司会议室举行。广东省建筑节能协会包守权副秘书长和施工委汪伟秘书长参加了会议。

◆2018 年 6 月 1 日，广东省建筑节能协会建筑节能设备专业委员会顺利召开第二届二次常务委员会暨屋顶绿化工作组会议。

◆2018 年 6 月 2 日，广东省建筑节能协会设备专业委员会策划组织的"广东省 2018 年建筑领域节能宣传月·屋顶绿化立体绿化观摩活动"圆满结束。

◆2018 年 6 月 4 日至 7 日，广东省建筑节能协会组织会员参加在多伦多召开的"加拿大绿色建筑委员会 2018 绿建大会和世界绿色建筑委员会代表大会"。2018 年 7 月 11 日下午，"2018 年广东省建筑节能技术与产品推荐目录"评审会在华南理工大学建筑节能研究中心会议室召开。

◆2018 年 6 月 5 日，广东省住房城乡建设工会举办 2018 年第三期"双月沙龙"活动。

◆2018 年 6 月 5 日，广东省建筑节能协会承办广东省住房和城乡建设厅的"广东省 2018 年建筑领域节能宣传月启动仪式"系列活动在广州举行。

◆2018 年 6 月 5 日，广东省住房和城乡建设厅召开 2018 年度全省建筑节能和绿色建筑工作座谈会，廖远洪秘书长参加了座谈会。

◆2018 年 7 月 12 日，广东省建筑节能协会 2018 年第二季度专委会秘书长工作会议召开。

◆2018 年 7 月 18 日下午，由广东省建筑节能协会建筑节能服务专业委员会主办、中国建筑科学研究院有限公司北京力构科技有限公司深圳分公司承办、广东省建筑设计研究院协办的 2018 年工业建筑节能与绿色建筑技术交流——广州专场在广州远洋宾馆隆重召开。

◆2018 年 7 月 24 日，广东省建筑节能协会设备专业委员会策划组织的"广东省 2018 年建筑领域节能宣传月·白天鹅宾馆更新改造项目和南方电网总部现场观摩"活动顺利举行。

◆2018 年 7 月 25 日至 26 日，广东省社会组织总会主办的"增强社会组织经济实力培训班"顺利举办。廖远洪秘书长参加培训学习。

◆2018 年 8 月 3 日，广东省建筑节能协会发布关于广东省《建筑门窗幕墙玻璃隔热涂膜构造》图集编制工作的通知。

◆2018 年 8 月 19 日，由广东省建筑节能协会设备专业委员会组织的"广州市气象监测预警中心"现场观摩活动顺利举行。

◆2018 年 8 月 25 日－27 日，由广东省建筑节能协会、绿色建材委员会主办，建筑节能设备专委会协办的"2018 亚洲国际建筑工业化（广州）展览会暨第二届中国（广州）

筑博会"在广州琶洲国际会展中心举行。

◆2018 年 9 月 13 日下午，广东省建筑节能协会遮阳专委会组织的"建筑遮阳技术交流沙龙第一期"在广东创明遮阳科技有限公司会议室举行。

◆2018 年 10 月 12 日，广东省建筑节能协会召开 2018 年第三季度专委会秘书长工作会议召开。

◆2018 年 10 月 26 日，广东省建筑节能协会召开理事长办公会暨换届筹备小组会议。

◆2018 年 10 月 26 日，广东省建筑节能协会召开第三届六次理事会暨七次常务理事会。

◆2018 年 11 月 23 日，广东省建筑节能协会在广东科学馆一楼礼堂举办关于举办广东省建筑节能新标准培训。

◆2018 年 11 月 24 日，为了加深会员单位和广暖俱友之间的相互交流与合作，广东省建筑节能协会设备专委会举办设备委 & 广暖俱第八期沙龙——走进广州天加增城新工厂。

◆2018 年 11 月 25 日，广东省建筑节能协会召开第四届一次会员大会暨四届一次理事会。

◆2018 年 11 月 30 日，广东省智慧工地暨质量现场观摩会在中建三局一公司广州 GE 生物科技园首期项目工地举行。本次会议由广东省建筑节能协会、广州市建筑业联合会主办，广东省建筑节能协会绿色施工专业委员会、中建三局第一建设工程有限责任公司承办。

◆2018 年 12 月 27 日，由广东省建筑节能协会主办、惠州市绿色建筑与建筑节能协会承办的"第三届广东省绿色建筑协同发展高峰论坛"在惠州富力万丽酒店隆重举行。本次论坛指导单位为广东省住房和城乡建设厅和惠州市住房和城乡规划建设局。

◆广东省建筑节能协会荣获由中国城市科学研究会绿色建筑与节能专业委员会颁发的"2018 年度先进单位"荣誉称号。

二、建筑节能与绿色建筑重要文件汇编（2017—2018）

（一）住房城乡建设部关于印发建筑节能与绿色建筑发展"十三五"规划的通知（建科〔2017〕153 号）

（二）广东省住房和城乡建设厅关于印发广东省"十三五"建筑节能与绿色建筑发展规划的通知（粤建科〔2017〕145 号）

（三）住房城乡建设部建筑节能与科技司关于印发 2018 年工作要点的通知（建科综〔2018〕20 号）

（四）广东省住房和城乡建设厅关于印发《广东省 2018 年建筑节能、绿色建筑、散装水泥和新型墙材管理工作要点》的通知（粤建节〔2018〕66 号）

（五）住房城乡建设部关于进一步规范绿色建筑评价管理工作的通知（建科〔2017〕238 号）

（六）广东省住房和城乡建设厅关于转发《住房城乡建设部关于进一步规范绿色建筑评价管理工作的通知》的通知（粤建节〔2018〕30 号）

（七）关于保障性住房实施绿色建筑行动的意见（粤建保函〔2014〕2015 号）

（八）关于在政府投资公益性建筑及大型公共建筑建设中全面推进绿色建筑行动的通知（粤建科〔2014〕221 号）

（九）住房城乡建设部关于印发民用建筑能源资源消耗统计报表制度的通知（建科函〔2018〕36 号）

（十）广东省住房和城乡建设厅转发住房城乡建设部关于印发《民用建筑能源资源消耗统计报表制度》的通知（粤建节函〔2018〕857 号）

（十一）广东省住房和城乡建设厅关于 2017 年建筑能耗统计，公示能源审计和监测平台建设情况的通报（粤建节函〔2018〕385 号）

（十二）质检总局、住房城乡建设部、工业和信息化部、国家认监委、国家标准委《关于推动绿色建材产品标准，认证、标识工作的指导意见》（国质检认联〔2017〕544 号）

（十三）广东省住房和城乡建设厅关于 2017 年度全省建筑节能、绿色建筑与装配式建筑实施情况的通报（粤建科函〔2018〕418 号）

（十四）国家发展改革委办公厅工业和信息化部办公厅关于印发《新型墙材推广应用行动方案》的通知（发改办环资〔2017〕212 号）

（十五）广东省人民政府关于废止和修改部分省政府规章的决定（粤府令第 251 号）

（十六）广东省住房和城乡建设厅关于开展预拌混凝土绿色生产评价试点工作的通知（粤建散函〔2017〕1540 号）

（十七）广东省住房和城乡建设厅关于发布广东省标准《高性能混凝土应用技术规范》的公告（粤建公告〔2017〕45 号）

（十八）广东省住房和城乡建设厅关于对部分地区开展"三禁"及墙材革新工作督查情况的通报（粤建节函〔2018〕113 号）

（十九）广东省住房与城乡建设厅关于印发《2018 年广东省建筑领域节能宣传月活动方案的通知》（粤建节函）〔2018〕1119 号）

（二十）广东省财政厅、广东省经济和信息化委员会关于修订《广东省省级节能降耗专项资金管理办法》的通知（粤财工〔2015〕349 号）

（二十一）广东省住房和城乡建设厅、广东省财政厅关于组织申报 2018 年度省级治污保洁和节能减排专项资金（建筑节能）入库项目的通知（粤建科函〔2017〕2865 号）

（二十二）广东省住房和城乡建设厅、广东省财政厅关于下达 2018 年促进经济发展专项资金（建筑节能）项目计划的通知（粤建计函〔2018〕863 号）

（二十三）广东省住房和城乡建设厅关于催报省级治污保洁和节能减排专项资金（建筑节能）项目验收和绩效自评情况的通知（粤建科函〔2017〕2367 号）

（二十四）广东省发展应用新型墙体材料管理规定（省政府令第 95 号）

（二十五）住房和城乡建设部《关于进一步规范绿色建筑评价管理工作的通知》（建科〔2017〕238 号）

（二十六）广东省绿色建筑量质齐升行动实施方案（2018—2020）

（二十七）广东省住房和城乡建设厅关于进步加强散装水泥发展应用管理的通知

（二十八）国务院办公厅关于大力发展装配式建筑的指导意见（国办发〔2016〕71 号）

（二十九）广东省人民政府办公厅关于大力发展装配式建筑的实施意见（粤府办〔2017〕28 号）

（三十）广州市人民政府办公厅关于大力发展装配式建筑加快推进建筑产业现代化的实施意见